国 家 级 职 业 教 育 规 划 教 材
人力资源和社会保障部职业能力建设司推荐
高等职业技术院校机电一体化技术专业任务驱动型教材

# 单片机应用技术

主 编 朱永金 成友才

中国劳动社会保障出版社

## 简介

本书用实例的方式介绍了 AT89S51 单片机的应用技术和设计方法，精心编写了 8 个模块共 19 个任务，主要内容包括：认识单片机、输入/输出控制、人机交互、外部中断控制、定时器/计数器应用、串口通信、A/D 和 D/A 转换器的应用、单片机典型应用实例等。

本书由四川职业技术学院朱永金、成友才主编，刘宸、陈科参与编写，张伟林主审。

**图书在版编目(CIP)数据**

单片机应用技术/朱永金，成友才主编. —北京：中国劳动社会保障出版社，2012
高等职业技术院校机电一体化技术专业任务驱动型教材
ISBN 978-7-5045-9932-2

Ⅰ.①单… Ⅱ.①朱…②成… Ⅲ.①单片微型计算机-高等职业教育-教材 Ⅳ.①TP368.1

中国版本图书馆 CIP 数据核字(2012)第 237008 号

**中国劳动社会保障出版社出版发行**
（北京市惠新东街1号 邮政编码：100029）
出版人：张梦欣

*

保定市中画美凯印刷有限公司印刷装订 新华书店经销
787 毫米×1092 毫米 16 开本 17 印张 391 千字
2012 年 12 月第 1 版 2023 年 12 月第 6 次印刷
**定价：32.00 元**

营销中心电话：400-606-6496
出版社网址：http://www.class.com.cn
http://jg.class.com.cn

# 前言

为了更好地满足企业对机电一体化技术专业高技能人才的需求，全面提升教学质量，人力资源和社会保障部教材办公室组织全国有关院校的一线教学专家、企业技术专家，在充分调研企业生产实际和学校教学需求的基础上，精心编写了高等职业技术院校机电一体化技术专业教材。本套教材紧紧围绕机电产品装调、机电产品维护、机电产品技改等岗位的要求，参照《国家职业标准·维修电工》《国家职业标准·装配钳工》《国家职业标准·数控机床装调维修工》等国家职业标准，以及企业机电一体化设备装调、维护、技改的基本工作流程，确定以机电产品装调能力、机电产品维护能力、机电产品技改能力培养为主要教学目标。

本套教材选用数控机床设备及自动化生产线设备这两类常用的机电一体化设备作为主要教学载体，并通过三个阶段实现对机电一体化产品的装调、维护、技改能力的培养。

第一阶段为基础通用能力培养。主要通过《机械制图与 AutoCAD 绘图》《机电电路制图与 CAD 绘图》《机械基础》《装配钳工技术》《电工电子技术》《机械制造技术》的教学，使学生能读懂机电一体化设备的机械机构图样、电气与电子电路图样并具备一定的图样绘制能力，能进行常用机械机构、电气与电子电路的装调、维护、技改工作，以及掌握检验机床设备加工精度的基本机械加工技术。

第二阶段为分系统装调、维护、技改能力培养。主要通过《气动液压传动技术》（机械运动系统），《电机控制技术》（伺服拖动系统），《传感器应用技术》（信号检测系统），《PLC 应用技术》《单片机应用技术》（电气控制系统）的教学，使学生能够熟练地进行对应分系统的装调、维护、技改工作。

第三阶段为全系统装调、维护、技改能力培养。在具备基础通用能力以及分系统装调、维护、技改能力的基础上，主要通过《数控设备装调诊断技术》《自动化生产线设备装调诊断技术》的教学，使学生能熟练地进行机电一体化设备的全系统装调、维护、技改工作。

在教材内容的组织上，采用任务驱动的编写思路。在教材的每一单元，首先提出具体的学习任务，使学生明确目标，产生学习的积极性；然后结合具体实例，讲解完成任务所需要的相关知识，使学生的认识由感性上升到理性；在任务实施环节，详细介绍完成任务的步骤和注意事项，使学生能够顺利完成任务，增强学习的成就感。

为方便教学，本套教材均配有免费电子课件，可在中国人力资源和社会保障出版集团网站（www. class. com. cn）下载。其中《机械制图与 AutoCAD 绘图》《机械基础》《电工电子技术》《机械制造技术》《气动液压传动技术》等专业基础课还配有习题册。

在本套教材的编写过程中，得到了有关省市人力资源和社会保障部门、高等职业技术院校和相关企业的大力支持，教材的编审人员做了大量的工作，在此表示衷心的感谢！同时，恳切希望广大读者对教材提出宝贵的意见和建议。

**人力资源和社会保障部教材办公室**

**2012 年 6 月**

# 目录

# 模块一 认识单片机

单片机就是在一块芯片上集成（嵌入）了 CPU（Central Processing Unit）、存储器（RAM、ROM、EEPROM、Flash Memory）和 I/O（Input/Output）接口等而构成的微型计算机，因其集成在一块芯片上，所以称为单片机。因主要用于工业测控领域，又称为微控制器或嵌入式控制器。

单片机广泛应用于仪器仪表、工业控制、家用电器、医用设备、汽车电子设备、计算机网络、机器人技术、航空航天、专用设备的智能化管理及过程控制等领域。因此，单片机技术是学习现代电子控制技术的一门重要专业技术基础课程。

## 任务 1　认识单片机芯片

**知识点**

◎ 单片机的发展历程与类型；

◎ AT89S51 端口引脚功能。

**技能点**

◎ 能区分单片机各端口引脚；

◎ 能认识并根据需要选择单片机的封装结构。

### 任务提出

由于单片机性能不断提高、运算速度更快、控制功能更强、功耗和成本越来越低，使得单片机也越来越广泛地应用于各个领域。单片机应用技术集硬件技术与软件技术为一体，学习单片机技术的应用开发，既要熟悉硬件电子技术的应用设计，更要学习软件的开发设计。

在学会使用单片机之前，首先从硬件结构和功能上来认识单片机，从而为后面的学习打下基础。

### 任务分析

从第一代单片机开始发展至今，单片机有多个系列上千种类型，由于单片机类型和种类比较多，必须从中选择一种在功能、应用、学习研究、成本上都较适合的单片机。在各种类型的单片机中，8051 系列及其衍生品种单片机占有很高的应用比例，具有良好的代表性，因此本教材也选用8051系列作为学习研究和应用开发的单片机。由于各种类型的单片机有各自的特点，本教材在介绍单片机类型的基础上，以AT89S51单片机为例，着重介绍AT89S51（52）单片机及其开发应用。

## 相关知识

### 一、8051系列单片机简介

在各种类型的单片机中，最具代表性的应是Intel公司的8051系列单片机。世界上许多单片机生产厂商都生产与8051兼容的单片机，如Atmel、Philips、Dallas、Siemens、TI（德州仪器）等公司。把各个国家和地区各公司生产的与8051兼容的单片机统称为MCS-51系列单片机。MCS-51系列单片机拥有量大，功能也在不断完善，价格低廉，是单片机初学者的首选机型。因此，本教材以MCS-51系列单片机为例，介绍单片机的开发应用。Intel公司和教材选用的Atmel公司生产的MCS-51系列单片机见表1—1—1。

**表1—1—1　几个公司生产的MCS-51系列单片机**

| 公司 | 型号 | ROM（KB） | RAM（B） | I/O线 | 串行口 | 中断源 | 定时器 |
|---|---|---|---|---|---|---|---|
| Intel | 8031 | — | 128 | 32 | UART | 5 | 2 |
| | 8051 | 4 ROM | 128 | 32 | UART | 5 | 2 |
| | 8751 | 4 EPROM | 128 | 32 | UART | 5 | 2 |
| | 8032 | — | 256 | 32 | UART | 6 | 3 |
| | 8052 | 8 ROM | 256 | 32 | UART | 6 | 3 |
| | 8752 | 8 EPROM | 256 | 32 | UART | 6 | 3 |
| Atmel | AT89C51 | 4 Flash | 128 | 32 | UART | 6 | 3 |
| | AT89C52 | 8 Flash | 256 | 32 | UART | 6 | 3 |
| | AT89C1051 | 1 Flash | 64 | 15 | — | 2 | 1 |
| | AT89C2051 | 2 Flash | 128 | 15 | UART | 5 | 2 |
| | AT89C4051 | 4 Flash | 128 | 15 | UART | 5 | 2 |
| | AT89S51 | 4 Flash | 128 | 32 | UART | 5 | 2 |
| | AT89S52 | 8 Flash | 256 | 32 | UART | 6 | 3 |
| | AT89S53 | 12 Flash | 256 | 32 | UART | 6 | 3 |
| | AT89LV51 | 4 Flash | 128 | 32 | UART | 5 | 2 |
| | AT89LV52 | 8 Flash | 256 | 32 | UART | 6 | 3 |

### 二、AT89S51单片机的引脚功能

AT89S51是由一个高性能CMOS电路组成的8位单片机，芯片内集成了8位通用中央处理器，片内含4 KB的可反复擦写1 000次的Flash只读程序存储器（ROM），支持ISP

(In - System Programmable) 功能，还有 128Bytes 的随机存取数据存储器（RAM），5 个中断优先级和 2 层中断嵌套，2 个 16 位可编程定时计数器，1 个全双工串行通信口，以及看门狗（WDT）电路和片内时钟振荡器，具有兼容标准 MCS - 51 指令系统及 8051 引脚结构等特点。因此，本教材以 AT89S51 为例，说明 MCS - 51 系列单片机的内部组成及外部引脚功能。

从外观上看，单片机就是一块集成电路。在模拟电路和数字电路中学习过的集成电路引脚功能基本上是固定的，而单片机一些引脚的功能是可以通过编程进行控制的，一些引脚既可作为输入又可作为输出。

以 PDIP 封装为例，AT89S51 单片机引脚排列如图 1—1—1 所示。

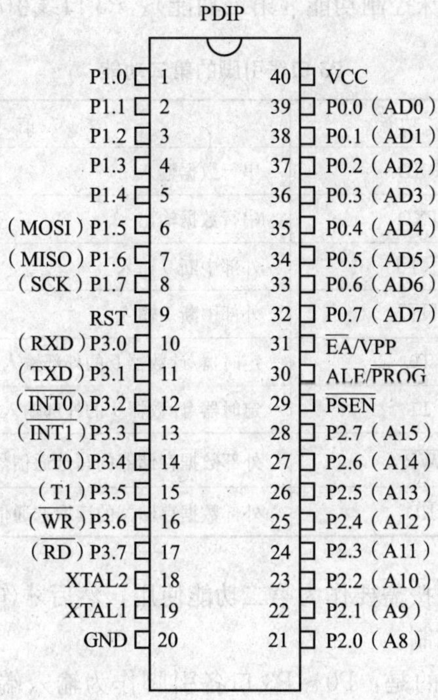

图 1—1—1　AT89S51 引脚图

### 1. AT89S51 单片机的 4 个端口

AT89S51 共有 4 个端口，分别命名为 P0、P1、P2 和 P3，每个端口都有 8 条引脚。

(1) PORT0（P0.0～P0.7）。端口 P0 由 39～32 引脚组成，共 8 位，分别用 P0.0～P0.7 表示。P0 在做 I/O 使用时，需要外接上拉电阻，可以驱动 8 个 TTL 门电路。

P0 口既可作为 I/O 数据总线，也可作为地址输出即作为地址总线（A0～A7）。P0 端口送出的低位地址锁存作为 A0～A7，再配合端口 P2 所送出的 A8～A15 合成完整的 16 位地址总线，从而实现寻址 64 KB 的外部存储器空间。

(2) PORT1（P1.0～P1.7）。端口 P1 由 1～8 引脚组成，内部输出具有上拉电阻的双向 I/O 端口，其输出缓冲器可以驱动 4 个 TTL 门电路。除作为输入/输出外，还具有如下特定的第二功能：

P1.5：MOSI（用于 ISP 编程，主机输出从机输入数据端）。

P1.6：MISO（用于 ISP 编程，主机输入从机输出数据端）。

P1.7：SCK（用于 ISP 编程，串行时钟输入端）。

8052 或是 8032 的 P1 口的第二功能是 P1.0 做定时器 2 的外部脉冲输入端，而 P1.1 是 T2EX 功能，做外部中断信号的输入端。

（3）PORT2（P2.0～P2.7）。端口 P2 由 21～28 引脚组成，内部输出具有上拉电阻的双向 I/O 端口，每一个引脚可以驱动 4 个 TTL 门电路。P2 除了做一般 I/O 端口使用外，在扩充外接程序存储器或数据存储器时，还可作为地址总线口输出地址高八位（A8～A15）。

（4）PORT3（P3.0～P3.7）。端口 P3 由 10～17 引脚组成，也是具有上拉电阻的双向 I/O 端口，可驱动 4 个 TTL 门电路。P3 口是一个多用途端口，既可作为普通 I/O 端口，同时每个引脚都还有另外的特殊控制功能（第二功能）。P3 口线引脚的第二功能见表1—1—2。

**表 1—1—2　　P3 口线引脚的第二功能**

| 引脚 | 第二功能 | 信 号 名 称 |
|---|---|---|
| P3.0 | RXD | 串行数据输入 |
| P3.1 | TXD | 串行数据输出 |
| P3.2 | $\overline{\text{INT0}}$ | 外部中断 0 输入 |
| P3.3 | $\overline{\text{INT1}}$ | 外部中断 1 输入 |
| P3.4 | T0 | 定时器/计数器 0 的外部输入 |
| P3.5 | T1 | 定时器/计数器 1 的外部输入 |
| P3.6 | $\overline{\text{WR}}$ | 外部数据存储器的写选通信号，$\overline{\text{WR}}$=0 选通 |
| P3.7 | $\overline{\text{RD}}$ | 外部数据存储器的读取选通信号，$\overline{\text{RD}}$=0 选通 |

P3 口在实际使用中，先按需要作为第二功能使用，然后才作为数据位的输入输出使用。因此，P3 口主要用于功能控制。

使用中还需要特别注意的是：P0～P3 口各引脚作为输入端时，必须先对该引脚置 1，然后再执行外部数据读入操作。

2. 其他控制引脚

（1）$\overline{\text{PSEN}}$（29 脚）。外部程序存储器的读选通信号输出端。低电平有效。

（2）ALE/$\overline{\text{PROG}}$（30 脚）。地址锁存允许/编程脉冲输入端。访问外部存储器时，ALE（地址锁存允许）的输出脉冲用于锁存地址的低位字节。即使不访问外部存储器，ALE 端仍以不变的频率输出脉冲信号（此频率是振荡器频率的 1/6）。对 Flash 存储器并行编程时，这个引脚用于输入编程脉冲$\overline{\text{PROG}}$。

（3）$\overline{\text{EA}}$/VPP（31 脚）。内部和外部存储器选择控制/存储器编程电源端。当$\overline{\text{EA}}$=0 时，CPU 访问外部程序存储器（地址为 0000H～FFFFH）。当$\overline{\text{EA}}$=1 时，CPU 访问内部程序存储器（地址为 0000H～0FFFH）和外部程序存储器（地址为 1000H～FFFFH）。在对 Flash 存储器并行编程时，该脚允许接入 12 V 编程电压 VPP。

（4）RST（9 脚）。复位输入端。振荡器工作时，RST 引脚出现两个机器周期以上的高电平将使单片机复位，即单片机内部复位为初始状态。

(5) XTAL2 (18 脚)、XTAL1 (19 脚)。使用内部振荡器时，用来外接石英晶体和电容。使用外部时钟时，XTAL1 用来输入外部时钟脉冲，XTAL2 脚接地。

(6) VCC (40 脚)。电源正极。

(7) GND (20 脚)。接地端。

## 三、AT89S51 单片机内部组成

AT89S51 单片机内部各部分组成框图如图 1—1—2 所示。

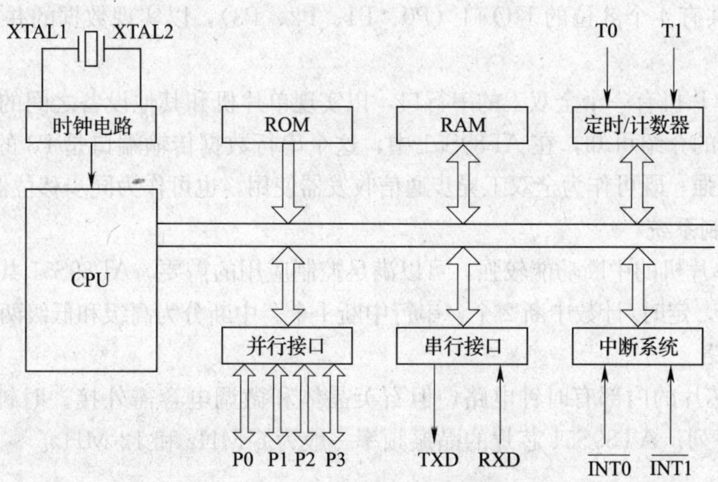


图 1—1—2 AT89S51 单片机内部组成框图

1. 中央处理器 (CPU)

在 AT89S51 单片机中，中央处理器是单片机的核心，完成运算和控制功能。

2. 内部数据存储器 (内部 RAM)

8051 系列单片机的内存与其他的微机内部存储器分配不同，8051 系列单片机的内存储器在物理上设计成程序存储器和数据存储器两个独立的存储空间。基本型片内程序存储器 (ROM) 容量为 4 KB，增强型 (52) 片内程序存储器容量为 8 KB。基本型片内数据存储器 (RAM) 容量为 128 B，地址范围为 00H～7FH。增强型片内数据存储器 (RAM) 容量为 256 B，地址范围为 00H～FFH。数据存储器用于存放运算的中间结果、暂存数据和数据缓冲。

AT89S51 的内部 RAM 共有 256 个单元，这 256 个单元按其功能划分为低 128 单元 (单元地址 00H～7FH) 和高 128 单元 (单元地址 80H～FFH) 两部分。高 128 单元供给专用寄存器使用，用户使用的只有低 128 单元，用于存放可读写的数据。因此，通常所说的内部数据存储器就是指前 128 单元，简称内部 RAM。

内部 RAM 的高 128 单元的功能已作专门定义，故而称为专用寄存器，也称为特殊功能寄存器 (SFR)。如图 1—1—3 所示为 AT89S51 的 256 个片内 RAM 单元的分配图。RAM 各个单元的功能与应用在后续各个模块中介绍。

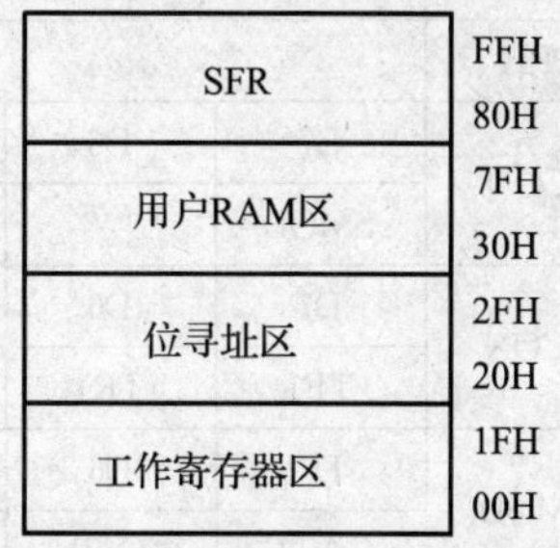


图 1—1—3 片内 RAM 分配置图

3. 内部程序存储器（内部 ROM）

AT89S51 内部有 4 KB 可编程的 Flash 程序存储器，用于存放程序、原始数据或表格，因此称为程序存储器，简称内部 ROM。

4. 定时器/计数器

AT89S51 共有 2 个 16 位的定时器/计数器，以实现定时或计数功能，并以其定时或计数结果对计算机进行控制。

5. 并行 I/O 口

AT89S51 共有 4 个 8 位的 I/O 口（P0、P1、P2、P3），以实现数据的并行输入输出。

6. 串行口

AT89S51 单片机有一个全双工的串行口，以实现单片机和其他设备之间的串行数据传送。从前面端口引脚的介绍可知，在 AT89S51 中，这个串行数据传输端口是 P3 的 P3.0 和 P3.1。该串行口功能较强，既可作为全双工异步通信收发器使用，也可作为同步移位器使用。

7. 中断控制系统

AT89S51 单片机的中断功能较强，可以满足控制应用的需要。AT89S51 共有 5 个中断源，即外部中断 2 个，定时/计数中断 2 个，串行中断 1 个。中断分为高级和低级两个优先级别。

8. 时钟电路

AT89S51 芯片的内部有时钟电路，但石英晶体和微调电容需外接。时钟电路为单片机产生时钟脉冲序列。AT89S51 芯片的晶振频率一般为 6 MHz 和 12 MHz。

## 四、AT89S51 单片机内部特殊寄存器

AT89S51 具有 21 个与 RAM 统一编址的特殊功能寄存器（SFR），它们被离散地分布在内部 RAM 的 80H～FFH 地址单元中（不包括 PC），共占据了 128 个存储单元，构成了 SFR 存储块。其中字节地址能被 8 整除的（即十六进制的地址码尾数是 0 和 8 的）单元是具有位寻址功能的寄存器。在 SFR 地址空间中，有效的地址共有 83 个。见表 1—1—3。

**表 1—1—3　　标准 8051 的特殊功能寄存器**

| SFR | 位地址/位符号 | | | | | | | | 起始位 |
|---|---|---|---|---|---|---|---|---|---|
| P0 口 | 87H | 86H | 85H | 84H | 83H | 82H | 81H | 80H | 80H |
| | P0.7 | P0.6 | P0.5 | P0.4 | P0.3 | P0.2 | P0.1 | P0.0 | |
| SP | 堆栈指针 8 位 | | | | | | | | 81H |
| DPL | 数据指针（DPTR）16 位，分低 8 位 DPL 和高 8 位 DPH | | | | | | | | 82H |
| DPH | 数据指针高 8 位 DPH | | | | | | | | 83H |
| PCON | D7 | D6 | D5 | D4 | D3 | D2 | D1 | D0 | 87H |
| | SMOD | | | | GF1 | GF0 | PD | IDL | |
| TCON | D7 | D6 | D5 | D4 | D3 | D2 | D1 | D0 | 88H |
| | TF1 | TR1 | TF0 | TR0 | IE1 | IT1 | IE0 | IT0 | |
| TMOD | D7 | D6 | D5 | D4 | D3 | D2 | D1 | D0 | 89H |
| | GATE | C/T | M1 | M0 | GATE | C/T | M1 | M0 | |

续表

| SFR | 位地址/位符号 | | | | | | | | 起始位 |
|---|---|---|---|---|---|---|---|---|---|
| TL0 | 定时器 0 低 8 位 | | | | | | | | 8AH |
| TL1 | 定时器 1 低 8 位 | | | | | | | | 8BH |
| TH0 | 定时器 0 高 8 位 | | | | | | | | 8CH |
| TH1 | 定时器 1 高 8 位 | | | | | | | | 8DH |
| P1 口 | 97H | 96H | 95H | 94H | 93H | 92H | 91H | 90H | 90H |
| | P1.7 | P1.6 | P1.5 | P1.4 | P1.3 | P1.2 | P1.1 | P1.0 | |
| SCON | 9FH | 9EH | 9DH | 9CH | 9BH | 9AH | 99H | 98H | 98H |
| | SM0 | SM1 | SM2 | REN | TB8 | RB8 | T1 | R1 | |
| SBUF | 串行接口数据缓冲器 | | | | | | | | 99H |
| P2 口 | A7H | A6H | A5H | A4H | A3H | A2H | A1H | A0H | A0H |
| | P2.7 | P2.6 | P2.5 | P2.4 | P2.3 | P2.2 | P2.1 | P2.0 | |
| IE | AFH | AEH | ADH | ACH | ABH | AAH | A9H | A8H | A8H |
| | EA | | ET2 (52) | ES | ET1 | EX1 | ET0 | EX0 | |
| P3 口 | B7H | B6H | B5H | B4H | B3H | B2H | B1H | B0H | B0H |
| | P3.7 | P3.6 | P3.5 | P3.4 | P3.3 | P3.2 | P3.1 | P3.0 | |
| IP | | | | BCH | BBH | BAH | B9H | B8H | B8H |
| | | | | PS | PT1 | PX1 | PT0 | PX0 | |
| PSW | D7H | D6H | D5H | D4H | D3H | D2H | D1H | D0H | D0H |
| | CY | AC | F0 | RS1 | RS0 | OV | | P | |
| ACC | E7H | E6H | E5H | E4H | E3H | E2H | E1H | E0H | E0H |
| | ACC7 | ACC6 | ACC5 | ACC4 | ACC3 | ACC2 | ACC1 | ACC0 | |
| B | F7H | F6H | F5H | F4H | F3H | F2H | F1H | F0H | F0H |
| | B.7 | B.6 | B.5 | B.4 | B.3 | B.2 | B.1 | B.0 | |

表中各寄存器的功能如下：

(1) 累加器 ACC。8 位。用于向 ALU（算术逻辑单元）提供操作数，许多运算结果也放在累加器中。

(2) 寄存器 B。8 位。主要用于乘、除运算。

(3) 程序状态寄存器 PSW（Program Status Word）。8 位。用于存放程序运行的状态信息，PSW 中各位状态通常是在指令执行的过程中自动形成的，但也可以由用户根据需要采用传送指令加以改变。各位作用如下：

| PSW.7 | PSW.6 | PSW.5 | PSW.4 | PSW.3 | PSW.2 | PSW.1 | PSW.0 |
|---|---|---|---|---|---|---|---|
| CY | AC | F0 | RS1 | RS0 | OV | | P |

CY：进位、借位标志。有进、借位时 CY=1，无进、借位时 CY=0。

AC：辅助进位、借位标志（高半字节与低半字节间的进位或借位），有进位或借位 AC=1，否则 AC=0。

F0：用户标志位。由用户自己定义。

RS1、RS0：当前工作寄存器选择位。

OV：溢出标志位。有溢出时 OV=1，无溢出时 OV=0。

P：奇偶标志位。存于 ACC 中的运算结果有奇数个 1 时 P=1，否则 P=0。

（4）堆栈指针 SP（Stack Pointer）。8 位。它总是指向栈顶。所谓堆栈就是一种数据结构，是内部 RAM 的一段区域，当单片机中断时，保护正在运行的有关信息，将这些信息存在堆栈内。80C51 的堆栈常设在 30H～7FH 这一段 RAM 中。

（5）串行接口数据缓冲器 SBUF。8 位。串行接口数据缓冲器 SBUF 用于存放需要发送和接收的数据，它由两个独立的寄存器组成（发送缓冲器和接收缓冲器）。

（6）串行接口控制寄存器 SCON。功能与应用在模块六中介绍。

（7）串行通信波特率倍增寄存器 PCON。功能与应用在模块六中介绍。

（8）数据指针 DPTR（Data Pointer）。数据指针 DPTR 是 16 位的专用寄存器，既可作为 16 位寄存器使用，也可作为两个独立的 8 位寄存器 DPH（高 8 位）、DPL（低 8 位）使用。

（9）I/O 口专用寄存器（P0、P1、P2、P3）。就是 80C51 的 4 个 8 位并行 I/O 端口，也是片内 4 个特殊寄存器 P0、P1、P2 和 P3，均可实现位寻址。

（10）定时器/计数器（TL0、TH0、TL1 和 TH1）。8051 系列单片机中有两个 16 位的定时器/计数器 T0 和 T1，可以单独对这 4 个寄存器进行寻址和定时/计数时设置初始值，但不能把 T0 和 T1 当做 16 位寄存器来存放数据。

（11）其他控制寄存器。IP（中断优先级控制寄存器）、IE（中断允许控制寄存器）、TCON（串行接口控制器）、TMOD（定时器/计数器工作方式寄存器）在后续模块中介绍。

另外，单片机都有一个程序计数器 PC（Program Counter）。AT89S51 的 PC 是一个 16 位的计数器，专门用于存放 CPU 将要执行的指令地址，即在程序执行的过程中，根据程序指令执行情况，PC 指向地址自动增加，给出下一条指令的地址。由于 PC 是 16 位寄存器，所以它的寻址范围为 64 KB。用户对 PC 不可寻址，也即无法对它进行读写，但是可以通过指令改变其内容，以控制程序执行的顺序。程序计数器不属于 SFR 存储器块。

## 任务实施

### 一、认识 MCS-51 系列单片机芯片及封装

观察单片机实物。

单片机在封装上有 DIP（Dual In-line Package）封装、QFP（Quad Flat Package）、LCC（Leadless Chip Carrier）封装和 SOP（Small Out-line Package）等外形封装。MCS-51 系列单片机 DIP、LCC 和 QFP 封装引脚如图 1—1—4 所示。

DIP 封装

LCC 封装

QFP 封装

图 1—1—4　MCS-51 的封装外形图

## 二、其他系列单片机芯片举例

其他类型的单片机外形封装示例如图 1—1—5 所示。

图 1—1—5　单片机外形封装举例

## 知识拓展

## 一、单片机的发展

单片机的发展速度很快，从 1974 年至今，经历了从 4 位、8 位、16 位到 32 位处理芯片的发展过程，集成度和存储量从小到大，中断源、并行 I/O 口、定时器/计数器的数目也在不断增加，集成了双工串行通信接口，部分单片机还集成了 A/D 转换电路等。在编程软件方面，从采用汇编语言发展到允许用户采用面向工业控制的专用语言，如 C 语言等。

到 20 世纪 90 年代，单片机已发展到在一块含有 CPU 的芯片上，除嵌入 RAM、ROM 存储器和 I/O 接口外，逐渐将数/模转换、计数器等功能也进行了集成，从而构成了一个完整的、功能强大的计算机应用系统，增加了多种控制功能，把原属外部芯片的功能集成到本芯片内，单片机技术得到了迅速发展。

在单片机处理芯片发展到 32 位的同时，传统的 8 位单片机的性能也得到了飞速提高，处理能力比 20 世纪 80 年代提高了数百倍，因此，在应用方面目前仍然是以 8 位和 16 位单片机占主导地位。

## 二、单片机的类型

在单片机各种类型系列中，根据控制单元设计方式和采用技术不同，单片机可分为两大类型：精简指令集（RISC - Reduced Instruction Set Computer）和复杂指令集（CISC - Complex Instruction Set Computer）。采用 CISC 结构的单片机指令丰富、功能较强，但由于数据线和指令线为分时复用方式，取指令和取数据不能同时进行，速度受限、价格也较高。采用 RISC 结构的单片机数据线和指令线分离，使得取指令和取数据可同时进行，执行效率更高，速度也更快。两种类型的单片机有各自的特点，可根据设计需求选用不同结构类型的单片机。

属于 CISC 结构的单片机如 Intel 公司的 MCS - 51/96 系列，Motorola 公司的 M68HC 系列，Atmel 公司的 AT89 系列，荷兰 Philips 公司的 PCF80C51 系列等。

属于 RISC 结构的单片机如 Microchip 公司的 PIC16C5X/6X/7X/8X 系列，Zilog 公司的 Z86 系列，Atmel 公司的 AT90S 系列等。

Atmel公司还生产AT90系列单片机，也叫AVR单片机。这种类型的单片机采用RISC指令集，运行效率高，也是在线可编程的单片机，功耗小，比8051系列能处理更多的任务，广泛应用于小家电和医疗设备等领域。

另一种常见的单片机叫PIC单片机，它是由美国Microchip（微芯）公司生产的8位单片机，也属于RISC结构系列。PIC单片机的指令集只有35条指令，指令总线与数据总线分离，允许指令总线（14位）宽于数据总线（8位），使得指令少，执行速度快。并且PIC单片机具有功耗低、驱动能力强、一些型号具有$I^2C$和SPI串行总线端口等特点。

# 任务2　认识单片机最小系统及基本外部电路

**知识点**

◎ AT89S51最小系统的组成；

◎ 基本实验外部电路。

**技能点**

◎ 能用MCS-51单片机组成最小系统；

◎ 能正确组装单片机实验电路；

◎ 能用连接线连接AT89S51与外部电路的插接口，构成应用电路。

## 任务提出

单片机就是在一块硅片上集成了中央处理器，存储器和输入、输出接口等电路的集成电路。如何让单片机工作起来，单片机外部应用电路应如何连接，这是首先需要了解的问题。本任务在介绍单片机最小系统的基础上，介绍与完成基本实验相关的一些外部电路。

## 任务分析

要让单片机工作，首先要为电路提供合适的直流电源，并让单片机的系统振荡电路起振。系统振荡电路是单片机工作的心脏，外接简单的控制电路，这就构成了单片机的最小系统。为了让单片机完成一定的工作任务，在单片机最小系统的基础上，外接相关的工作电路，并为单片机编写相应的控制程序，就能使单片机工作并完成相应的任务。单片机的端口与外部电路之间实现连接，实现信号的输入输出控制，其电路结构如图1—2—1所示。下面通过实际的最小系统及基本外部电路的安装实践，来认识以单片机为核心组成的硬件电路结构。

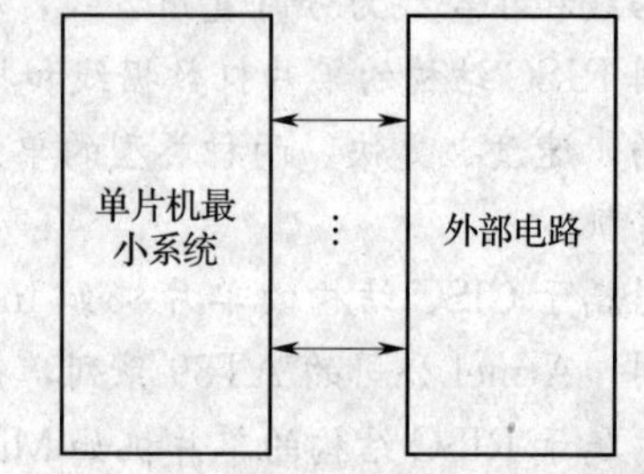


图1—2—1　单片机控制系统结构图

**相关知识**

## 一、MCS－51 单片机的最小系统

单片机的最小系统就是能让单片机工作起来的一个最简单的工作系统，它由单片机(AT89S51)、外接晶体振荡电路和复位电路组成。

单片机最小系统的组成电路如图 1—2—2 所示。电路中还包括了程序下载接入电路，用于将编写程序写入到单片机的程序存储器。

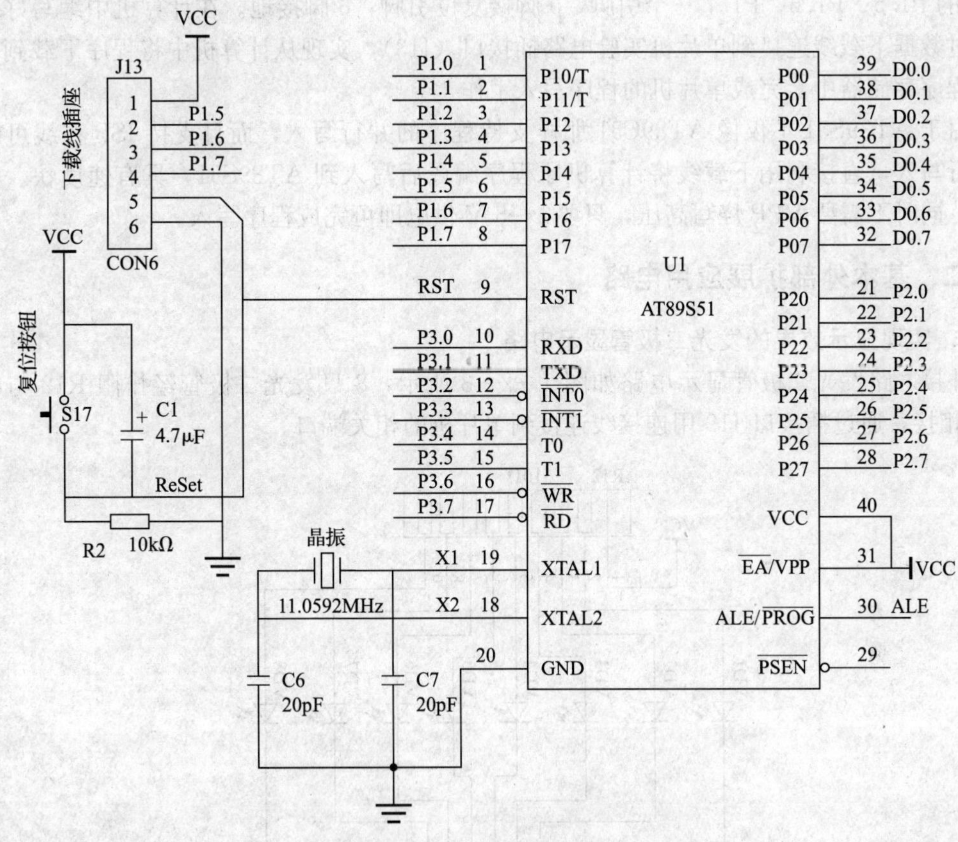


图 1—2—2　单片机最小系统电路图

1．振荡电路——让单片机活起来的心脏

AT89S51 内部具有振荡电路，只需在 18 脚和 19 脚之间接上石英晶体，给单片机加上工作所需直流电源，振荡器就开始振荡，单片机也开始工作起来。AT89S51 常外接 6 MHz、12 MHz 的石英晶体，图中接入的是 11.059 2 MHz 的石英晶体，最高可接 33 MHz 的石英晶体。18 脚和 19 脚分别对地接了一个 20 pF 的电容，目的是防止单片机自激。

如果从 18 脚输入外部时钟脉冲，则 19 脚接地。

2．复位电路——恢复初始状态值

复位电路就是在 RST 端（9 脚）外接的一个电路，目的是当单片机上电开始工作时，

内部电路从初始状态开始工作，或者在工作中要想人为地让单片机重新从初始状态开始工作。在时钟工作的情况下，要求 8051 的复位引脚高电平保持两个机器周期以上的时间，8051 便能完成系统重置的各项动作，使得内部特殊功能寄存器的内容均被设成已知状态，并且至地址 0000H 处开始读入程序代码而执行程序。

具体电路如图 1—2—2 所示，由 C1 和 R2 构成上电自动复位电路，S17 实现手动开关复位。

3. 程序下载接入电路

图 1—2—2 中有一个下载线接口 J13，J13 的 1 脚接 5 V 电源，2、3、4 脚接单片机的 P1 口的 P1.5、P1.6、P1.7 三个引脚，5 脚接复位引脚，6 脚接地。在计算机中编写好的程序通过数据下载线连接到单片机实验电路插接口（J13），实现从计算机中将程序下载到单片机的程序存储器中，完成单片机的程序写入工作。

由于 AT89S51 不仅像 AT89C51 那样支持程序的并行写入，而且支持 ISP 在线可编程的串行写入，直接利用下载线将计算机原程序编译后写入到 AT89S51，具有速度快、稳定性好，同时不需要 VPP 烧写高压，只要 4～5 V 供电即可完成程序写入。

## 二、基本外部扩展应用电路

1. 实现显示效果的发光二极管显示电路

外接八路发光二极管显示电路如图 1—2—3 所示，8 只发光二极管经排阻 R12 与电源 VCC 相接，通过插接口 J19 用连接线连接到单片机的相关端口。

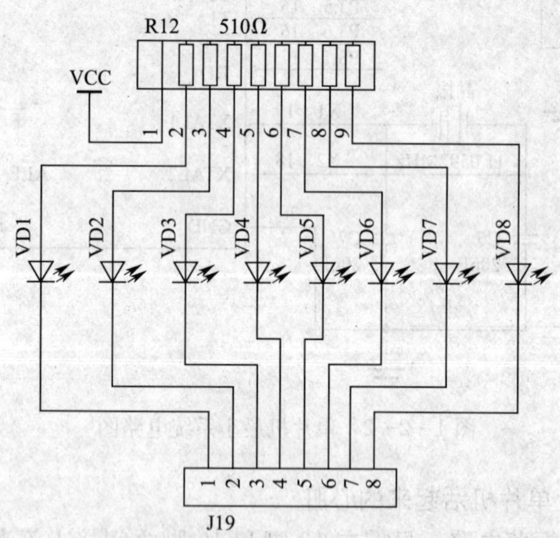


图 1—2—3　外接八路发光二极管显示电路

2. 实现输入控制的键盘电路

为便于开发和应用，实验电路设计了一组 4×4 的矩阵键盘电路，通过插接口 J4 用连接线连接到单片机的相关端口，电路如图 1—2—4 所示。

3. 显示数据的数码管显示电路

图 1—2—5 所示是一种常见的数码管动态显示电路。其中，8 只数码管可以单只驱动，

也可动态驱动显示 8 位数据，通过插接口 J6 接数码管七段显示段码输入端，通过插接口 J10 接每位数码管的驱动信号。

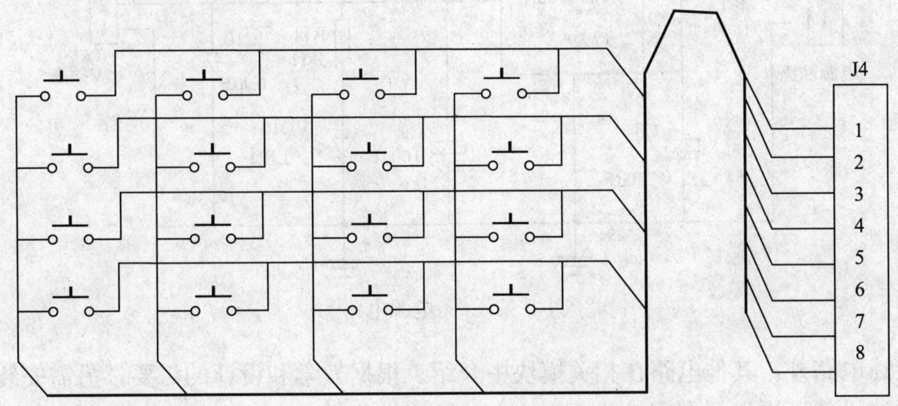

图 1—2—4　4×4 的矩阵键盘电路

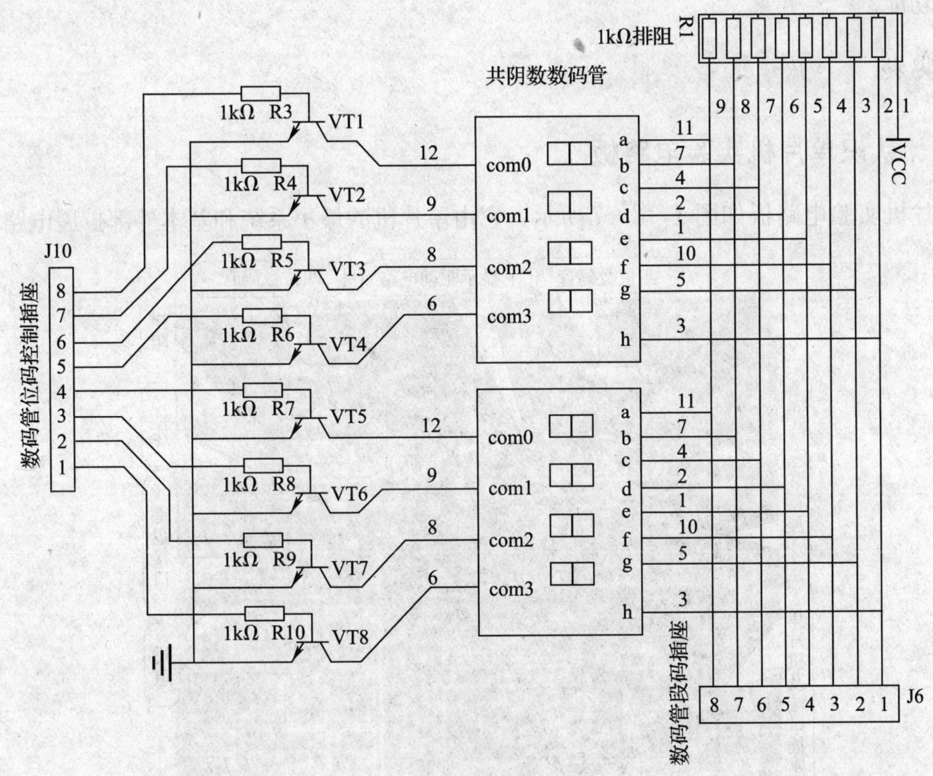

图 1—2—5　动态显示电路

4. 电源电路

通过 J15 电源插座接入 6～9 V 的直流电压，经 7805 稳压后给整个电路提供 5 V 直流电压。R11 和 VD10 为电源指示电路，通电后 VD10 亮。电源电路如图 1—2—6 所示。

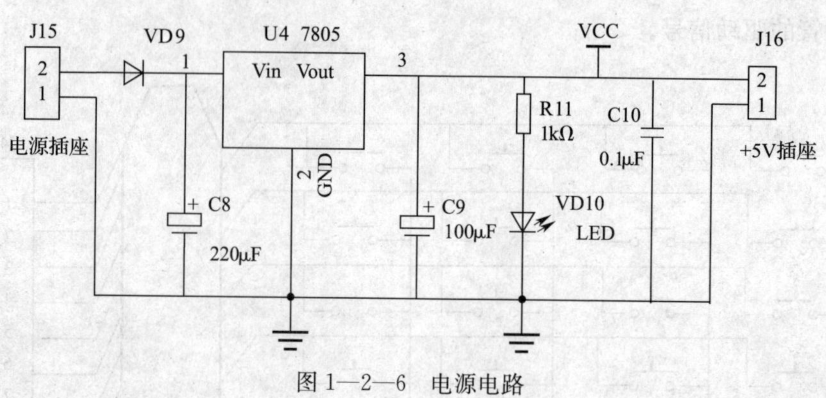


图 1—2—6　电源电路

除上述电路外，其他电路在相关模块中介绍。根据教学和设计的需要，另需安装和使用的电路，这里就不再先行介绍。

各外部电路由连接线与单片机的各端口相连，构成完整的工作电路，配合软件完成相应的设计功能。

## 任务实施

### 一、认识单片机实验电路板

单片机实验电路板如图 1—2—7 所示，它由单片机的最小系统和基本外部扩展电路组成，

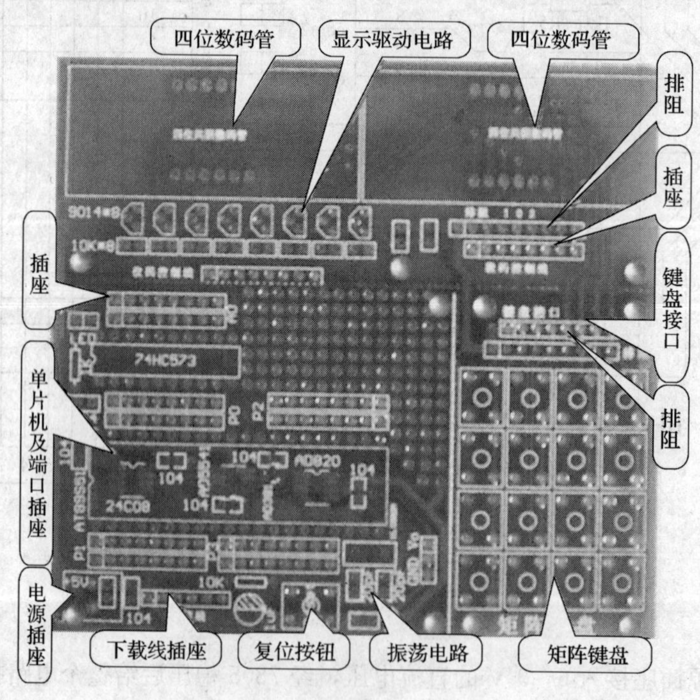


图 1—2—7　单片机实验电路板及主要元件在电路板上的位置

能够完成 LED 显示、七段数码显示、矩阵键盘输入、外部中断、串口中断等相关实验演示。通过电路板的插接口，外接模数与数模转换电路板、点阵显示电路板和其他控制电路板，可实现对外部器件的控制功能。电路板设计了一块多功能连接区，以满足各模块设计连接元器件的需求。

若具有制作印制电路板的条件，也可自己制作印制电路板，一般自制单面印制电路板较为容易。图 1—2—8 即为一款自制单面印制电路板的示例。

图 1—2—8　自制单面印制电路板示例

## 二、单片机实验电路板的安装和制作

1. 准备工具、材料和元件

工具和材料见表 1—2—1。

**表 1—2—1**　　**工具和材料**

| 项目 | 内　　容 | 数量 |
|---|---|---|
| 工具 | 20 W 内热式电烙铁和烙铁架 | 各一只 |
| | 压线钳 | 一把 |
| | 平口钳 | 一把 |
| | 剥线钳 | 一把 |
| 材料 | 实验电路印制板 | 一张 |
| | 20 cm 连接线（8 芯排线） | 三根 |
| | 接线头 | 100 粒 |
| | 导线、焊锡丝、松香 | 适量 |

工具中，平口钳用于剪线或元件引脚，剥线钳常用于剥电线头，压线钳用于排线压接线头。压线钳如图 1—2—9 所示。

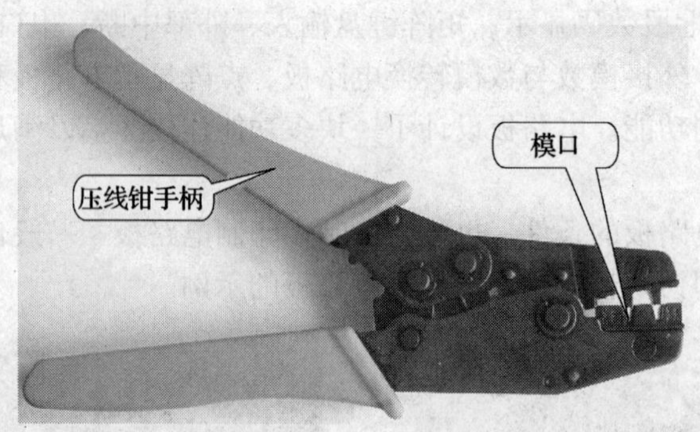


图 1—2—9　压线钳

实验电路板所用元件见表 1—2—2。

**表 1—2—2**　　**基本电路元件（一套）**

| 元件名 | 规格型号 | 数量 | 元件名 | 规格型号 | 数量 |
|---|---|---|---|---|---|
| 单片机 | AT89S51 | 1 只 | 磁片电容 | 0.1 μF | 5 只 |
| 锁存器 | 74HC573 | 1 只 | 振荡电容 | 20 pF | 2 只 |
| 石英晶体 | 11.059 2 MHz | 1 只 | 电解电容 | 220 μF | 2 只 |
| 数码管 | 4 位共阴数码管 | 2 只 | 电解电容 | 10 μF | 5 只 |
| 按钮 | ϕ5 mm | 19 只 | 排阻 | 510 Ω | 1 只 |
| 发光二极管 | | 9 只 | 排阻 | 1 kΩ | 1 只 |
| 下载线插座 | 六芯 | 1 只 | 电阻 | 10 kΩ | 9 只 |
| 电源插座 | | 1 只 | 电阻 | 1 kΩ | 1 只 |
| 集成电路插座 | 40 脚 | 1 只 | 7805 三端稳压器 | TO‐220 | 1 只 |
| 集成电路插座 | 16 脚 | 1 只 | 三极管 | 9014 | 8 只 |
| 连接插座 | 8 针 | 14 只 | | | |

2. 检查核对元件

根据原理电路列出元件表，核对元件数量，从外观上检查元件有无损坏。

3. 安装电路板

元件安装的原则是先小后大、先里后外、先轻后重。为了使安装作为学习和熟悉单片机电路的过程，这里大致分为电路功能块和元件类型进行安装。安装步骤如下：

（1）安装 16 只按钮构成的键盘电路，复位按钮，INT0 和 INT1 两只单键按钮。

（2）安装振荡电路的两只 20 pF 电容和小磁片电容。

（3）安装 8 只显示发光二极管和排阻，一只电源指示发光二极管。

（4）紧挨着键盘从右至左安装 12 组 8 位连接插座。

（5）安装单片机插座（单片机用插座，便于更换 AT89S51，同时单片机下面的电路板设计了一组串行 A/D 转换电路，是用贴片元件设计的，在需要时，也可拔下单片机安装上 A/D 转换电路）和锁存器 74HC573（也可安装集成电路插座）。

（6）安装动态显示电路的段码和位码输入插座以及其他插座和电容器。

（7）安装八位数码管驱动晶体管基极的 8 只电阻和电源指示电路一只电阻，8 只晶体三极管和 1 kΩ 排阻。

（8）安装复位电路一只电阻和复位电容以及下载线插座。

（9）安装电源稳压集成电路 7805、滤波电容和电源插座。

（10）安装四位共阴数码管。

**注意**：建议焊接插座时，将 AT89S51 插入插座中；由于电路是双面板，元件插孔都是金属化孔，焊接中锡吃满孔时即可，不用像单面板焊接那样在元件引脚上留下较大焊锡点。

4. 连接线制作

连接线用于单片机各端口与外部电路的连接，如 P0 口插座与发光二极管插座之间的连接，P0 口与动态显示的段码插座之间的连接，P2 口与动态显示位码插座的连接，P1 口与键盘的连接等。

连接线的制作主要是在排线制作连接插头。连接线制作步骤如下：

（1）剪线。首先将 8 芯排线剪成 20 cm 的线段。如图 1—2—10 所示。

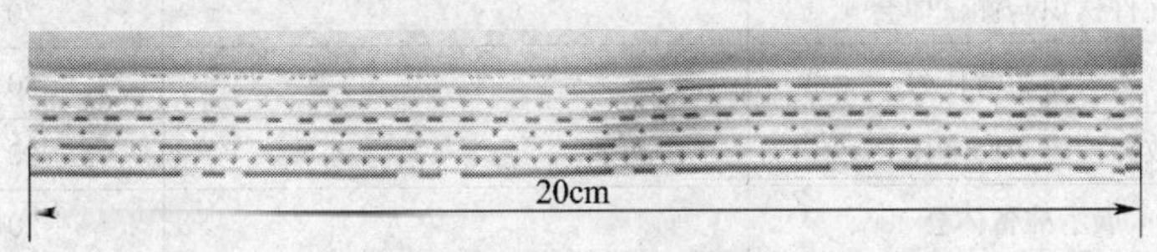


图 1—2—10　8 芯连接线

（2）剥线。用剥线钳在每条芯线头上剥掉 1.5 mm 左右的绝缘层。

（3）压线。如图 1—2—11 所示，将夹线金属压接头放在压线钳的模口（凹槽）中，再将导线头从另一边插入金属接头中，注意压线钳模口一边放压接头，一边插入连接线，不要放错。放好后，用力压下压线钳手柄，将线与接头压接牢。

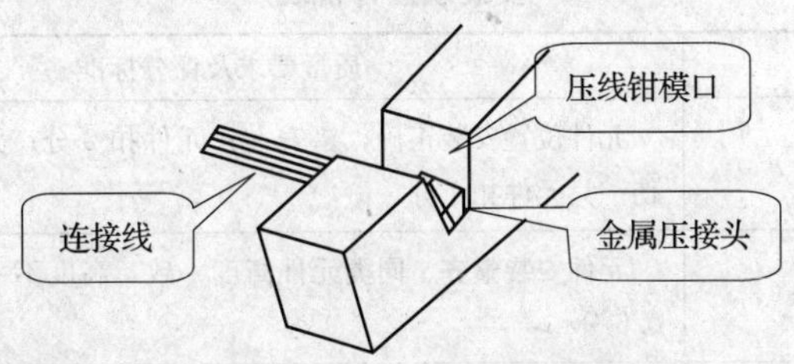


图 1—2—11　压线示意图

**注意**：导线不能插入金属头中太长，若排线插入太长，做好的插接头将不能插入插座。根据金属压接头大小，将其放在不同大小的压接模口中。

（4）插接。将压接好的排线一根一根地插入到塑料插接头中。

这样一根排线就做好了，将做好的插接头试着插入插座中，看能否顺利插入，若不能插入，可能是排线插入金属接线头中太长，须重做。

5. 下载线

下载线的用途是将用计算机编写好的程序通过下载线写入到单片机的 ROM 中去，利用下载线可对其重新编程和写入。下载线一般有两种：一种是一端接计算机的并口，一端接到实验电路板的下载线插座；另一种是一端接计算机的 USB 口，另一端接到实验电路板的下载线插座。有条件的可自己制作下载线，也可直接在市场上购买成品下载线。

## 任务评价

仅对实验电路板的制作进行评价。评价分为两部分，首先进行成果展示与分享，然后对成果进行评价评分。

### 一、成果展示与分享

将安装制作成果体会向全体同学（或分组）进行展示，并与同学分享制作和测试体会及收获。成果展示汇报见表 1—2—3。

**表 1—2—3　　成果展示汇报表**

| 编号 | 汇报项目 | 汇报内容（提纲或要点） | 评分分配 | 评分 |
|---|---|---|---|---|
| 1 | 元件认识与测试体会 | | 20 | |
| 2 | 安装与组装体会 | | 30 | |
| 3 | 故障检查与修复体会 | | 20 | |
| 4 | 展示准备体会 | | 20 | |
| 5 | 其他体会 | | 10 | |

### 二、安装外观质量评价

安装质量评价见表 1—2—4。

**表 1—2—4　　安装质量评价表**

| 分类 | 项目 | 质量要求及评分标准 | 评分 |
|---|---|---|---|
| 实验电路板 | 元件安装（30 分） | 元件位置安装正确，错安一只元件扣 2 分；元件无损伤，损伤一只元件扣 1 分 | |
| | 安装质量（20 分） | 元件安装整齐、同类元件高度一致，高度不一致一只元件扣 0.5 分 | |
| | 焊接质量（20 分） | 无虚焊、焊接质量好，虚焊一只元件扣 1 分 | |
| | 电源插座、串口插座（5 分） | 安装平整、无损伤，不平整扣 1 分，有损伤扣 1 分 | |
| 连接线 | 剥线（10 分） | 排线头剥出金属线长度合适，不整齐扣 1 分，剥出线头太长扣 1 分 | |
| | 压接（15 分） | 压接可靠，芯线在金属头中长度合适，一个压接头不合格扣 1 分 | |
| 下载线 | 1. 若自制，设定评分标准；<br>2. 若购买，使用前应对下载线进行质量检查 | | |
| 总评 | | | |

本书的后续各模块都是单片机在某一方面的应用设计，包括硬件和软件设计，任务评价也可采用成果展示和对软件、硬件设计完成效果的评价，可参照本任务评价方式进行设计。

## 思考与练习

1. AT89S51 的 P0、P1、P2、P3 口分别对应哪些引脚？
2. AT89S51 的 P0、P1、P2、P3 口各有哪些第二功能？试分别说明。
3. $\overline{PSEN}$、ALE/$\overline{PROG}$、$\overline{EA}$/VPP 对应哪几只引脚？简述各引脚的功能。
4. MCS－51 有哪些特殊功能寄存器？其特点是什么？
5. 单片机的最小系统由哪些电路组成？
6. 什么是复位电路？其作用是什么？
7. 如何使用压线钳制作连接线？
8. 实验电路板上接线插座的用途是什么？
9. 为什么要使用下载线？如何选择下载线？

# 输入/输出控制

在日常生活和工业控制中，常常可以见到各种指示控制，如在机电设备、仪器、仪表、机床面板上的各种各样的信号指示灯、交通控制指示灯等。如图 2—0—1 所示为几种常见指示灯的示例。

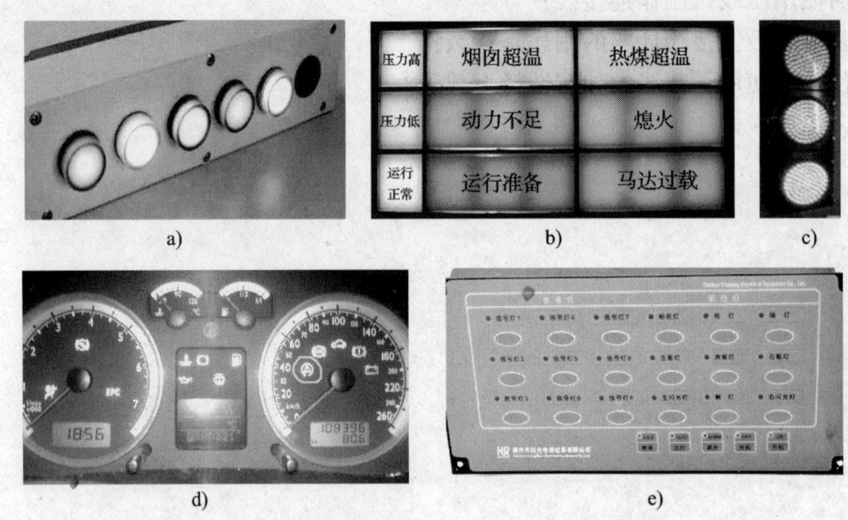


图 2—0—1　指示灯举例

a）工业控制指示灯　b）工作状态指示灯　c）交通信号指示灯
d）汽车仪表指示灯　e）机电设备面板指示灯

从控制角度来看，这些指示灯只有点亮或熄灭两种状态。在控制这些指示灯时，往往是采用高、低电平，通过驱动电路实现指示灯的亮与灭。

在单片机的应用中，利用单片机端口或端口某一引脚输出数据，就能在单片机引脚上得到相应的逻辑电平。通过外部驱动电路，实现单片机对外部设备工作状态的控制。这就是单片机端口的输出。

当外部设备（如开关）连接到单片机引脚时，这些外部设备状态的改变将导致单片机引脚为不同的逻辑电平。单片机通过检测其引脚电平，可以知道连接到单片机引脚的外部设备的工作状态。这就是单片机端口的输入。

本模块以单片机控制指示灯为例，从一个指示灯的简单控制到多个指示灯的复杂控制，学习单片机对端口输出电平的控制。通过检测引脚电平，判断连接到引脚的按键状态，实现端口的输入。单片机端口的输入和输出控制是单片机最基本、最常用的控制功能。

通过单片机端口的输入/输出控制，学习单片机的硬件设计和软件设计方法。在程序设计完成后，一方面可以通过 Proteus 仿真测试控制效果；另一方面可以通过烧写单片机芯片，在硬件电路上测试控制效果。通过仿真和硬件验证，可以加深对单片机控制系统的硬件电路认知，熟悉和强化控制程序的设计。

# 任务 1　引脚的输出控制

**知识点**

◎ 单片机端口的内部结构特点；

◎ C 程序的基础知识和基本结构；

◎ C 程序对单片机端口的定义和控制方法；

◎ C 程序对单片机端口某一位的定义和控制方法。

**技能点**

◎ 能根据外部电路需求选用合适的单片机端口引脚；

◎ 能用 Keil 编辑和编译 C51 源程序；

◎ 能用下载线或编程器将单片机程序代码写入单片机芯片；

◎ 能用 Proteus 对单片机应用系统进行仿真、测试。

## 任务提出

利用单片机引脚输出信号驱动各类设备实现控制设备的运行和状态，是单片机最为典型的应用。本任务是学习单片机控制的第一个任务，以单片机的一个引脚通过驱动电路控制一只指示灯的亮或灭。

## 任务分析

用单片机实现对单一指示灯亮或灭的控制，就是利用单片机的某一引脚输出的高电平及低电平，通过驱动电路实现指示灯的通电或断电两种状态。

MCS－51 单片机的引脚输出为 TTL 兼容电平，从硬件连接上，就是选择单片机的某一输出引脚，外接发光二极管电路。发光二极管电路的接法与单片机引脚驱动负载能力有关。

当然，要让单片机芯片工作，单片机最小系统电路是必需的，控制发光二极管的硬件系统框图如图 2—1—1 所示。由于 MCS－51 系列单片机各端口引脚内部结构不同，所以对外接负载驱动能力也有所不同，在使用中应加以注意。

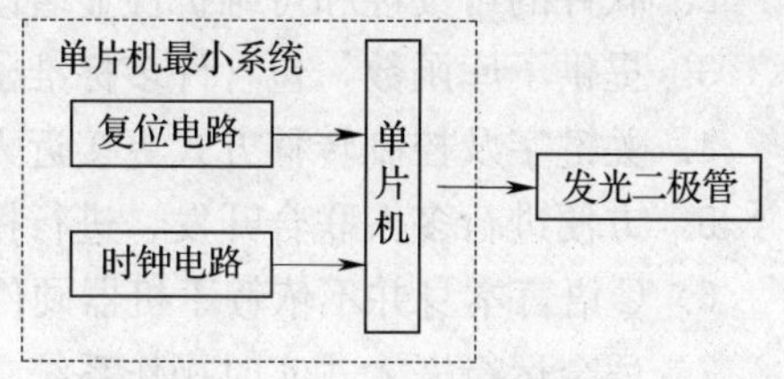


图 2—1—1　用单片机控制一只 LED 的系统框图

用单片机引脚输出信号控制发光二极管的点亮或熄灭，就是如何在单片机引脚上输出高电平或低电平，即输出“1”或“0”。要使单片机的引脚输出“1”或“0”，必须使用指令（程序命令）来实现。本书采用 C51 对单片机进行编程控制。

本任务是应用 C51 编程的一个最简单的例子。在学习中，要注意学习单片机 C51 程序的基本编程方法，基本语句、程序结构，以及如何定义变量，特别是用变量来定义单片机的引脚。

为了验证程序设计效果，用 Keil 软件对程序进行编译，并将编译程序与 Proteus 联调，对设计效果进行功能验证。

## 相关知识

### 一、单片机的工作过程

单片机的工作过程实质上就是执行用户编制程序的过程。程序设计者将单片机要完成的任务用编写程序的机器码写入数据存储器中，当单片机开机复位后，就自动执行程序指令。执行指令的过程就是取指令和执行指令的过程，周而复始直到程序中所有命令执行完毕，这就是单片机的工作过程。

用单片机组成控制系统工作，就是通过单片机硬件系统电路与单片机特定的指令系统相结合，通过运行单片机的程序指令，控制单片机的外部电路工作。所以，单片机应用设计分为硬件设计与软件设计两大部分。

单片机通过端口接收外部硬件电路传输所需要的输入信号，经过单片机对信号的分析处理，又从端口输出控制信号，控制外部电路执行工作任务。单片机完成某一特定任务的过程实质上是单片机执行某一设定程序的过程。

### 二、单片机的编程语言

单片机对信号的分析、处理、存储和传输是通过执行程序来实现的。程序是人们为了完成某一特定任务或解决某一特定问题而用计算机语言编写的一系列指令集合。单片机能够直接识别和执行的命令称为计算机指令，也称为机器指令或机器语言。单片机所能执行的所有指令的集合即为指令系统。MCS-51 系列单片机的指令系统共有 111 条指令，分为数据传送类指令、算术运算类指令、逻辑运算类指令、控制转移类指令和布尔操作类指令。单片机的程序设计一般采用汇编语言或 C 语言。本教材对单片机的软件设计采用 C 语言。

目前大多数单片机支持 C 语言程序设计，使得 C 语言程序具有较好的通用性和移植性。与汇编语言相比，用 C 语言开发单片机程序具有如下特点：

1. 开发速度优于汇编语言。
2. 软件的可读性和可维护性显著改善。
3. 提供了库函数，包含许多标准子程序，具有较强的数据处理能力。
4. 关键字及控制转移方式更接近人的思维方式。
5. 方便进行多人联合开发，进行模块化软件设计。
6. C 语言本身并不依赖于机器硬件系统，移植方便。
7. 适合运行嵌入式实时操作系统。

针对用于 MCS-51 单片机的 C 语言被称为 C51。

单片机仅能识别的指令是二进制编码的机器语言，不管是汇编语言还是 C 语言都不能直接在单片机上运行，需要使用相应的编译软件将由汇编语言或C语言编写的“源程序”转换为单片机可执行代码程序，并通过编程器或下载线写入单片机的程序存储器中。

MCS-51单片机的C语言编译平台有Keil、伟福（Wave）、南京万利（MedWin）等可供选用。本教材中采用Keil μ vision2软件作为编译器。

## 三、单片机程序开发过程

一般说来，编程过程分为需求分析、算法设计、编辑源程序、编译、下载、验证等几个步骤。

需求分析是根据客户的要求，了解单片机控制系统的功能、特性、性能、具体规格参数等，然后进行分析，确定系统硬件和软件所能达到的目标。

算法设计是根据需求分析的结果，考虑如何在硬件基础上通过系统逻辑控制、系统控制程序去实现所定义的需求功能、特性等，也可分为数据结构设计、软件体系结构设计、应用接口设计、模块设计等。在算法设计中，出现不能实现的系统需求，则要与客户进行协商，修改系统的功能或需求。

编辑源程序就是使用编程语言实现算法的过程，根据算法设计，选用一种程序语言编写出源程序。在编程过程中，出现不能使用编程语言实现的算法或数据结构，则需要修改算法和数据结构。

使用编译程序对源程序进行编译的过程称为程序编译。在编译过程中，出现错误或警告，需要检查、修改源程序中的语法和逻辑，并再次编译，直到没有错误和警告为止。

下载是将已经编译好的程序代码写入单片机芯片的过程。针对不同的单片机，常用下载工具有编程器和下载线，将程序代码写入单片机。对于使用EPROM或$E^2$PROM的单片机，使用编程器对单片机芯片写入程序代码，必须将单片机芯片单独放入编程器，程序写入单片机芯片后再将单片机芯片插入单片机控制电路并通电验证。对于具有FlashMemory的单片机，单片机芯片支持ISP功能，常使用下载线对单片机芯片写入代码，不需要将单片机芯片从控制电路中取下来，就能完成对单片机芯片程序代码的写入。

单片机控制功能验证实际上就是对产品功能和性能的测试过程，是对设计、编程进行验证和确认用户需求的过程。如果出现功能错误或参数误差，需要从硬件、算法、编程等几个方面检查、修改和调试，直到能够完成系统需求为止。

## 四、C51基本知识

C51在语法规则、程序结构及程序设计方法等方面与标准的C语言程序设计相同，而在数据类型、变量存储模式、输入输出处理、函数等方面与标准的C语言有一定的区别。下面仅对本任务中使用到的部分C51内容进行说明，未使用到的语法规则、程序结构及程序设计方法等，在后续任务中逐步介绍。

### 1. C51程序结构

在编写C51程序时，程序的开始部分一般是预处理命令、函数说明和全程变量定义等，然后是定义程序所需函数。

C51程序与C程序一样，是由一系列函数组成的，函数之间可以相互调用。一个C程序中只有一个 main () 函数，main () 函数可以调用别的功能函数，但其他功能函数不允许调用 main () 函数。不论 main () 函数放在程序中的哪个位置，总是先被执行。其他功能函数可以是 C 编译器提供的库函数，也可以是由用户按需要自行编写的自定义函数。

(1) C51 程序的一般结构

```
预处理命令                          /*用于包含头文件等*/
全局变量说明                        /*全局变量可以被本程序所有函数引用*/
函数1说明                           /*说明程序中需要的各种函数*/
……
函数n说明
void main(void){                    /*主函数*/
局部变量说明;                       /*局部变量只能在所定义的函数内部引用*/
执行语句;
函数调用(实参列表);
                                    /*函数定义。定义在程序中需要的函数*/
函数1(形参列表){
  局部变量说明;                     /*局部变量只能在所定义的函数内部引用*/
  执行语句;
  函数调用(实参列表);
}
……
函数n(形参列表){
  局部变量说明;                     /*局部变量只能在所定义的函数内部引用*/
  执行语句;
  函数调用(实参列表);
}
```

(2) C51 程序的示例

```
#include "reg51.h"                  //调用头文件,声明针对51单片机的特殊定义
#define uchar unsigned char         /*定义变量"uchar"为无符号字符型*/
sbit light=P2^0;                    //定义light变量表示P2口的P2.0
void delay05s(void)                 //自定义函数
{
   unsigned char i,j,k;             //声明三个无符号字符型变量i,j,k
   for(i=5;i>0;i--)                 //循环5次
   {
     ……
   }
}
void main(void)                     //主函数,每个C程序都必须有main函数
```

```
{//main 函数功能定义的开始
    while(1)                        //死循环，让单片机在这里不断执行
  {//while 循环体开始
        light=0;                    //给 light 变量赋初值
        delay05s();                 //调用定义函数
        ……
    }                               //while 循环结束
}                                   //main 函数结束
```

从上面 C51 程序的一般结构和例子可见，C51 程序首先是包含与所使用单片机硬件资源有关的头文件（#include "reg51. h"），在头文件"reg51. h" 中对 MCS－51 单片机的存储类型及存储区域、存储模式、存储器类型声明、变量类型声明、位变量与位寻址、特殊功能寄存器（SFR)、C51 指针、特殊库函数属性等进行定义。

编写 C51 程序时要注意以下几点：

1）函数以花括号"{"开始，以花括号"}"结束，包含在"{}"以内的部分称为函数体。花括号必须成对出现，如果一个函数内有多对花括号，则最外层花括号为函数体的范围。为使程序增加可读性并便于理解，一般采用缩进方式书写。

2）C51 程序没有行号，书写格式自由，一行内可以书写多条语句，一条语句也可以分写在多行上。每条语句最后必须以一个分号";"结尾，分号是 C51 语句的必要组成部分。

3）每个变量必须先定义后引用。在函数内部定义的变量为局部变量，又称为内部变量，只有在定义它的那个函数之内才能够使用。在函数外部定义的变量为全局变量，又称为外部变量，在整个定义该变量的 C 文件中的所有程序中都可以使用它。使用 extern 说明的变量可以在工程中的其他 C51 文件中定义，并在整个 C51 文件中使用。使用中一定要注意全局变量对值的传递。

4）在主函数中调用的函数有系统函数和自定义函数，自定义函数可以在 main（）函数之前定义，也可在 main（）函数之后定义，若在 main（）函数之后定义，则需要在 main（）之前加以说明（也称声明）。

5）对程序语句的注释必须放在双斜杠"//"之后，或者放在"/ *"……"* /"之内。在程序中加入注释，有利于对程序的阅读和理解。注释内容不影响程序的编译。

6）功能函数可以是 C51 语言编译器提供的库函数，也可以是由用户定义的自定义函数。

2. 常用 C51 语法

（1）标识符与关键字。C51 的标识符是用来标识源程序中某个对象名字的。这些对象可以是函数、变量、常量、数组、数据类型、存储方式、语句等。一个标识符由字符串、数字和下划线等组成，第一个字符必须是字母或下划线。需要注意的是，C51 规定，在标识符中大小写字母被认为是不同的字符。程序中标识符的命名应当简洁明了、含义清晰、便于阅读理解。

关键字是一种具有固定名称和特定含义的特殊标识符，有时又称保留字，C51 中关键字可查阅相关资料。在编写 C51 源程序时，不允许将关键字另做别用，也就是对于标识符的

命名不能与关键字相同。例如，不能使用 int 作为自定义标识符，因为 int 是 C51 中规定的数据类型说明关键字。

（2）赋值运算。在 C51 中，赋值运算符“＝”的功能是将一个数据的值赋给一个变量或特殊功能寄存器。利用赋值运算符将一个变量与一个表达式连接起来的式子称为赋值表达式，在赋值表达式的后面加一个分号“;”就构成了赋值语句。赋值语句的格式如：

变量名＝表达式；

执行时，先计算出赋值运算符“＝”右边表达式的值，然后赋给左边的变量。例如：

```
x=3+2;          /*将3+2的值赋给变量x*/
P1=0x01;        /*将二进制0000 0001送端口P1*/
x=y=5;          /*将常数5同时赋给变量x和y*/
```

在 C51 中，允许在一个语句中同时给多个变量赋值，赋值顺序自右向左。

## 五、单片机引脚的使用

要正确地使用单片机的各端口和各引脚，一是要了解单片机端口引脚的内部基本结构，二是要知道如何定义端口和引脚。也就是要使用 C51 编写程序控制单片机 I/O 端口和引脚，首先要会选用端口和引脚，会定义端口、引脚的名称。AT89S51 的端口的定义与使用和标准 8051 是完全一致的。

1. 端口各引脚的内部结构

这里主要是从每个端口内部逻辑结构出发，了解单片机端口引脚的特点。从外部看，8051 单片机 4 个端口均由 8 位双向输入/输出引脚组成，在端口内部都由一组锁存器、输出驱动器和输入缓冲器组成。4 个端口在内部结构划分为 8051 的 4 个专用寄存器（8 位），既可通过字节寻址，也可通过位寻址（既可访问一个字节，也可访问其中任何一位）。4 个端口都是双向 I/O 口，其结构和特性基本相同，但也有各自的特点。

（1）P0 口的结构特点。P0 口每一位（也称口线）的内部逻辑电路如图 2—1—2 所示。

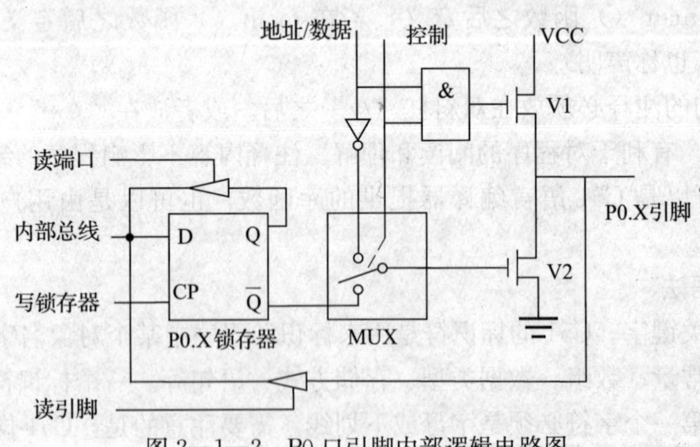


图 2—1—2　P0 口引脚内部逻辑电路图

从图中可以看出，P0 口的每一个输入/输出端的内部电路包含一个由 D 触发器构成的数据输出锁存器；两个三态门构成数据缓冲器；由反相器、与门和模拟转换开关（MUX）构成的控制电路；两个场效应管（V1、V2）构成的输出驱动电路。

P0 口作为输出端时，由于 V1 截止，处于开路状态，所以必须外接上拉电阻才能使输出为高电平。

当 P0 口作为输入口使用时，有两种情况：一是读引脚，二是读端口。读引脚就是读芯片引脚 P0. X 引脚数据，这时“读引脚”控制信号使图 2—1—2 电路下边一个三态缓冲器打开，把芯片引脚数据经缓冲器传输到内部总线。读端口则是在“读端口”信号控制下使图 2—1—2 电路上面的三态缓冲器打开，把存放在锁存器 Q 端的数据经缓冲器传输到内部总线。目的是适应对端口进行“读—修改—写”这类操作时的需要，从锁存器读取信号而不直接从输出端读取输出信号，这样可避免由于端口负载原因而造成数据错误。P0 口作为“读引脚”输入时也要注意一点，当从引脚输入信号时，必须先向锁存器写“1”，使$\overline{Q}=0$，V2 截止，这时两只场效应管都处于截止状态，输出驱动电路呈高阻状态，引脚数据就能经缓冲器传送到内部总线。

当 P0 口作为地址/数据端时，控制信号为高电平，将多路模拟开关置于反向器输出端，“地址/数据”信号经由两个场效应管构成的驱动电路输出，两只场效应管构成推拉结构。在实际应用中，P0 口常作为单片机系统的地址/数据线使用，这要比作为一般 I/O 口应用更简单一些。

（2）P1 口的结构特点。P1 口每一位的内部逻辑电路如图 2—1—3 所示。

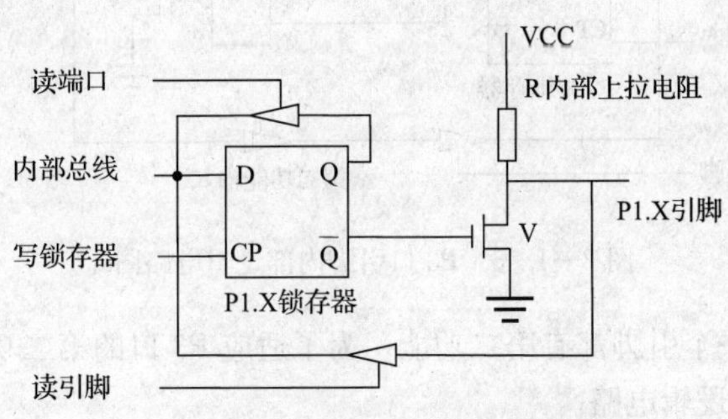


图 2—1—3　P1 口引脚内部逻辑电路图

从图 2—1—3 所示 P1 口内部电路可以看出，输出端接有一只上拉电阻 R。因为 P1 口通常是作为 I/O 口使用的，这样不需外接上拉电阻就能向外电路输出高电平（带上拉电流负载）。当 P1 口作为输入口使用时，也需先向锁存器写入“1”。

P1 口通常作为 I/O 使用，作为输出口时无须像 P0 口那样外接上拉电阻，作为输入口时也存在“读引脚”和“读端口”两种情况，读引脚时应先向锁存器写“1”。做 I/O 用时可驱动 4 个 TTL 门电路。

（3）P2 口的结构特点。P2 口每一位的内部逻辑电路如图 2—1—4 所示。

从 P2 口的内部逻辑电路图 2—1—4 可见，多路转换开关接锁存器 Q 端时，电路构成输入/输出口使用，与 P1 电路结构基本相同。当外接存储器时，P2 口作为高位地址线使用时，多路开关与“地址”相连，在这种情况下，由于访问外存储器不断从 P2 口输出高位地址，P2 口不可能再作为通用的 I/O 口使用。配合 P0 口作为地址总线（A0～A7）低 8 位，P2 口输出 A8～A15 高 8 位地址，可构成完整的 16 位地址总线，从而实现寻址 64 KB（$2^{16}$）的外部存储器空间。

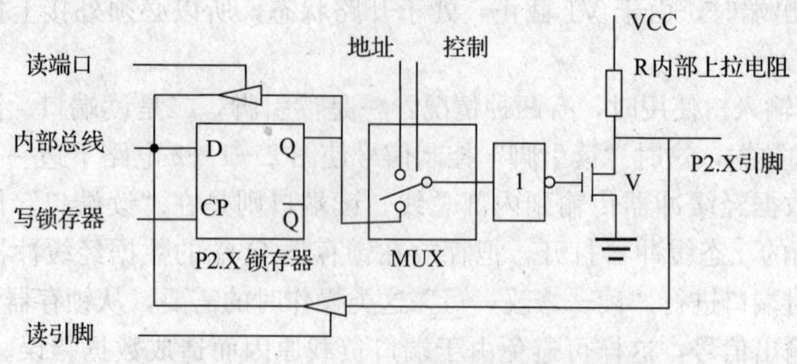


图 2—1—4　P2 口引脚内部逻辑电路图

作为输出口使用时，无须外接上拉电阻。作为输入口使用时，也与 P0 口和 P1 口一样，存在“读引脚”和“读端口”两种情况，读引脚时，也应先向锁存器写入“1”。

(4) P3 口的结构特点。P3 口的每一位内部逻辑电路如图 2—1—5 所示。

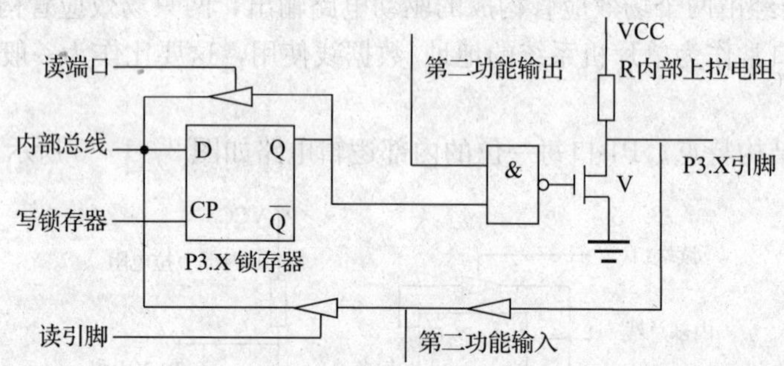


图 2—1—5　P3 口引脚内部逻辑电路图

P3 口的特点是每一个引脚都有第二功能，为了适应 P3 口的第二功能需要，内部逻辑电路增加了第二功能控制逻辑电路。

当用做第二功能输出时，锁存器 Q 端置 1，“第二功能输出”信号传输到引脚输出。当第二功能信号输入时，经缓冲器传输给“第二功能输入”。

P3 口既可作为通用 I/O 口使用，又可作为第二功能使用，一般 P3 口用于第二功能。

作为输出口使用时与 P1 口相似。作为输入口使用时，存在“读引脚”和“读端口”两种情况，读引脚时，也应先向锁存器写入“1”。

从电路结构上可以看出，P0～P3 口的每一引脚内部电路都有锁存器，所以每一个端口都是一个 8 位寄存器。8051 可以对端口寄存器进行整体数据读写操作，也可对其中任一位进行读写操作。

2. 端口的定义及应用

MCS-51 单片机的 4 个 8 位并行口，也是单片机内部特殊寄存器（SFR）中的 P0、P1、P2、P3，它们有自己对应的地址，如 P0 的地址为 0x80。使用 sfr 命令可以定义 MCS-51 的各个特殊功能寄存器，其格式为：

sfr 名称＝特殊功能寄存器地址

例如，命令“sfr DataPort＝0x80;”将端口 P0 的地址命名为 DataPort，对 DataPort 进

行操作就是对P0端口进行读和写，读入时将得到P0口的电平状态，写出时将修改P0端口的电平。

为了方便，Keil软件将各个厂商生产的单片机各个特殊功能寄存器的定义放在与单片机相对应的头文件中，如AT89S51、AT89C51对应的文件是AT89X51. H。作为通用的MCS－51系列单片机，在编写C51程序时，首先使用包含命令＃include加载通用的REG51. H或AT89X51. H头文件，在头文件中已经将如P0、P1、P2、P3等各个特殊功能寄存器进行了定义。头文件所定义的特殊功能寄存器，与在文件内部定义其他名字的特殊功能寄存器使用方法一致。编程时可以直接对P0、P1、P2、P3等特殊功能寄存器进行引用。

在C51程序中对端口名称或引脚名称进行赋值，就能实现引脚电平的控制。例如：

P1＝0x01；　//作用是从P1口输出01H,使P1.0置1,而P1的其他引脚输出0

P0＝0xFE；　//作用是将数据0xFE(十六进制)写到P0,也就是输出到P0口

Key＝P1；　//作用是从P1口输入数据到变量Key,即“读引脚”

P1＝P1＜＜1;//作用是将P1口寄存器数据左移1位后再写入P1,即“读—写端口”

3. 引脚的定义及应用

如果要针对特殊功能寄存器的某一位进行操作，则需要使用sbit命令定义特殊功能寄存器中的可寻址位。格式为：

sbit 位名称＝特殊功能寄存器名称｜地址^位编号；

其中位编号为可寻址的特殊功能寄存器的位的编号，如果特殊功能寄存器的长度为1字节，则位的编号为0～7，长度为2字节的位的编号为0～15。其中最低位的编号为0。

例如，仅对P1.1进行操作，则可以使用下面的命令进行定义：

sbit P11＝P1＾1;//定义“P11”表示“P1”的第“1”位

这条语句定义了P11表示P1口的P1.1引脚。需要在引脚P1.1上输出低电平，就是在P1.1引脚上输出0，使用的命令是“P11＝0;”。同理，让引脚P1.1上输出高电平，使用的命令是“P11＝1;”。让P1.1引脚上的输出电平发生高低翻转，使用的命令是“P11＝! P11;”。

还要说明，在这里P11是一个标识名称。只要符合C51的标识符命名规则的名称都可以用来表示引脚。

**注意**，P1.1不是一个合格的标识符，也不能够直接将P1^1作为引脚名称。

## 任务实施

### 一、硬件设计

本任务是要实现用单片机控制一盏指示灯的点亮和熄灭。采用在单片机的端口引脚上接上一只发光二极管代替指示灯，点亮或熄灭发光二极管即实现指示灯控制。

为了让单片机能够工作并控制一只LED，在单片机最小系统的基础上增加控制LED的硬件电路。在单片机的端口驱动能力中是下拉能力强，所以采用低电平驱动LED点亮，控制引脚选择P2.0，电路如图2—1—6所示。

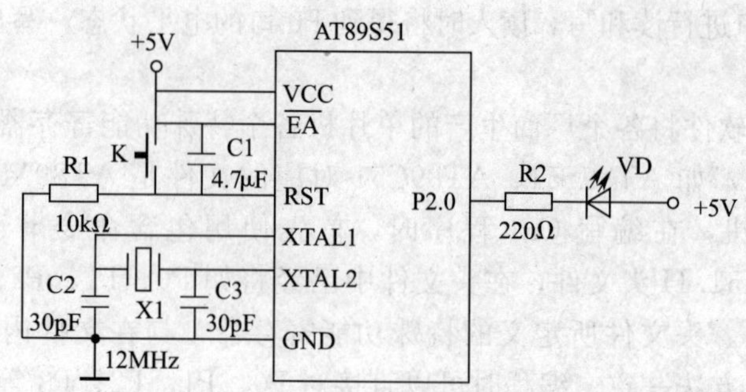


图 2—1—6　单一指示灯（发光二极管）控制电路图

在图 2—1—6 中，由电阻 R1、电容 C1、复位按键 K 构成复位电路，晶振 X1、电容 C2、电容 C3 构成振荡电路，引脚 $\overline{EA}$ 接电源使单片机 AT89S51 从其内部的程序存储器中读取指令并运行。这几个引脚及其外部元件共同构成了 AT89S51 的最小系统。

将 VD（LED）接在单片机 P2 口的 P2.0 引脚上，使 LED 受 P2.0 引脚的高低电平控制。电路中 R2 为限流电阻，限定流过发光二极管的电流，电阻的取值应使发光二极管工作在安全电流范围之内。

## 二、软件设计

从图 2—1—6 可见，当单片机的引脚 P2.0 上输出高电平时，发光二极管两端都是高电平，因此，发光二极管不亮。当引脚 P2.0 输出低电平时，发光二极管阳极接电源正极，电流经发光二极管和限流电阻 R2 流进 P2.0，发光二极管被点亮。可见，由 AT89S51 的 P2.0 端输出高/低电平来决定外接 LED 的熄灭或点亮。

由于所有单片机端口都具有锁存器，在输出数据指定端口的电平状态后，这个电平将一直维持到下一个修改该引脚输出数据的命令为止。因此，整个程序框图如图 2—1—7 所示。

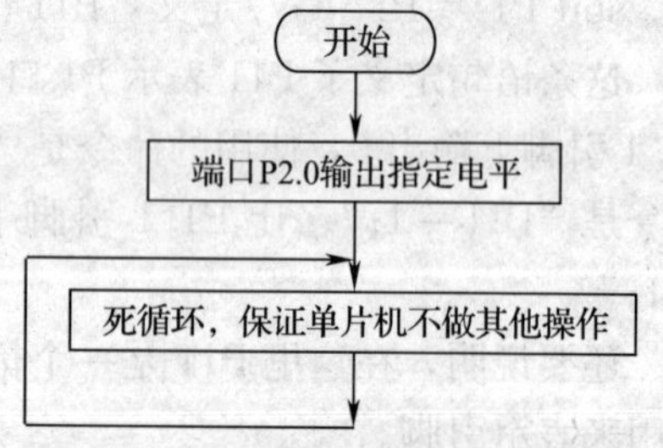


图 2—1—7　点亮指示灯程序设计框图

在图 2—1—7 中，单片机程序从 P2.0 输出指定电平后，就进入死循环。

死循环是一种特殊的程序结构，凡是单片机执行到死循环时，单片机将反复运行死循环内的程序，不再执行其他的程序。

由于死循环中不会修改 P2.0 的电平状态，故单片机将一直维持 P2.0 的输出电平。

1．点亮指示灯

从前面的分析可知，要使 P2.0 端所接发光二极管被点亮，则 P2.0 端输出低电平，或者说从 P2.0 输出数据 0 即可实现。

C51 示例源程序：

```
#include "reg51.h"          //包含头文件
sbit P20=P2^0;              //定义 P20 表示 P2 口的 P2.0 端
void main(void)             //主函数
```

```
{                          //主函数的函数体开始
  P20=0;                   //给P20赋值0,使P2.0端输出低电平,点亮LED
  while(1);                //死循环,让单片机在这里等待,语句后面的分号不可省
}                          //主函数的函数体结束
```

2. 熄灭指示灯

从点亮指示灯分析已知，当指示灯在被点亮的情况下，只需将图2—1—6所示电路中P2.0端输出高电平（数据1），指示灯就会熄灭。

C51示例源程序：

```
#include "reg51.h"         //包含头文件
sbit P20=P2^0;             //定义P20表示P2口的P2.0端
void main(void)            //主函数
{
  P20=1;                   //给P20赋值1,使P2.0端输出高电平,LED熄灭
  while(1);                //死循环,让单片机在这里等待,语句后面的分号不可省
}
```

程序说明：

(1) 程序中以"//"开头到该行末尾为注释。

在Keil C51编译器中支持两种注释语句，一种是以"//"符号开始的语句，符号之后的语句都被视为注释，直到由回车键换行。另一种是在"/*"和"*/"符号之内的为注释。

在编写程序时，尽可能使用注释。注释说明的对象可以是程序中的一切对象。注释增加程序的可读性，使程序易于维护。

(2) 程序中都有#include "reg51.h"语句。因为在程序中要用到MCS-51的特殊功能寄存器，如在示例程序中的"P2"。

reg51.h这个头文件里面已有相关特殊功能寄存器的声明，如果要用到这些特殊功能寄存器等，就必须包含（include）此头文件。

各个厂商生产的单片机内部硬件结构有所不同，一般程序首先调用相关单片机的头文件（不同的单片机有不同的头文件），如AT89C51、AT89S51对应的头文件为AT89X51.H。当然，程序中使用了#include "AT89X51.H"，就不能再使用语句#include "reg51.h"了，否则将会出现重复定义的错误。

(3) main（void）中的void可省略掉。

## 三、编译、仿真与硬件测试

为了检验设计程序的正确性和程序的控制效果，可以采用Proteus仿真测试或用实验电路板程序下载测试两种方法，两种方法的测试步骤基本相同。一般需要进行以下步骤：

①在Keil中编辑源程序。

②编译源程序，如果有语法错误，重复步骤①②。

③将程序代码写入目标单片机芯片或送入仿真软件，观察程序运行效果，如果与任务设

计要求不一致，重复步骤①②③。

④测试系统并总结。

其中步骤③中的目标单片机芯片是指用硬件连接的应用电路中的单片机控制芯片，写入方式可以采用专用的编程器或专用的下载线连接计算机，在计算机中使用对应的下载软件烧写程序代码（即 Keil 输出的 HEX 文件内容）到单片机芯片。送入仿真软件是指在仿真软件中设置仿真电路中单片机芯片的程序文件为 Keil 输出的 HEX 文件。这两种方式均可实现程序运行效果的展示。

1. Keil 的使用

从 Keil Software 公司的网站下载安装文件，按照提示将软件安装在计算机中，即可使用该软件对单片机的源程序进行编辑、编译和仿真调试等操作。在这里仅介绍软件建立工程和编译文件的过程，其他操作详见软件帮助文件中的说明。

（1）启动 Keil C51。双击 Keil μ vision2 图标，进入 μ vision2 的操作界面，如图 2—1—8 所示。操作界面由标题栏、菜单栏、工具栏和软件特有的工程文件管理窗口（Project Workspace）、程序编辑区和信息窗口（Output Window）等组成。

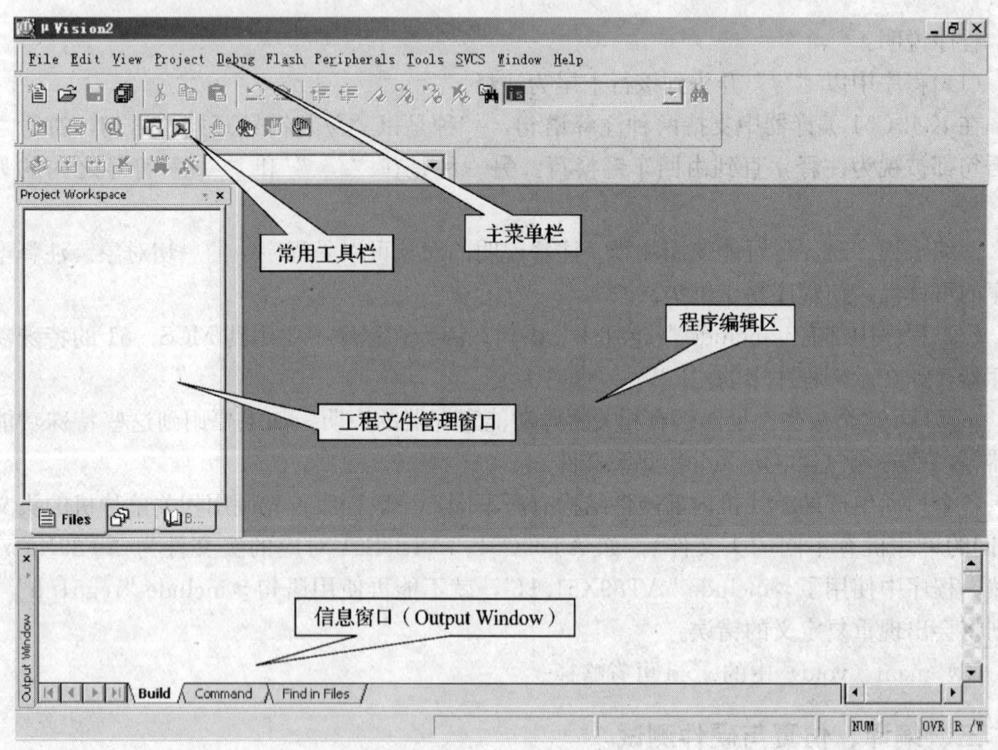


图 2—1—8 Keil μ vision2 的界面

（2）建立新工程

1）从主菜单栏中选择菜单 Project 下的 New Project 命令，弹出创建新工程（Create New Project）对话框，如图 2—1—9 所示。

图 2—1—9　创建新工程对话框

2）在“文件名（N）”中输入要创建的工程名，在这里取名为“LED”（工程名也可以取其他名称，如“test”“clock”等字符串）。

3）单击“保存（S）”按钮，出现器件选择对话框，如图 2—1—10 所示。

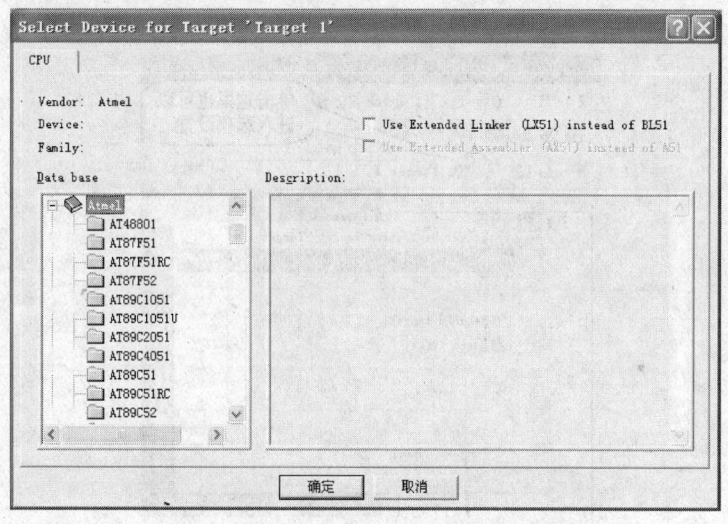


图 2—1—10　选择使用 CPU 的生产厂商

4）图 2—1—10 所示对话框用来选取所用单片机的生产厂家和所使用单片机的类型。本任务中选择的单片机芯片为 Atmel 公司生产的 AT89S51 单片机。所以在 CPU 选项卡中就单击“Atmel”前面的“+”，展开后的列表均是 Atmel 公司生产的芯片型号，选中 AT89S51 单片机，如图 2—1—11 所示。

5）在图 2—1—11 所示对话框中，单击“确定”按钮，进入工程界面。至此，工程的基本框架已经建立好，但整个工程还有各项设置，源程序还需要编辑。

(3) 工程设置

1）在 Project Workspace 窗口中将鼠标指向“Target 1”并单击鼠标右键，在弹出的快捷菜单中选择“Options for Target ‘Target 1’”，如图 2—1—12 所示，可以进入工程选项设置对话框。当然，也可以通过“Project”菜单下的“Options for Target ‘Target 1’”菜单项进入选项设置，或单击图 2—1—12 中所示按钮进入选项设置。

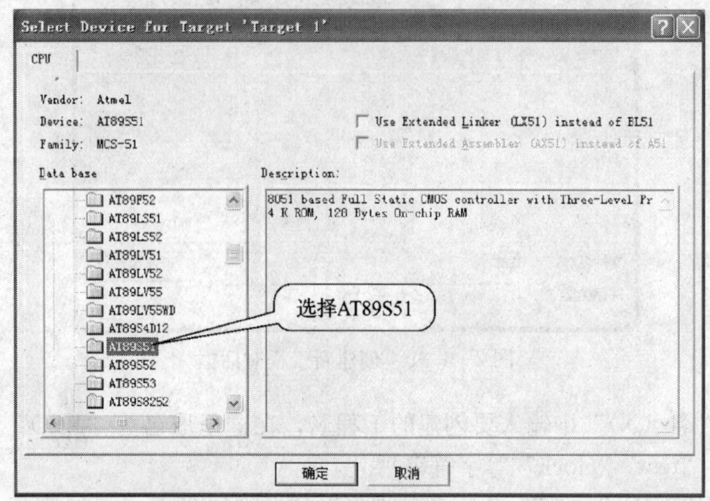


图 2—1—11　选择使用的 CPU 类型

图 2—1—12　进入工程选项设置图示

2）在工程选项设置对话框中选择“Output”选项卡，如图 2—1—13 所示。选中“Create HEX File”复选框，单击“确定”按钮完成工程设置。

在工程选项设置中还有许多设置，这里不再介绍，使用时可参见 Keil 的帮助说明。

（4）建立 C 文件并加入工程

1）选择“File”菜单，在其下拉菜单中选择“New”命令，新建一个空白文档，保存为 C 程序文档（本任务示例取名为 main. c）。

2）再将鼠标指向 Project Workspace 窗口中的“Source Group 1”，单击鼠标右键，在弹出的快捷菜单中选择“Add Files to Group ‘Source Group 1’”，如图 2—1—14a 所示，弹出窗口如图 2—1—14b 所示，将保存的 main. c 文件选中，单击“Add”按钮将 main. c 文件加入工程，单击“Close”按钮关闭对话框。

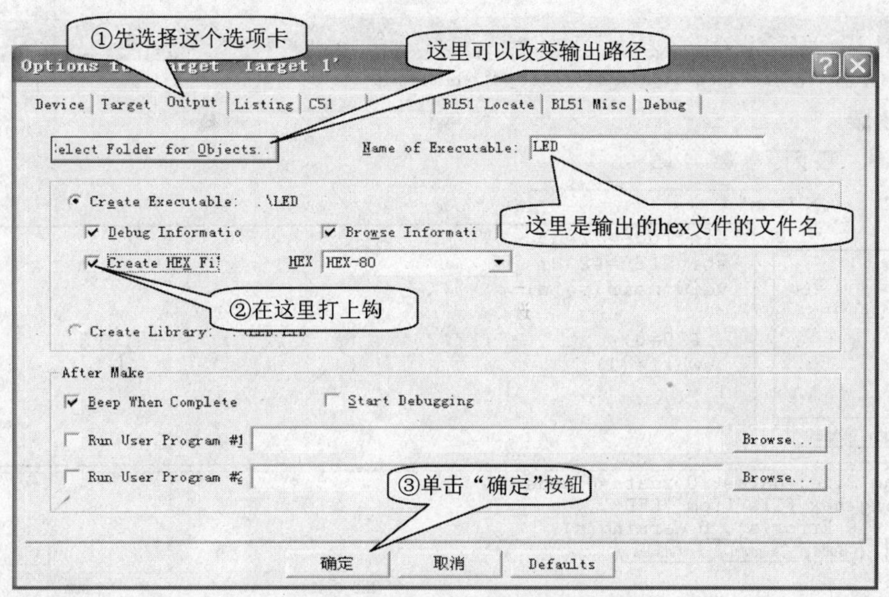


图 2—1—13　HEX 文件输出设置

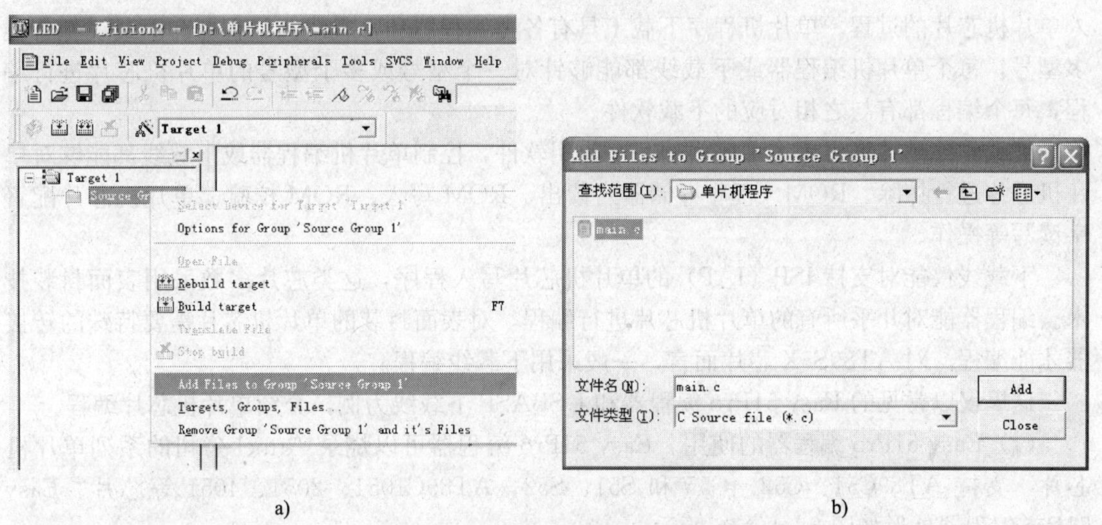

a)　　　　　　　　　　b)

图 2—1—14　增加程序文件到工程

（5）编辑 C 文件及编译工程。进入程序编辑窗口，输入任务中的点亮 LED 的程序，按下功能键 F7（编译项目，将 C51 源程序转换为目标代码），如图 2—1—15 所示。

如果编译时发现有错误或警告，则需要查找源程序中的语法错误，修改后再次编译，直到在输出窗口显示“0 Error（s），0 Warning（s）.”为止。

2. 程序下载

只有将源程序通过编译后得到的 hex 文件写入单片机芯片中，才能让单片机系统按照程序运行。

单片机的程序下载是借助工具将计算机中的源程序通过编译并得到的 hex 文件的内容写

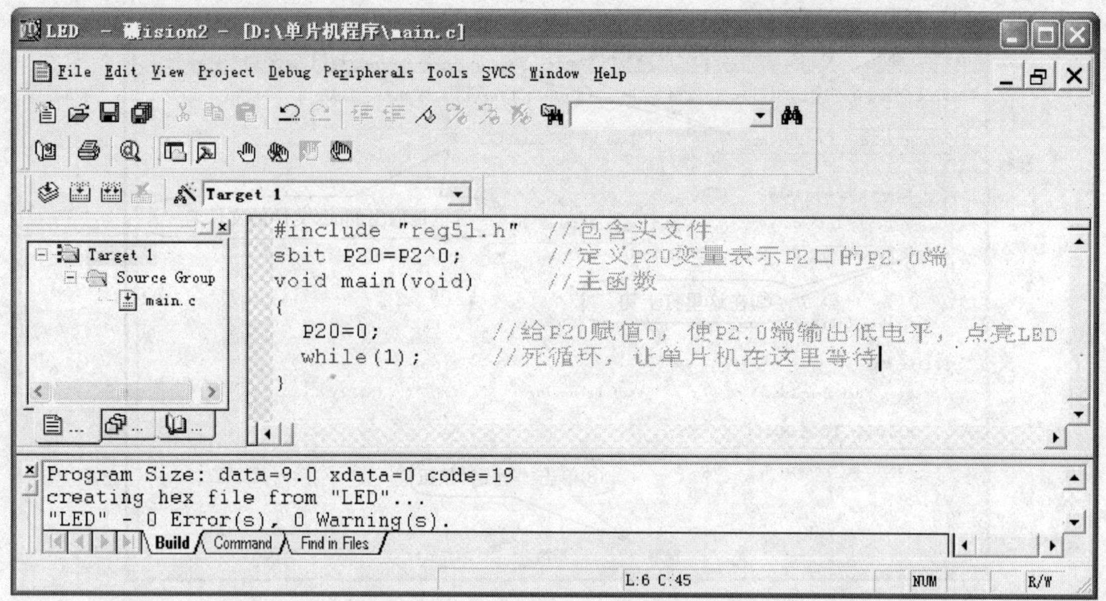

图 2—1—15　在 Keil 下编写单一指示灯点亮控制电路的 C51 程序

入单片机芯片的过程。单片机程序下载工具有各类编程器和下载线。编程器和下载线都有很多型号，每个单片机编程器或下载线都能够针对一个型号或多个型号的单片机芯片进行编程，每个编程都有与之相对应的下载软件。

下载软件是计算机操作系统中的一个应用软件，控制单片机编程器或下载线都能够对单片机芯片进行擦除、ROM（程序存储器）读出、ROM 写入、ROM 校验、单片机芯片配置字读写等操作。

下载线仅能对支持 ISP（IAP）的单片机芯片写入程序，这类芯片多数采用表面封装技术。编程器能对几乎所有的单片机芯片进行编程，对表面封装的单片机芯片需要特殊的转接器才能编程。对 AT89S5X 芯片而言，一般采用下载线编程。

这里仅以常见的 Easy 51Pro 编程器和 USBASP 下载线为例，介绍单片机芯片编程。

(1) Easy 51Pro 编程器的使用。Easy 51Pro 编程器可以烧录 Atmel 公司的系列单片机芯片，支持 AT89C51、C52、C55 和 S51、S52，AT89C1051、2051、4051 等芯片。Easy 51Pro 编程器外形如图 2—1—16 所示。

在图 2—1—16 中，串口线是计算机与编程器之间的数据传输线，USB 连接线是编程器的电源供给线。

在使用 Easy 51Pro 编程器时，按下面的步骤操作即可将程序写入单片机。

第一步：编程器与计算机的连接。

将串口线、USB 连接线与编程器连接好，并将串口插头插入计算机串口，将 USB 插头插入计算机的任意一个 USB 口，此时编程器上的 LED 点亮，表明电源接通。

接着将下载线一头接到计算机的 25 针并口上，另一头接到实验板 ISP 下载线的接口。然后，给实验板插上电源，电源指示灯亮。

第二步：运行下载软件 Easy 51Pro. exe。

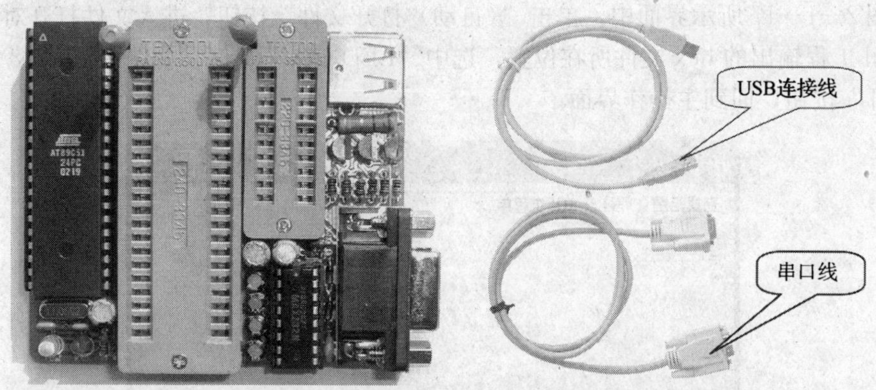


图 2—1—16　Easy 51Pro 编程器、USB 连接线和串口线

下载软件 Easy 51Pro. exe 支持 Win9x/me/2000/NT，属于绿色软件，不需要安装，直接把相关的文件复制到硬盘中，运行其中的 Easy 51Pro 程序即可。软件运行界面如图 2—1—17 所示。

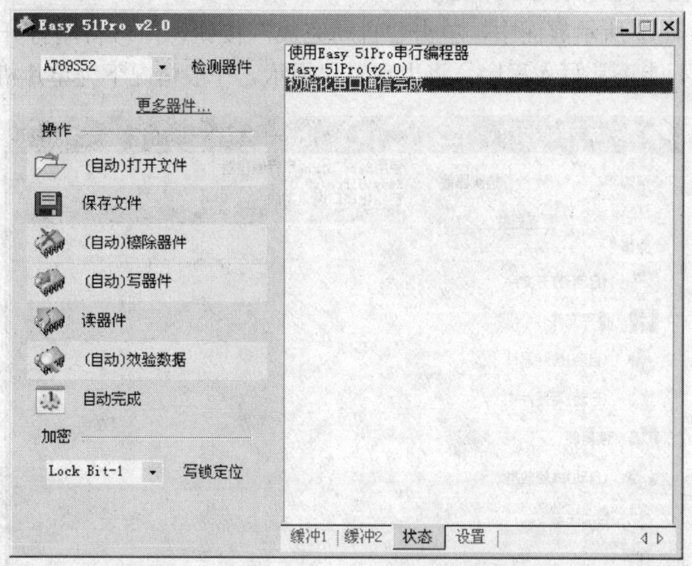


图 2—1—17　Easy 51Pro 下载软件运行界面

图 2—1—17 中的左边为操作按钮，右边为操作提示窗口。把单片机芯片放入 ZIP 插座后锁紧，即可用软件对单片机芯片进行操作。

在下载软件中，将单片机型号选择为被操作的单片机芯片的型号，本任务中所用的单片机芯片为 AT89S51，故图 2—1—17 左上方的下拉列表中选择的型号改为“AT89S51”。

单击“检测器件”可以判断器件是否有问题。单击“检测器件”后，在右侧的操作提示窗口将显示器件的检测情况，若正常，将报告检测 CPU 内存大小和电源电压大小。若不正常，则给出不能检测到器件的信息。

第三步：加载程序文件。

在图 2—1—17 所示界面中，单击“（自动）打开文件”按钮，进入文件打开对话框，找到用 Keil 工程输出的 hex 文件所在位置，选中“LED. hex”文件，如图 2—1—18 所示，单击“打开”按钮，回到主操作界面。

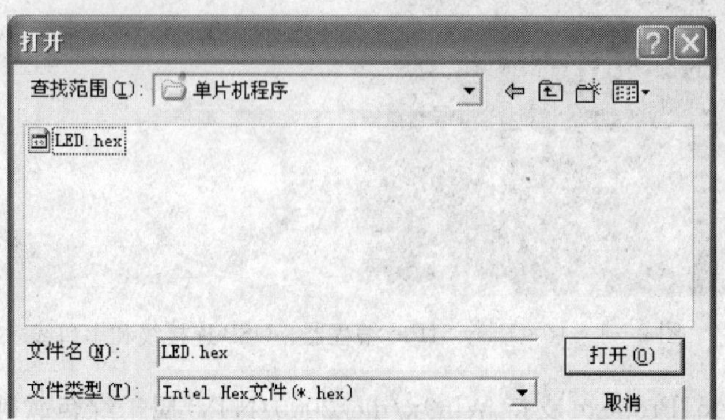


图 2—1—18　打开下载程序文件窗口

第四步：将程序代码写入单片机芯片。

在如图 2—1—19 所示界面中，单击“自动完成”按钮，即可将刚打开的 hex 文件写入单片机中。如果不能正常写入程序，将出现错误提示，一般情况下为单片机芯片出现故障。

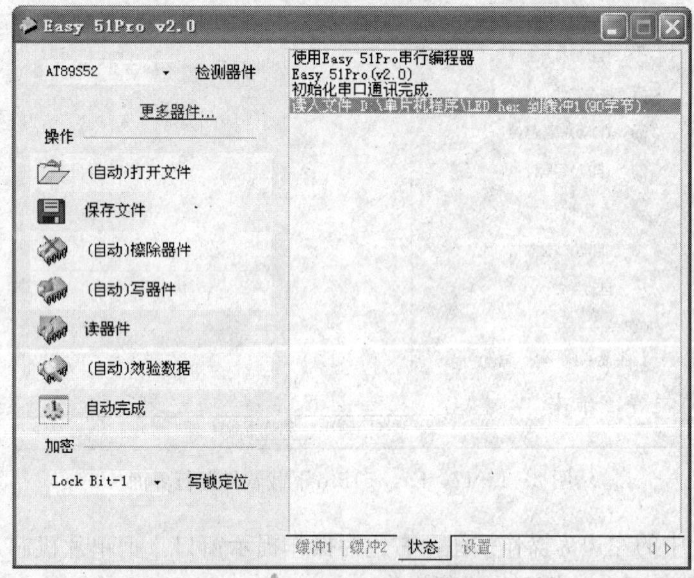


图 2—1—19　读入 hex 文件后的操作界面

第五步：观察程序运行效果。

将已经写入程序代码的单片机芯片从编程器上取下来，插入单片机应用系统的 DIP40 插座。仔细观察单片机芯片插接情况，在肯定无错的情况下给单片机系统通电，就可以看到刚写入单片机中的程序在单片机中已经运行起来，对应接在 P2.0 上的 LED 为点亮（熄灭）状态。

如果没有关闭下载软件，当程序修改并重新生成 hex 文件后，可以直接再次单击“自动完成”按钮，将修改后的 hex 文件直接写入单片机，而不需要每次寻找并打开 hex 文件。因此，在观察演示完一个程序的工作情况后，可在 Keil C51 中对该源程序进行修改，修改后编译，再下载到单片机中观察修改效果。

（2）USBASP 下载线的使用。下载线是针对支持 ISP 功能的单片机芯片的编程工具。USBASP 下载线是利用 ATMega8 芯片，模拟 USB 接口并控制下载过程的一种电路单元，主要适合于 AVR 系列芯片的程序下载（读写），也可以用于 AT89S51、AT89S52 系列芯片的程序下载。

下载线的一端为 USB 插头，用于和计算机连接，可插入计算机的任意 USB 接口。另一端为 IDC10 插头，用于连接到目标板，并且和 Atmel 的 10 针标准下载线接头是完全兼容的，如图 2—1—20 所示。

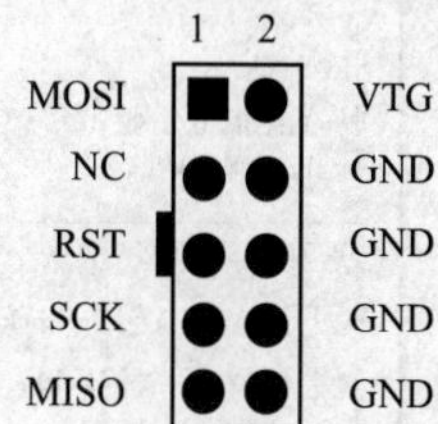

图 2—1—20　USBASP IDC10 插头引脚定义

使用下载线向单片机芯片写入程序时，单片机芯片一直安装在单片机应用系统电路中，编程完毕后单片机芯片自动开始运行，使用十分方便。本任务可使用模块一中安装的电路板，将下载线插入电路板下载线连接插座。

使用 USBASP 下载线将程序写入单片机芯片的过程分为下面几步。

第一步：连接下载线。

将下载线的 USB 端插入计算机 USB 口，并将下载线的 MOSI 接 AT89S51 的 P1.5，下载线的 MISO 接 AT89S51 的 P1.6，下载线的 SCK 接 AT89S51 的 P1.7，下载线的 RST 接 AT89S51 的 RST，VTG 接单片机应用系统的 VCC，GND 接单片机系统的地，连接好后就可以使用下载软件向单片机芯片烧写程序了。

第二步：安装下载线驱动程序。

对计算机操作系统来说，USBASP 下载线是一个 USB 设备，需要安装相应的驱动程序才能使用。

将下载线插入 USB 口后，操作系统提示发现新硬件并进入“找到新硬件向导”，选择“从列表或指定位置安装”，单击“下一步”按钮，选中“在搜索中包含这个位置”，通过浏览找到驱动程序的位置，单击“下一步”按钮即可顺利完成安装。驱动程序仅在第一次使用下载线时需要安装。

第三步：运行下载软件。

支持 USBASP 下载线的软件较多，这里介绍一款下载软件 AVR _ fighter。将下载软件从网络上下载后解压到硬盘上，找到其中的 AVR _ fighter. exe，双击该文件即可运行。下载软件的运行界面如图 2—1—21 所示。

第四步：打开程序文件。

在 AVR _ fighter 软件的运行界面中，单击“装 FLASH”按钮，进入“打开”对话框，找到 Keil 工程编译得到的 HEX 文件，选中 HEX 文件后，单击“打开”按钮返回 AVR _ fighter 软件的主界面，此时已经将程序代码装入下载软件。

第五步：编程。

将“芯片选择”中的单片机型号选择为本任务中的 AT89S51。这里的型号要根据下载

图 2—1—21　AVR _ fighter 下载软件的运行界面

线连接的单片机芯片的型号而定。

单击“编程选项”中的“编程”按钮，将已经装入的程序代码写入单片机芯片，在写入完毕后，单片机芯片自动复位后开始运行。

如果将“编程选项”中的“更新-自动编程”选项选中，则当 Keil 中每次编译后，下载软件都会自动将 HEX 文件装入并写入单片机芯片。

第六步：观察硬件执行效果。

单片机芯片写入程序后，需要观察系统硬件的运行情况，是否与程序的预期效果一致。如果不一致，则需要分析问题是由硬件组装、电路原理、程序中的哪一方面引起的，然后做针对性修改并再次执行，直到效果与预期一致为止。

3. Proteus 仿真

所谓仿真，是利用计算机和相关软件对电子电路进行设计、分析、调试和测试等操作。通过仿真可以对硬件电路设计和软件设计进行验证，是学习单片机应用设计的一种很好的手段和方法，它可提高学习效率，降低学习成本，但不能代替设计的硬件电路进行电路板实际连接。在后续任务中还会学习用单片机电路板验证设计，即将所设计程序编译后下载到实验电路板中，运行程序检验设计效果。这是学习单片机实际运用的一种方法。

电子电路的仿真软件有多种，其中 Proteus ISIS 是英国 Labcenter 公司开发的电路设计、分析与仿真软件，功能极其强大。Proteus ISIS 对每一个单片机应用系统的仿真操作步骤基本相同，这里以任务 1 为例学习用 Proteus ISIS 进行仿真设计实验的步骤和方法，在后面的各任务中不再对仿真步骤进行详细说明。

(1) 启动 Proteus 软件。在安装 Proteus 软件后，单击“ISIS”图标，进入 Proteus 软件界面，如图 2—1—22 所示。

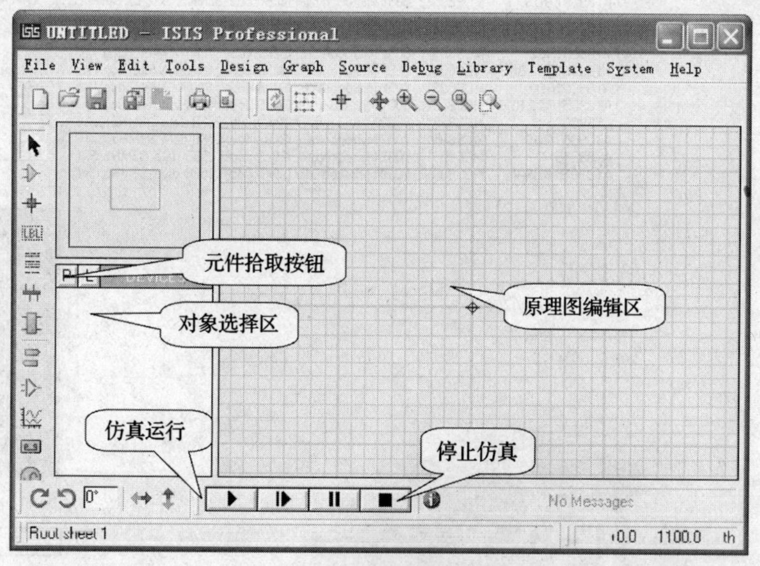


图 2—1—22　ISIS 软件界面

(2) 添加元件到元件列表。只有在元件列表中的元件才可以添加到电路中。本任务要使用到的元件有：AT89C51（ISIS 中没有 AT89S51，用 AT89C51 替代，二者的外形管脚完全相同，AT89C51 的 HEX 程序无须任何转换即可直接在 AT89S51 上运行，结果一样）、RES、LED - RED。

单击“P”按钮，出现挑选元件对话框。下面以添加单片机 AT89C51 为例来说明如何将所需的元器件添加到编辑窗口。

方法 1：元件选择对话框如图 2—1—23 所示。如果知道器件的名称或名称中的一部分，可以在左上角的“Keywords（关键字）”搜索栏中输入，例如输入 AT89C51 或 89C51，即可在“Results（搜索结果）”栏中筛选出该名称或包含该名称的器件，双击“Results”栏中的名称“AT89C51”，即可将其添加到对象选择器。

方法 2：如果不知道器件的名称，可逐步分类检索。在“Category（器件种类）”下面，找到该器件所在的类别，如对于单片机，应单击鼠标左键选择“Microprocessor ICs”类别，在对话框的右侧“Results”栏中，会发现这里有大量常见的各种型号的单片机。如果器件太多，可进一步在下方子类“Sub-category”中找到该单片机所在的子系列（如 8051Family），然后在“Results”栏中双击所需要的器件将其添加到对象选择器，如“AT89C51”。注意：右边的预览窗口可显示其电路符号和封装。

(3) 将元件从对象选择器放入原理图编辑区。单击 ▷ ，进入元件放置模式，即可进行元件放置。

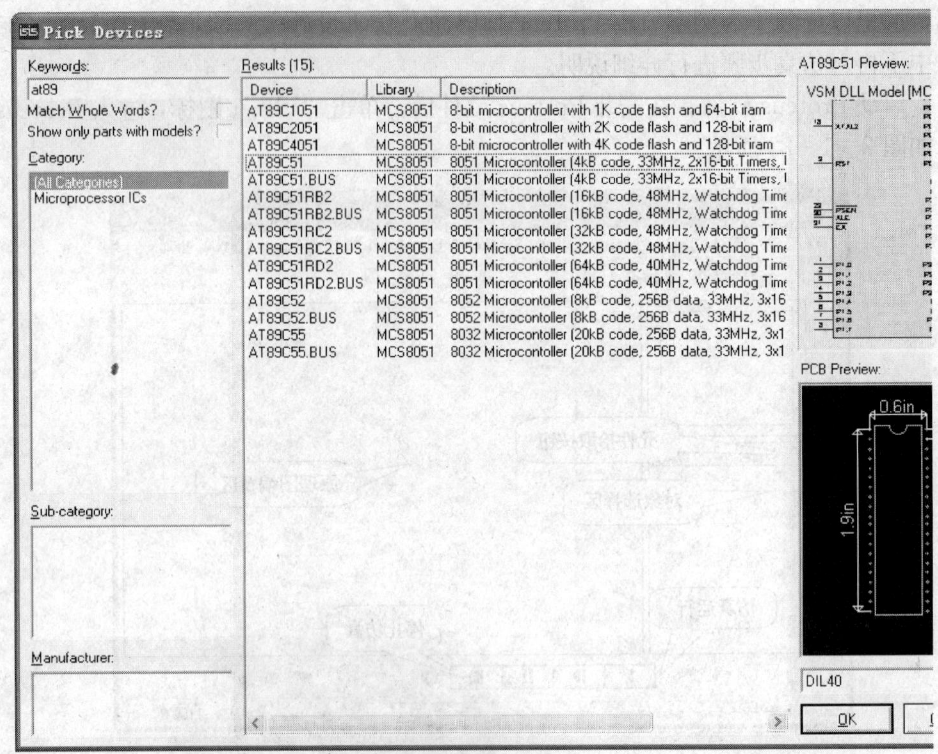

图 2—1—23 “元件拾取”对话框

在对象选择区的元件列表中选中元件，在仿真电路绘图区域空白处单击鼠标左键，鼠标指针变成元件轮廓，移动鼠标到合适位置，再次单击鼠标，元件即被放置到编辑区中。如果在空白处继续单击鼠标，可以继续放置元件。

如果鼠标指针变成元件轮廓时，指向其他元件，单击鼠标左键，将出现元件是否替换的对话框，可以选择是否替换元件。

把鼠标指针放置到原理图编辑区内的蓝色框内，上下滚动鼠标滚轮即可缩放视野。

以单片机芯片为例，在对象选择器中有 AT89C51 这个元件后，单击一下这个元件，然后把鼠标指针移到右边的原理图编辑区的空白位置，单击鼠标左键，出现 AT89C51 的轮廓，再把鼠标指针移到原理图编辑区的适当位置，再次单击鼠标左键，就把 AT89C51 放到了原理图编辑区。其他元件的放置和单片机芯片的放置类似。

在对象选择器中选定对象后，其放置方向将会在预览窗口显示出来，可以通过方向工具栏中的方向按钮进行方向调整。

在元件放置后，单击元件可以选取元件，对象被选中后会变成红色，此时可以按计算机数字键盘中的“+”将选中的对象逆时针旋转 90°，按“−”将选中的对象顺时针旋转 90°。

单击 ，进入终端放置模式，就可以进行电源和地线的放置。

在对象选择区的列表中，选择“POWER”，和元件的放置方式一样，电源的图形是 ←。

放置元件后，建议将仿真文件存盘，本任务的仿真文件存储位置为 Keil 工程存储的位置。保存后，本任务所对应的仿真元件布局如图 2—1—24 所示。

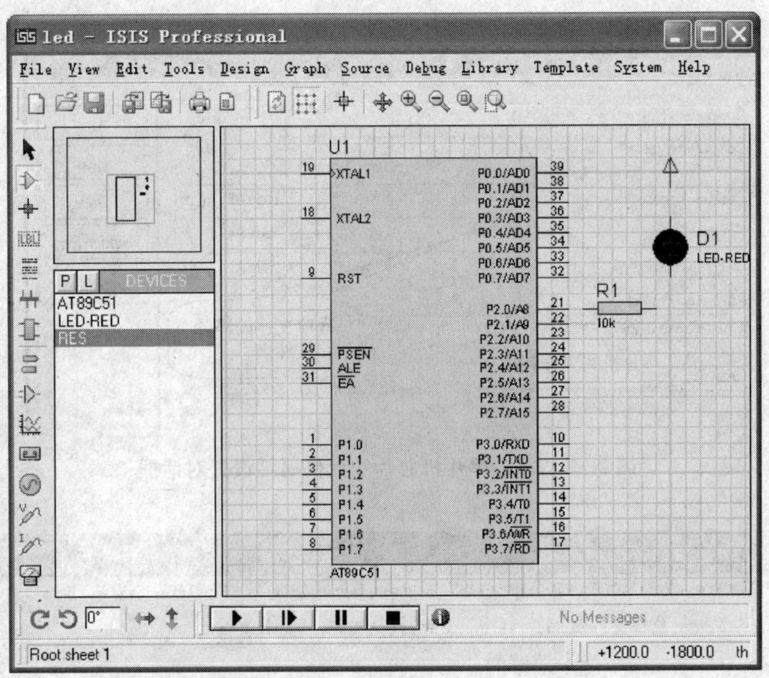


图 2—1—24　任务 1 元件布局情况

(4) 元件位置的调整和参数的修改。在编辑区的元件上单击鼠标左键选中元件（为红色），在选中的元件上再次单击鼠标右键则删除该元件，而在元件以外的区域内单击右键则取消选择。元件误删除后可用工具按钮 或用快捷键“Ctrl+Z”撤销删除。

选中单个元件后，用鼠标指向该元件，按下鼠标左键不松可以拖动该元件。使用鼠标左键拖出一个选择区域可实现群选，其操作与单个元件的操作类似。还可以使用工具按钮 来整体移动，使用工具按钮 来整体复制。

用鼠标左键双击元件，可以进入元件参数设置对话框。

在本任务中，需要修改原理图编辑区中的电阻 R1，具体方法为：双击电阻元件 R1，弹出“Edit Component”（元件属性设置）对话框，把 R1 的 Resistance（阻值）由 10 k 改为 220。要注意的是，电阻的默认单位为 Ω。

然后双击 AT89C51，弹出对应的元件设置对话框，在“Program File”一项中查找“LED. hex”文件的路径并加上该文件即可。本任务中，因为仿真文件与 HEX 文件的路径相同，故仅有文件名。在“Clock Frequency”文本框中修改单片机的工作频率。在仿真中，单片机最小系统不需要连接就可以工作。单片机芯片的设置如图 2—1—25 所示。

(5) 画仿真电路原理图。用鼠标指向元件引脚时，元件引脚出现红色虚框（ ），单击鼠标左键，鼠标进入画线模式，移动鼠标指向需要连接的其他元件引脚，再次单击鼠标左键完成线路的连接。

把 LED、电阻、单片机和电源通过导线连接完成后，仿真电路如图 2—1—26 所示。与任务 1 所设计的硬件电路相比，仿真电路可以不连接最小系统，单片机芯片工作频率在元件属性设置对话框中确定。

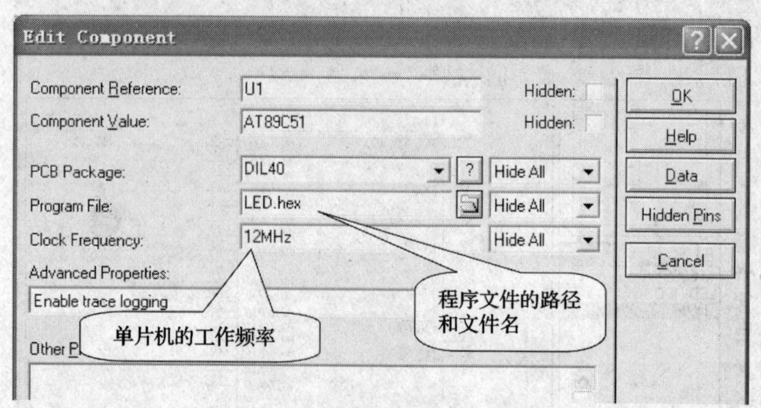


图 2—1—25　单片机芯片的元件属性设置对话框

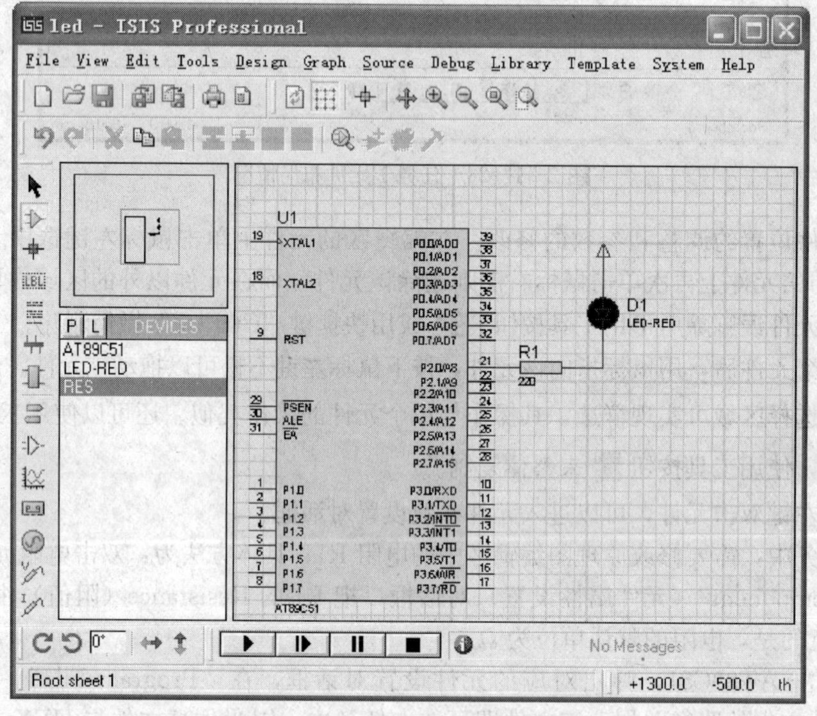


图 2—1—26　任务 1 的仿真电路

（6）运行仿真并观察效果。单击 ▶ ，Proteus 开始仿真，用于实现单片机 P2.0 端口控制发光二极管的点亮和熄灭，如图 2—1—27 所示为 LED 点亮的效果。单击 ■ ，Proteus 停止仿真。

修改源程序并重新编译输出 HEX 文件前，需要先停止 Proteus 仿真，修改完成后可单击 ▶ ，再次进行 Proteus 仿真，并观察仿真效果。反复修改源程序、观察仿真效果，一直到仿真结果与系统设计的预期相符为止。

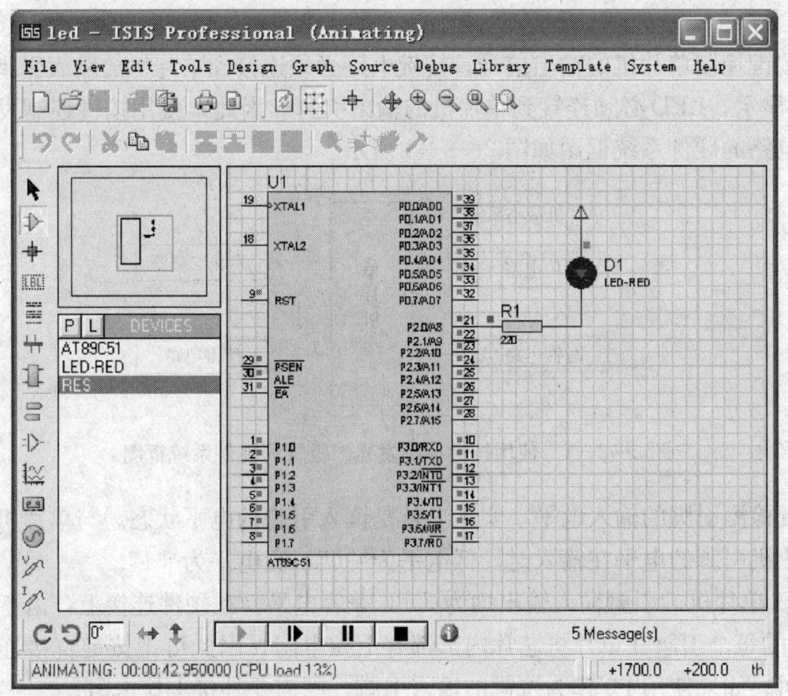


图 2—1—27　单一指示灯点亮仿真效果

# 任务 2　引脚的输入控制

**知识点**

◎ 单片机引脚电平的输入；

◎ C51 程序的基本结构和程序框图；

◎ C51 语言的条件语句。

**技能点**

◎ 能绘制程序框图。

## 任务提出

在单片机控制系统中，通常是利用单片机某一引脚或多个引脚接收外部电平输入，根据输入的电平去控制单片机的其他引脚输出不同的电平，然后通过不同的外部电路完成对外部设备的控制。本任务以按键作为输入设备，要求单片机检测引脚输入电平，进而控制其引脚外接的指示灯的亮或灭。具体控制要求为：按键按下时，指示灯亮，否则指示灯熄灭。

## 任务分析

要使用按键控制单片机的输出信号，按键电路必须连接到单片机的输入引脚。要用单片机控制 LED 显示，LED 必须连接到单片机的输出引脚。因此，使用按键控制发光二极管的单片机应用电路的硬件系统框图如图 2—2—1 所示。

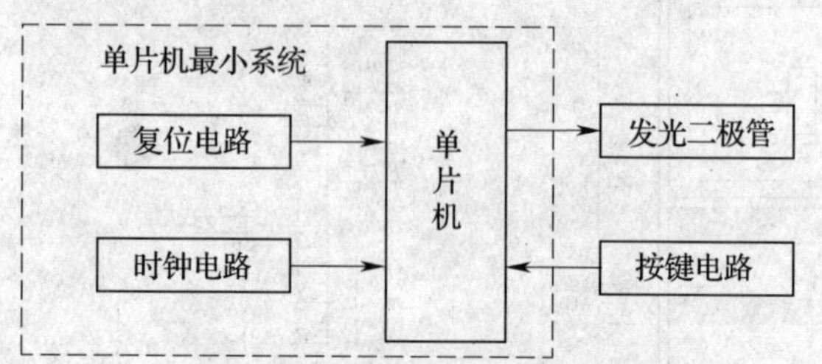


图 2—2—1　使用按键控制发光二极管的硬件系统框图

用单片机检测引脚的输入电平，实际上就是读入引脚的电平状态。与单片机引脚输出电平类似，单片机引脚的电平在输入时，低电平为“0”，高电平为“1”。

MCS－51 单片机的引脚输入输出均为 TTL 兼容电平。在硬件连接上，由于单片机端口 P1、P2、P3 的每个引脚在单片机芯片内部都有上拉电阻，因此可把按键直接连接在单片机引脚和地之间。如果使用 P0 作为按键的输入引脚，则需要外接上拉电阻。

当按键按下时，单片机引脚对地短路，在读入时该引脚所对应的数据为“0”；当按键断开时，该引脚与地之间为断路，其电平为单片机输出的高电平，在读入时该引脚所对应的数据为“1”。

为了验证程序设计效果，可用 Keil 软件对程序进行编译，并将编译程序与 Proteus 联调，对设计效果进行功能验证。

本任务通过一个按键输入控制输出指示灯，介绍单片机如何实现接收来自某一引脚的电平的输入。在本任务中，重点学习 C51 的选择结构。

## 相关知识

### 一、引脚电平的输入

在 C51 中规定，对引脚赋值表示输出指定的电平，否则就表示引脚电平的读入。当然，与输出电平一样，引脚电平输入前必须要先定义该引脚，也可以直接使用端口的方式将端口的 8 个引脚的状态一起读入。

例如，引脚定义使用如下命令：

```
sbit  led=P1^0;
sbit  key=P1^1;
```

这两条命令规定了 led 代表 P1.0，key 代表 P1.1。则命令：

```
if(key! =0)x=2;
```

表示 P1.1 不是低电平则变量 x 的值就为 2。“!=”是不等于运算，用于判断两个数是否不等于，两个数不等于时结果为真，否则为假；“==”是比较两个数是否相等，相等时结果为真，不等时结果为假。

```
a=key;
```

表示将P1.1的状态保存到变量a中。

```
led=key;
```

表示将P1.1的电平状态输出到P1.0，即P1.0为命令执行时的P1.1的电平。

```
led=! led;
```

表示将P1.0的电平状态改变输出到P1.0。其中“!”是逻辑非运算。

单片机端口的8个引脚可以一起读入。端口读入命令示例如下：

```
a=P2;
```

表示将P2的8个引脚所对应的状态用8个二进制位保存到变量a中，a的最高位对应为P2.7，最低位对应为P2.0。

```
P2=P2^0x0F;
```

表示将P2的状态读入单片机，并将低4位取反后从P2口输出。其中“^”表示按位异或运算，这里用到逻辑运算：$A\oplus 0=A$，$A\oplus 1=\bar{A}$。

```
if((P3&0x80)==0)   x++;
```

如果P3的最高位P3.7为低电平则让变量x值加1。其中“&”是按位与运算。

## 二、C51程序基本结构

### 1. 模块化程序设计

C51语言是一种结构化语言，采用自顶向下、逐步求精的模块化程序设计方法。模块化程序设计使用三种基本控制结构构造程序，即任何程序都可由“顺序结构”“选择结构”和“循环结构”三种基本控制结构构造。

模块化程序设计中每个模块要求只有一个入口和一个出口。

### 2. 流程图符号

流程图用一些图框来表示各种操作，用图形表示算法，直观形象，易于理解。

常用的流程图符号有：开始和结束符号、工作任务符号、判断分支符号、程序连接符号、程序流向符号等，如图2—2—2所示。

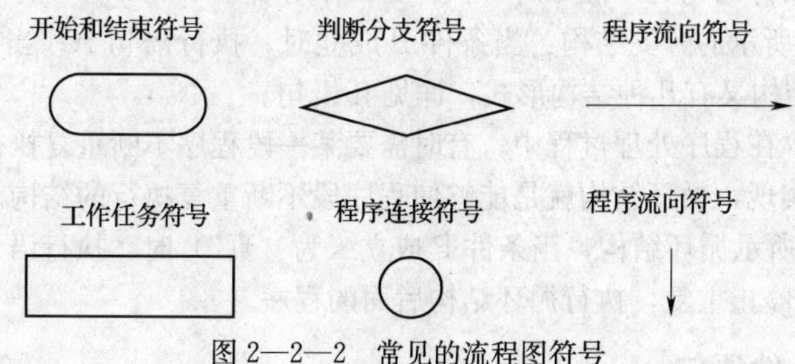


图2—2—2　常见的流程图符号

### 3. 三种基本结构

C51只有三种基本结构，即顺序结构、选择结构和循环结构，如图2—2—3所示。在这些基本结构中，凡是工作任务符号所代表的功能模块都可以用这三种基本结构再次分解替换，形成复杂的组合模块。

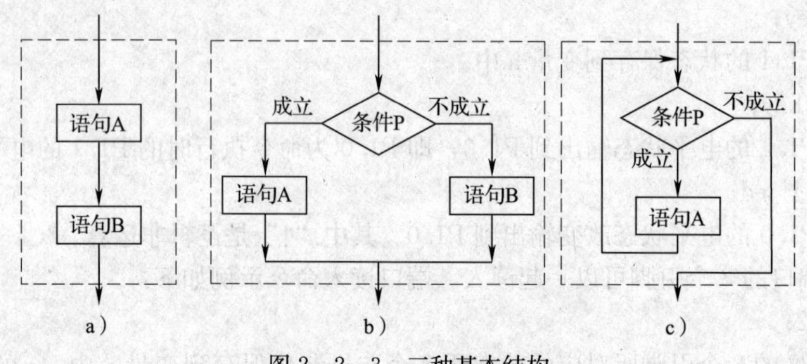


图 2—2—3　三种基本结构

a）顺序结构　b）分支结构　c）循环结构

三种基本结构的共同特点是：只有一个入口，只有一个出口，结构内的每一部分都有机会被执行到，结构内不存在“死循环”。

（1）顺序结构。顺序结构是最基本、最简单的结构，在这种结构中，程序由低地址到高地址依次执行。如图 2—2—3a 所示，程序先执行语句 A，然后再执行语句 B。例如程序：

```
main()
{
  unsigned char A,B;
  A=3;
  B=A+2;
  P1=B;
}
```

程序中定义了两个变量，分别是 A 和 B。程序的执行顺序是：首先给 A 赋值为 3（即 0000 0011），然后将 A 的值 3 加上数字 2 的结果（0000 0101）赋值给 B，最后将 B 的值送给端口 P1 输出。

（2）分支结构。分支结构可使程序根据不同的情况，选择执行不同的分支。在分支结构中，程序先对一个条件进行判断。当条件成立，即条件语句为“真”时，执行一个分支；当条件不成立时，即条件语句为“假”时，执行另一个分支。

如图 2—2—3b 所示的分支结构：当条件 P 成立时，执行语句 A；当条件 P 不成立时，执行语句 B。分支结构又有几种结构形式，详见 if 语句。

（3）循环结构。在程序处理过程中，有时需要某一段程序不断重复执行多次，这时就需要利用循环结构来实现，循环结构就是能够使程序段不断重复执行的结构。

如图 2—2—3c 所示循环结构，当条件 P 成立（为“真”）时，执行语句 A，当条件不成立（为“假”）时才停止重复，执行循环结构后面的程序。

## 三、C51 的条件语句

1. 基本条件语句 if

if（表达式）

```
  {
    语句组;
  }
```

例如：

```
if(P3_0==0){P1_0=0;}               //如果只有一条语句,{}可省略。
```

说明：

(1) 条件表达式的值不等于零，即为真。

(2) 如果条件为真，将执行 {} 中的语句组，否则不会执行语句组。

2. if - else 语句

```
if(表达式)
  {
    语句组 1;
  }
else
  {
    语句组 2;
  }
```

说明：

(1) 条件表达式的值只要不等于零，即为真。

(2) 如果条件为真，将执行语句组 1，否则执行语句组 2。

(3) “语句组 1”和“语句组 2”只能执行其中一个。

3. if - else - if 语句

```
if(表达式 1)
  {语句组 1;}
else if(表达式 2)
  {语句组 2;}
else if(表达式 n)
  {语句组 n;}
else
  {语句组 n+1;}
```

说明：

(1) else 不能单独使用，总是和它前面最近的 if 配对。

(2) 如果情况太多，可以用 switch 语句选择。

(3) 所有条件“表达式”的值只要不等于零，即为真。

4. switch、case 和 break 语句

```
switch(表达式)
{
  case 常量表达式 1:语句组 1;break;
```

```
    case 常量表达式 2:语句组 2;break;
    case 常量表达式 n:语句组 n;break;
    default:          语句组 n+1;break;
}
```

说明：

(1) 首先计算表达式的值，逐个与 case 常量表达式比较，相等则执行其后的语句组。

(2) 执行后需用 break 跳出 switch 语句，如果没有 break，将顺序执行后面的语句。

(3) 如果与各常量表达式的值都不同，则执行 default 后的语句组。

(4) case 常量表达式的值不能有相同的，且均为整型。

(5) case 后可有多个语句，可不用 {}，如“case 1：P1＝0x00；P2＝0xFF；break;”。

(6) default 后的语句如果是空，表示不作任何处理，可以省略 default 语句。

## 任务实施

### 一、硬件设计

本任务用按键通过单片机控制一盏指示灯的点亮或熄灭，因此可在单片机的端口引脚上接一只发光二极管代替指示灯，点亮和熄灭发光二极管即可实现指示灯控制。

单片机 4 个端口的所有引脚都可以作为输入和输出，在本任务中，选择 P2.0 为 LED 输出引脚，选择 P3.0 为按键输入引脚。

为了让单片机能够检测到按键是否按下，将按键连接在 P3.0 和地线之间，当按下按键时相当于 P3.0 直接接地，即该引脚为低电平；当按键没有按下时，按键为开路状态，相当于 P3.0 悬空，该引脚为单片机的输出电平状态，为了和按下按键的状态有所区别，要求该引脚输出为高电平。在单片机复位后，所有端口的引脚默认状态都为高电平输出状态。

本任务中依然选择低电平驱动 LED 亮，即 P2.0 接 LED 的负极，LED 的正极接电源，在 LED 支路中串接一只 220 Ω 的限流电阻。

实现任务目标的硬件电路原理图如图 2—2—4 所示。

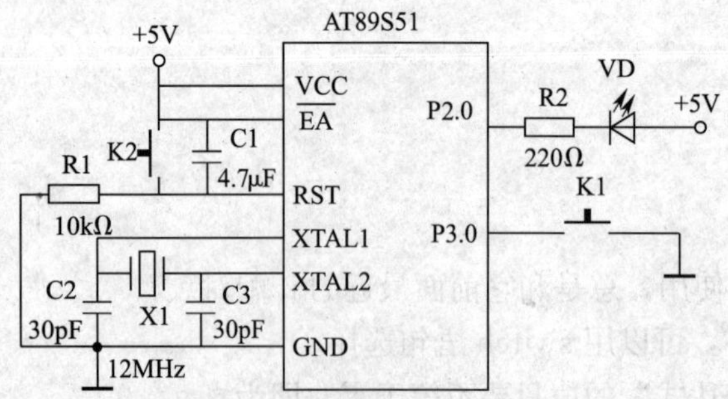


图 2—2—4 单一指示灯（发光二极管）控制电路图

### 二、软件设计

从图 2—2—4 可知，当按键 K1 按下时，P3.0 为低电平，单片机中读入的数据为“0”；

当按键未按下时，P3.0 为高电平，单片机中读入的数据为“1”。

当 P2.0 上输出数据“1”时，该引脚为高电平，发光二极管两端都是高电平，发光二极管不亮；当引脚 P2.0 输出数据“0”时，该引脚为低电平，电流经发光二极管和限流电阻 R2 流进 P2.0，发光二极管被点亮。

为了保证 LED 的显示状态与按键状态一致，需要在单片机程序中不断地读入按键状态，并根据按键状态控制单片机引脚的输出电平，也就是通过不断检测按键状态并及时更新输出状态，迫使 LED 显示与按键状态保持一致。因此，整个程序框图如图 2—2—5 所示。

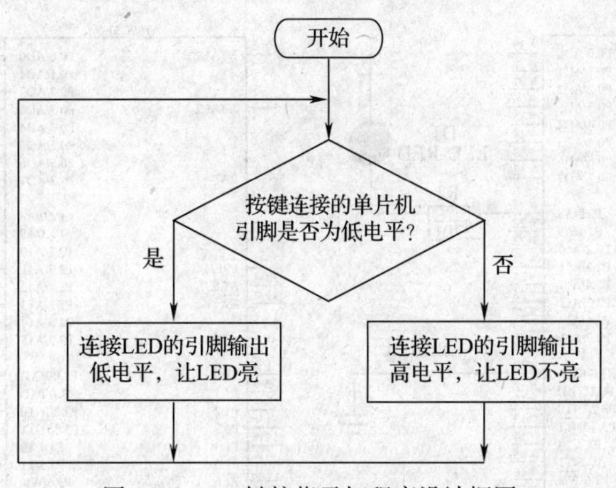


图 2—2—5 键控指示灯程序设计框图

示例源程序如下：

```
#include<AT89X51.H>         //包含头文件,声明端口等特殊功能寄存器
sbit  led=P2^0;             //定义控制 led 的单片机引脚为 P2 口的 P2.0 端
sbit  key=P3^0;             //定义检测按键所对应的单片机引脚为 P3.0 端
void main()                 //主函数,每个 C 程序都必须有 main 函数
{                           //main 函数功能定义的开始
    while(1)                //死循环,让单片机在这里不断执行
    {                       //while 循环体开始
      if(key==0)            //判断输入引脚是否为低电平
        led=0;              //如果 key 为低电平则 led=0,使 P2.0 端输出低电平,
                            //点亮 LED
      else                  //输入引脚不为低电平
        led=1;              //条件不成立,则 led=1,使 P2.0 端输出高电平,LED
                            //不亮
    }                       //while 循环结束
}                           //main 函数结束
```

## 三、Proteus 仿真

1. 打开 Proteus ISIS 软件，按照硬件原理图绘制 Proteus 仿真电路并仔细检查，保证

线路连接无误。

2. 在 Keil 软件开发环境下，创建项目，编辑源程序，编译生成 HEX 文件，并装载到 Proteus 虚拟仿真硬件电路的 AT89C51 芯片中。

3. 运行仿真，仔细观察运行结果，如果有不符合设计要求的情况，调整源程序并重复步骤 1、2，直至完全符合本任务提出的各项设计要求。

如图 2—2—6 所示是单片机键控指示灯的仿真效果图，图 2—2—6a 是未按下按键时的仿真效果图，图 2—2—6b 是按下按键时的仿真效果图。

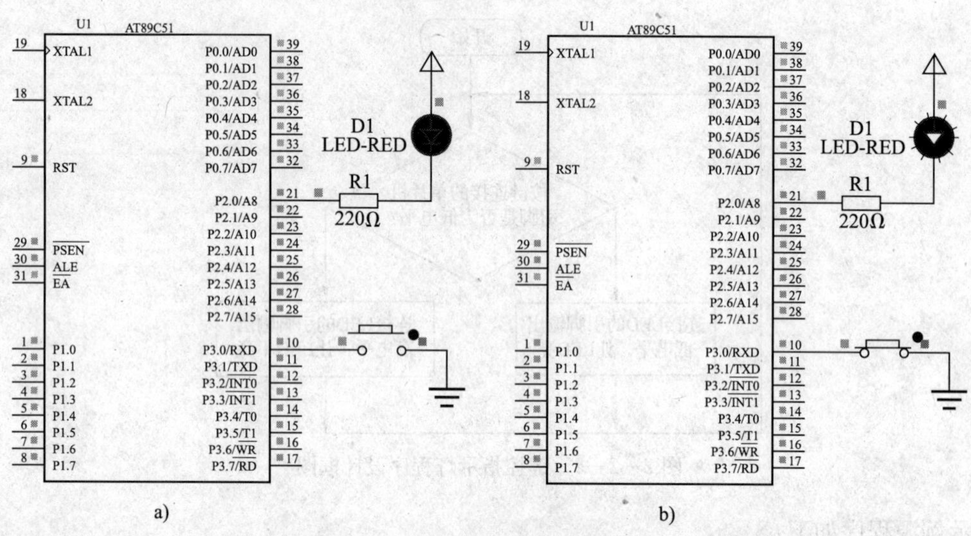


图 2—2—6　键控指示灯仿真效果图

a）按键未按下指示灯不亮　b）按键按下指示灯点亮

# 任务 3　延时控制

**知识点**

◎ C51 的数据类型、常量、变量及表达式；

◎ C51 的循环控制语句；

◎ C51 函数的定义和调用；

◎ 单片机的机器周期和延时函数的编写。

**技能点**

◎ 能根据需求控制端口输出电平的时间。

## 任务提出

在机电控制设备中，经常需要对指示灯进行闪烁控制，或让动作机构按设定时间重复动作。本任务以 1 只 LED 为控制对象，要求 LED 按 1 Hz 的频率闪烁，即让 LED 重复点亮

0.5 s、熄灭 0.5 s、点亮 0.5 s、熄灭 0.5 s……

## 任务分析

根据控制要求可知，本任务的单片机硬件电路只要能保证控制 LED 点亮和熄灭即可。

由于单片机所有端口的各个引脚均具有锁存功能，要使单片机控制 LED 按 1 Hz 的频率闪烁，则需要让单片机引脚重复执行：输出高电平后等待 0.5 s，再输出低电平后等待 0.5 s……对应的流程图如图 2—3—1 所示。

为了验证程序设计效果，用 Keil 软件对程序进行编译，并将编译程序与 Proteus 联调对设计效果进行功能验证。

本任务通过控制指示灯闪烁，介绍单片机的机器周期，同时掌握 C51 的变量定义、循环和函数的使用。

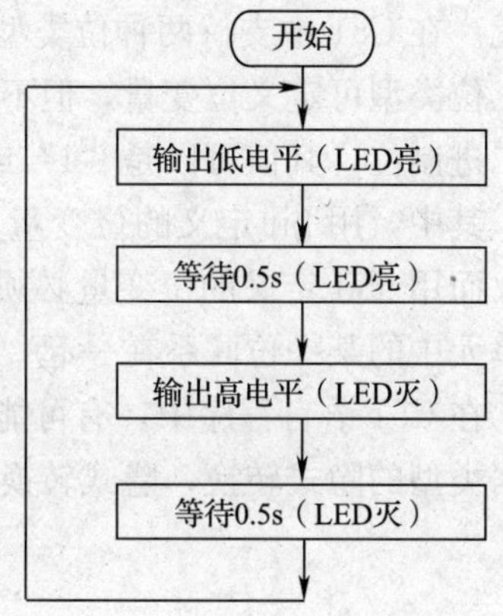


图 2—3—1　闪烁 LED 的流程图

## 相关知识

### 一、C51 的数据类型、常量、变量及表达式

1. 基本数据类型

C51 的基本数据类型有字符型、整型、长整型、浮点型和位类型等。其中，位类型仅能存储一位二进制数，字符型、整型和长整型分为有符号和无符号两类，浮点型是 C51 中表示实数的唯一类型。

（1）字符型。字符型的长度是一个字节，通常用于定义处理字符数据的变量或常量，分为无符号字符类型 unsigned char 和有符号字符类型 char。

char 类型用字节中最高位字节表示数据的符号，“0”表示正数，“1”表示负数，负数用补码表示。表示的数值范围是－128～＋127。

unsigned char 类型用一个字节中所有位来表示数值，可以表示的数值范围是 0～255。unsigned char 常用于处理 ASCII 字符或用于处理小于或等于 255 的整型数。

（2）整型。整型的长度为 2 个字节，用于存放一个双字节数据，分为有符号整型 int 和无符号整型 unsigned int。

int 用于存放两字节带符号数，其最高位表示数据的符号，“0”表示正数，“1”表示负数，表示的数值范围是－32 768～＋32 767。

unsigned int 用于存放两字节无符号数，所能表示的数值范围是 0～65 535。

（3）长整型。长整型的长度为 4 个字节，用于存放一个四字节数据，分为有符号长整型 long 和无符号长整型 unsigned long。

long 的最高位表示数据的符号，“0”表示正数，“1”表示负数。signed long 用于存放四字节带符号数，表示的数值范围是－2 147 483 648～＋2 147 483 647。

unsigned long 用于存放四字节无符号数，表示的数值范围是 0～4 294 967 295。

(4) 浮点型。浮点型在 C51 中用 float 表示，数据的长度为 4 个字节。float 表示十进制数据的有效数据位数为 6～7 位。

(5) 位类型。这是 C51 中扩充的数据类型，用于访问 MCS－51 单片机中的可寻址的位单元。在 C51 中支持两种位类型：bit 型和 sbit 型。

位类型可定义位变量，但不能定义位指针，也不能定义位数组。它们在内存中都只占一个二进制位，其值可以是“1”或“0”。

其中，用 bit 定义的位变量在 C51 编译器中编译时，在不同的时候位地址是可以变化的，而用 sbit 定义的位变量必须与 MCS－51 单片机的一个可以寻址位单元或可位寻址的字节单元中的某一位联系在一起，在 C51 编译器编译时，其对应的位地址是不可变化的。

在 C51 语言程序中，有可能会出现在运算中数据类型不一致的情况。C51 允许任何标准数据类型的隐式转换，隐式转换的优先级顺序如下：

bit→char→int→long→float

signed→unsigned

也就是说，当 char 型与 int 型进行运算时，先自动将 char 型扩展为 int 型，然后与 int 型进行运算，运算结果为 int 型。C51 除了支持隐式类型转换外，还可以通过强制类型转换符“()”对数据类型进行人为的强制转换。例如，“(int) 3.2”表示将实数“3.2”强制转换为 int 型，其值为 3。

C51 编译器除了能支持以上这些基本数据类型之外，还能支持一些复杂的组合型数据类型，如数组类型、指针类型、结构类型、联合类型等复杂的数据类型，后面模块中将做详细介绍。

2. 常量

常量是指在程序执行过程中其值不能改变的量。在 C51 中支持整型常量、浮点型常量、字符型常量和字符串型常量。

(1) 整型常量。整型常量也就是整型常数，根据其值范围在计算机中分配不同的字节数来存放。在 C51 中它可以表示成以下几种形式：

1) 十进制整数：如 234、－56、0 等。

2) 十六进制整数：以 0x 或 0X 开头表示，其数码取值为 0～9，A～F 或 a～f。如 0x3d 表示十六进制数 3DH。

3) 八进制整数：以 0 开头表示，其数码取值为 0～7。如 072 表示十进制数 58。

4) 长整数：在 C51 中若一个整数的值达到长整型的范围，则该数按长整型存放，在存储器中占 4 个字节。另外，若一个整数后面加一个字母 L，这个数在存储器中也按长整型存放，如 123L 在存储器中占 4 个字节。

(2) 浮点型常量。浮点型常量也就是实型常数，有十进制表示形式和指数表示形式两种。

十进制表示形式又称定点表示形式，由数字和小数点组成。如－0.85、0.123、34.645、2.0 等都是十进制数表示形式的浮点型常量。注意，数字中必须包含小数点。

指数表示形式为：[±] 数字 [.数字] e [±] 数字

[ ] 中的内容为可选项，其中内容根据具体情况可有可无，但其余部分必须有。阶码可以是字母 e，也可以是字母 E。例如，1E－2、125e3、－7e9、－3.0e2 等都是指数形式的浮点型常量。

（3）字符型常量。字符型常量是用单引号引起的字符，如‘a’‘A’‘5’‘F’等，相当于该字符的 ASCII 码的值。表示的内容可以是可显示的 ASCII 字符，也可以是不可显示的控制字符。要注意大小写字母的 ASCII 值是不一样的。

对不可显示的控制字符，须在前面加上反斜杠“\”组成转义字符。利用它可以完成一些特殊功能和输出时的格式控制。常用的转义字符见表 2—3—1。

**表 2—3—1　　C51 中常用的转义字符**

| 转义字符 | 含义 | ASCII 码（十六进制数） |
|---|---|---|
| \0 | 空字符（null） | 00H |
| \n | 换行符（LF） | 0AH |
| \r | 回车符（CR） | 0DH |
| \t | 水平制表符（HT） | 09H |
| \b | 退格符（BS） | 08H |
| \f | 换页符（FF） | 0CH |
| \‘ | 单引号 | 27H |
| \” | 双引号 | 22H |
| \\ | 反斜杠 | 5CH |

（4）字符串型常量。字符串型常量由双引号“”括起的字符组成，与字符型类似，可用的字符包括 ASCII 字符和转义字符，如“C”“12＋34”“SuiNing”等。

需要注意的是，字符串常量与字符常量是不一样的，一个字符常量在计算机内只用一个字节存放，而一个字符串常量在内存中存放时不仅双引号内的字符一个占一个字节，而且系统会自动在后面加一个转义字符“\0”作为字符串结束符。因此，不要将字符常量和字符串常量混淆，如字符常量‘A’和字符串常量“A”是不同的，后者在存储时比前者多占用一个字节的空间。

3．变量

变量是在程序运行过程中其值可以改变的量。在 C51 中，在使用变量前必须对变量进行定义，指出变量的数据类型和存储模式，以便编译系统为它分配相应的存储单元。变量的定义格式如下：

［存储种类］　数据类型说明符　［存储器类型］　变量名 1［＝初值］，变量名 2［＝初值］…；

（1）格式说明

1）存储种类是指变量在程序执行过程中的作用范围。C51 变量的存储种类有四种，分别是自动（auto）、外部（extern）、静态（static）和寄存器（register）。定义变量时，如果省略存储种类，则该变量默认为自动（auto）变量。

用 auto 定义的变量作用范围仅在定义它的函数体或复合语句内部有效。

用 extern 定义的变量称为外部变量，要求在其他文件中定义该变量，其作用范围为整个程序。

用 static 定义的变量称为静态变量。其作用范围仅在定义的函数体内有效，一直存在，再次进入该函数时，变量的值为上次结束函数时的值。

用 register 定义的变量称为寄存器变量，其处理速度快，但数目少。C51 编译器编译时能自动识别程序中使用频率最高的变量，并自动将其作为寄存器变量，用户无须专门声明。

2）在定义变量时，必须通过数据类型说明符指明变量的数据类型，指明变量在存储器中占用的字节数。可以是基本数据类型说明符，也可以是组合数据类型说明符，还可以是用 typedef 和＃define 定义的类型别名。别名要按用户自定义标识符的原则命名。例如，使用“＃define uchar unsigned char”定义了“uchar”类型，则可以使用 uchar 这个类型定义无符号字符型变量。

3）存储器类型用于指明变量所处的单片机的存储器区域情况。省略则默认为 data 类型，即片内前 128 字节的 RAM；bdata 为可位寻址内部数据存储器，定义的变量可以用 sbit 定义位变量访问其中的二进制位；idata 可以访问 52 型号单片机内部 256 字节的 RAM（8051 只有 128 字节的 RAM）；code 定义的变量存储在程序存储器，只能读出不能写入，相当于常量。

4）变量名是 C51 区分不同变量，为不同变量取的名称，也就是用户自定义标识符，要遵循标识符的命名原则。

5）允许在一个类型说明符后，定义多个相同类型的变量。各变量名之间用逗号隔开，类型说明符与变量名之间至少用一个空格间隔。

6）最后一个变量名之后必须以“；”号结尾。

7）变量定义必须放在变量使用之前。一般放在函数体的开头部分。

（2）变量定义示例

```
int a,b,c=2;                //a,b,c 为整型变量,并将变量 c 的初值赋为 2
long x,y;                   //x,y 为长整型变量
unsigned char   p,q;        //p,q 为无符号字符型变量
float  t=-2.3;              //定义浮点型变量 t,并给 t 赋初值为-2.3
code   float Vref=2.5;      //定义变量 Vref 为浮点型,初始值为 2.5,只读
```

4．运算符和表达式

（1）运算符。C51 常见的运算符可分为以下几类：

1）算术运算符。用于各类数值运算，包括加（＋）、减（－）、乘（*）、除（/）、求余（或称模运算，%）、自增（＋＋）、自减（－－）七种，其运算规则见表 2—3—2。

**表 2—3—2　　　算术运算符运算规则**

| 运算符 | 意义 | 示例（设 x=5，y=3） |
|---|---|---|
| ＋ | 加法运算 | z=x＋y；//z=8 |
| － | 减法运算 | z=x－y；//z=2 |
| * | 乘法运算 | z=x*y；//z=15 |
| / | 除法运算 | z=x/y；//z=1 |
| % | 模运算（取余运算） | z=x%y；//z=2 |
| x＋＋ | 先使用 x 的值，再让 x 加 1 | y=x＋＋；//y=5，x=6 |
| ＋＋x | 先让 x 加 1，再使用 x 的值 | y=＋＋x；//y=6，x=6 |
| x－－ | 先使用 x 的值，再让 x 减 1 | y=x－－；//y=5，x=4 |
| －－x | 先让 x 减 1，再使用 x 的值 | y=－－x；//y=4，x=4 |

2）关系运算符。用于比较运算，包括大于（＞）、小于（＜）、等于（＝＝）、大于等于（＞＝）、小于等于（＜＝）和不等于（！＝）六种，其运算规则见表 2—3—3。

**表 2—3—3　　关系运算符运算规则**

| 运算符 | 意　义 | 示例（设 a=5，b=6） |
|---|---|---|
| ＜ | 小于 | a＜b;//返回值 1 |
| ＞ | 大于 | a＞b;//返回值 0 |
| ＜＝ | 小于等于（不大于） | a＜＝b;//返回值 1 |
| ＞＝ | 大于等于（不小于） | a＞＝b;//返回值 0 |
| ！＝ | 不等于 | a！＝b;//返回值 1 |
| ＝＝ | 等于 | a＝＝b;//返回值 0 |

3）逻辑运算符。用于逻辑运算，包括与（&&）、或（\|\|）、非（!）三种，其运算规则见表 2—3—4。

**表 2—3—4　　逻辑运算符运算规则**

| 运算符 | 意　义 | 示例（设 a=5，b=6） |
|---|---|---|
| && | 逻辑与 | a&&b;//返回值 1 |
| \|\| | 逻辑或 | a\|\|b;//返回值 1 |
| ! | 逻辑非 | ！a;或！b;//返回值 0 |

4）位操作运算符。参与运算的量，按二进制位进行运算，包括位与（&）、位或（|）、位非（~）、位异或（^）、左移（＜＜）、右移（＞＞）六种，其运算规则详见本模块任务 4。

5）赋值运算符。用于赋值运算，分为简单赋值（＝）、复合算术赋值（＋＝，－＝，＊＝，/＝，%＝）和复合位运算赋值（&＝，|＝，^＝，＞＞＝，＜＜＝）三类共十一种，其运算规则见表 2—3—5。

**表 2—3—5　　复合赋值运算符运算规则**

| 运算符 | 意　义 | 示　例 |
|---|---|---|
| ＋＝ | 左边的变量或数组元素加上右边表达式的值 | b＋＝a 相当于 b＝b＋a |
| －＝ | 左边的变量或数组元素减去右边表达式的值 | b－＝a 相当于 b＝b－a |
| ＊＝ | 左边的变量或数组元素乘以右边表达式的值 | b＊＝a 相当于 b＝b＊a |
| /＝ | 左边的变量或数组元素除以右边表达式的值 | b/＝a 相当于 b＝b/a |
| %＝ | 左边的变量或数组元素模右边表达式的值 | b%＝a 相当于 b＝b%a |
| ＜＜＝ | 左移操作，再赋值 | b＜＜＝a 相当于 b＝b＜＜a |
| ＞＞＝ | 右移操作，再赋值 | b＞＞＝a 相当于 b＝b＞＞a |
| &＝ | 按位与操作，再赋值 | b&＝a 相当于 b＝b&a |
| ^＝ | 按位异或操作，再赋值 | b^＝a 相当于 b＝b^a |
| \|＝ | 按位或操作，再赋值 | b\|＝a 相当于 b＝b\|a |

（2）表达式。表达式是由常量、变量、函数和运算符组合起来的式子。一个表达式有一个值及其类型，它们等于计算表达式所得结果的值和类型。表达式求值按运算符的优先级和结合性规定的顺序进行。单个的常量、变量、函数可以看做是表达式的特例。

一般而言，单目运算符优先级较高，赋值运算符优先级较低。算术运算符优先级较高，关系运算符和逻辑运算符优先级较低。多数运算符具有左结合性，单目运算符、三目运算符、赋值运算符具有右结合性。具体情况见附录 2。

（3）表达式语句。在表达式的后边加一个分号“；”就构成了表达式语句。可以一行放一个表达式形成表达式语句，也可以一行放多个表达式形成表达式语句，这时每个表达式后面都必须带“；”号。另外，还可以仅由一个分号“；”占一行形成一个表达式语句，这种语句称为空语句。

例如：

```
i++;            //算术表达式 i++后加上分号形成语句
s=a+b;          //赋值表达式后加上分号形成语句
```

（4）复合语句。复合语句是由若干条语句组合而成的一种语句，在 C51 中，用一个大括号“{ }”将若干条语句括在一起就形成了一个复合语句，复合语句最后不需要以分号“；”结束，但它内部的各条语句仍需以分号“；”结束。复合语句的一般形式为：

```
{
    局部变量定义;
    语句 1;
    语句 2;
}
```

复合语句在执行时，其中的各条单语句按顺序依次执行，整个复合语句在语法上等价于一条单语句，因此在 C51 中可以将复合语句视为单条语句，而不是多条语句。复合语句中的单语句一般是可执行语句，此外还可以是变量的定义语句（说明变量的数据类型）。在复合语句内部语句所定义的变量，称为该复合语句中的局部变量，它仅在当前这个复合语句中有效。利用复合语句将多条单语句组合在一起，以及在复合语句中进行局部变量定义是 C51 语言的一个重要特征。

## 二、C51 的循环语句

### 1. while 语句

while 语句在 C51 中用于实现当型循环结构，它的格式如下：

```
while(条件表达式)
{
    语句组;
}
```

（1）格式说明

1）条件表达式的值只要不等于零，即为真，等于零就是假。

2）“{”和“}”及其中间的语句组被统称为循环体。当循环体仅有一条语句时，可省略

“{”和“}”。当循环体没有语句时，可以直接用分号“;”代替。

3）如果条件表达式为真，则执行完一次循环后返回 while 再次判断条件，如果仍然为真，继续循环。如果条件表达式为假，则跳过循环内的语句去执行循环之后的其他语句。

（2）循环示例

【例 1】while(1)；

这个循环的条件表达式的值为 1，表示条件一直为真，循环一直会反复执行下去，这就是死循环。

【例 2】while(TI==0)；

这个循环的条件是判断串口发送中断标志 TI 是否为 0，如果为 0 则一直等待。当串行数据发送完毕时，TI 标志将置为 1，循环条件为假，循环执行完毕，接着执行循环后面的语句。

【例 3】

```
int   i,sum;
i=1;
sum=0;
while(i<=100)
   {
     sum=sum+i;
     i++;
   }
```

这段程序语句执行完毕后，变量 sum 中保存有 1～100 的累加和。

2. do-while 语句

do-while 语句在 C51 中用于实现直到型循环结构，它的格式如下：

```
do
{
  语句组;
}
while(条件表达式);
```

（1）格式说明

1）条件表达式的判断与 while、if 语句中的条件判断一致，非 0 即真。

2）do-while 语句不管条件，先执行一次再判断条件，若条件为真则返回执行，直到表达式不成立（为假）时，退出循环。do-while 语句循环体至少会执行一次。而 while 语句先判断条件再执行，有可能循环体一次都不会执行。

3）if、while 语句的条件表达式括号后不加分号，但 do-while 的条件表达式括号后必须加分号。

（2）循环示例

```
int   i,sum;
```

```
    i=1;
    sum=0;
    do
        {
            sum=sum+i;
            i++;
        }while(i<=100);
```

这段程序语句执行完毕后，变量 sum 中保存有 1～100 的累加和。

3．for 语句

for 语句将循环变量的初值、循环条件和循环变量的修改放在一行，便于使用和阅读。可以产生有规律变化的循环变量，也可以方便地控制循环次数。for 语句的格式如下：

```
    for(表达式 1;表达式 2;表达式 3)
    {
        语句组;
    }
```

（1）格式说明

在 for 循环中，表达式 1 为初值表达式，用于给循环变量赋初值；表达式 2 为条件表达式，对循环变量进行判断；表达式 3 为循环变量更新表达式，用于对循环变量的值进行更新，使循环变量能不满足条件而退出循环。

（2）循环示例

【例 1】 for(;;);

同“while(1);”。

【例 2】

```
    int  i,sum;
    sum=0;
    for(i=1;i<=100;i++)
        {
            sum=sum+i;
        }
```

这段程序语句执行完毕后，变量 sum 中保存有 1～100 的累加和。

4．break 语句

break 语句就是在 break 后面加上分号的语句。

前面已介绍过用 break 语句可以跳出 switch 结构，使程序继续执行 switch 结构后面的一个语句。

使用 break 语句还可以从循环体中跳出循环，提前结束循环而接着执行循环结构下面的语句。它不能用在除了循环语句和 switch 语句之外的任何其他语句中。一般情况下，在循环中的 break 语句总是在条件语句中运行。

5．循环的嵌套

在一个循环的循环体中又允许包含一个完整的循环结构，这种结构称为循环的嵌套。外面的循环称为外循环，里面的循环称为内循环，如果在内循环的循环体内又包含循环结构，就构成了多重循环。在 C51 中，允许三种循环结构相互嵌套。

## 三、C51 函数的定义和调用

函数是 C51 源程序的基本模块，通过对函数模块的调用实现特定的功能。

用户可把自己的算法编成一个个相对独立的函数模块，然后用调用的方法来使用函数。可以说 C51 程序的全部工作都是由各式各样的函数完成的。

由于采用了函数模块式的结构，C51 语言易于实现结构化程序设计，使程序的层次结构清晰，便于程序的编写、阅读、调试。

1. 函数定义

函数定义的一般格式如下：

```
函数类型　函数名(形参列表)
{
    局部变量定义
    函数体
    return 表达式;
}
```

格式说明：

(1) 函数类型说明了函数返回值的类型。如果函数无返回值，则类型为 void。函数的返回值就是函数体中 return 语句中表达式的值。return 语句一般放在函数的最后位置，用于终止函数的执行，并控制程序返回调用该函数时所处的位置。

(2) 函数名是用户为自定义函数取的名字，以便调用函数时使用，函数命名必须符合标识符定义的规定。

(3) 形参列表用于列出在主调函数与被调函数之间进行数据传递的形式参数，每个参数都必须有类型说明，如果没有形式参数，则该处为 void，也可省掉，但小括号不能省略。

(4) 函数内部定义的变量默认的范围仅在函数内部有效，且每次进入函数时自动分配。要保留变量的值需要用 static 说明。

(5) 函数体由一系列 C51 语句构成。在 C51 中，所有可执行语句必须放在函数体内。

2. 函数调用

函数调用的一般形式如下：

```
函数名(实参列表);
```

说明：

(1) 对于有参数的函数调用，若实参列表包含多个实参，则各个实参之间用逗号隔开。

(2) 按照函数调用在主调函数中出现的位置，函数调用方式有以下三种：

1) 函数语句。把被调函数作为主调函数的一个语句。

2) 函数表达式。函数被放在一个表达式中，以一个运算对象的方式出现。这时的被调函数要求带有返回语句，以返回一个明确的数值参加表达式的运算。

3）函数参数。被调用函数作为另一个函数的参数，要求被调函数带有返回语句。

应该指出的是，在 C51 中，所有的函数定义，包括主函数 main 在内，都是平行的。也就是说，在一个函数的函数体内，不能再定义另一个函数，即不能嵌套定义。但是函数之间允许相互调用，也允许嵌套调用。习惯上把调用者称为主调函数。函数还可以自己调用自己，称为递归调用。

main 函数是主函数，它可以调用其他函数，而不允许被其他函数调用。因此，不管 main 函数在程序中的位置如何，C51 程序的执行总是从 main 函数开始，完成对其他函数的调用。一个 C51 源程序必须有也只能有一个主函数 main。

## 四、延时函数

### 1. 机器周期与指令周期

MCS－51 单片机规定一个机器周期为单片机振荡器的 12 个振荡周期。如果晶振频率为 12 MHz，则一个机器周期为 1 μs；而如果使用的晶振频率为 6 MHz，则一个机器周期为 2 μs。

单片机执行一条指令的执行时间，称为指令周期。指令周期是以机器周期为单位的，MCS－51 单片机的指令周期为 1～4 个机器周期。多数指令都是单周期指令，也就是执行一条指令的时间为一个机器周期。

### 2. 延时函数的编写

单片机的指令运行是很快的，在 12 MHz 的频率下，一条指令所消耗的时间仅为 1～4 μs。要实现一个较长的时间等待，需要执行很多条指令才能完成。为了让延时所占用的程序代码较少，必须使用循环指令来实现指令的重复运行。在 MCS－51 单片机的指令中，循环指令是双周期指令，如 12 MHz 的工作频率，也就是每次循环本身要占用 2 μs。注意，MCS－51 为 8 位单片机，循环指令所对应的操作数为 8 位二进制数，仅在使用无符号字符型变量作为循环变量时才能实现每次循环占用 2 个机器周期。

为了使延时函数应用范围较为广泛，通常使延时函数以 ms 为单位，通过参数确定函数延时的毫秒数。

在 12 MHz 的频率时，需要循环次数为 1 ms/2 μs＝500。而无符号数最大值为 255，也就是说，使用无符号类型的变量的单个循环最多为 255 次，用一个循环不能完成所需要的 1 ms 的延时。为了达到 1 ms 的延时，可采用两重循环的方式完成，内部循环 250 次，外部循环 2 次。

这里将形参 n 的类型说明为无符号整型，调用函数可实现 0～65 535 ms 延时。程序如下：

```
voiddelaynms(unsigned int n)            //形参 n 为无符号整型,范围为 0～65 535
{                                       //函数体开始
  unsigned char i,k;                    //定义局部变量 i 和 k
  while(n——)                            //如果 n 不为 0 则执行 1 ms 延时并将 n 减 1,
                                        //n 为 0 时结束循环
    {                                   //n 循环开始
```

```
    for(i=2;i>0;i--)              //循环 2 次,每次执行 0.5 ms 延时,循环共
                                  //耗时 1 ms
    {                             //i 循环开始
      for(k=250;k>0;k--)          //循环 250 次,耗时:2 μs×250=500 μs=
                                  //0.5 ms
        {;}                       //k 的循环体为空,什么也不做,仅执行循环
                                  //消耗时间
    }                             //i 的循环体结束
  }                               //n 的循环体结束
}                                 //函数结束
```

**注意**：函数中的变量 i，k 的类型为无符号型，循环次数小于 255 次，在实践中可试着修改类型和循环次数，并进行程序验证。

## 任务实施

### 一、硬件设计

本任务通过单片机控制一盏指示灯按规定时间闪烁，电路如图 2—3—2 所示。

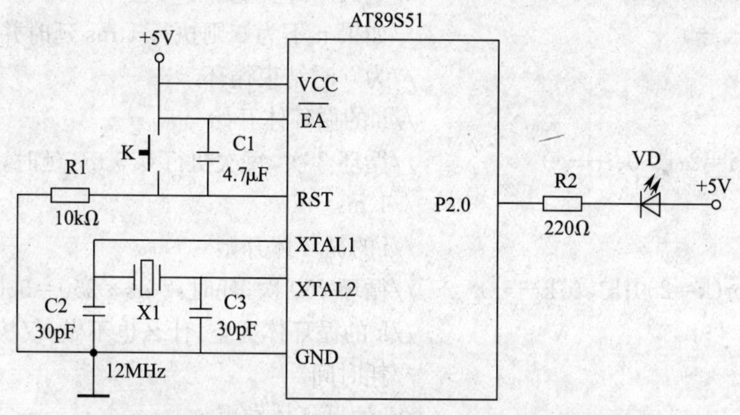


图 2—3—2　闪烁指示灯的控制电路原理图

### 二、软件设计

由任务分析可知，指示灯的闪烁就是不断地让指示灯重复“点亮、延时、熄灭、延时”这一过程。指示灯的点亮或熄灭通过让单片机引脚输出 0 或 1 实现。

延时在单片机中是通过不断执行指令来实现时间的消耗，在本任务中，这些消耗时间的指令不需要修改其他任何变量的值，也不需要修改任何端口的输出状态，所以采用不断地执行空循环的方式来实现。在编写了有参数的延时函数后，可以在调用延时函数时给出不同的参数值，让延时函数实现不同的延时。本任务中仅需要延时 0.5 s。本任务的程序框图和对应的命令如图 2—3—3 所示。

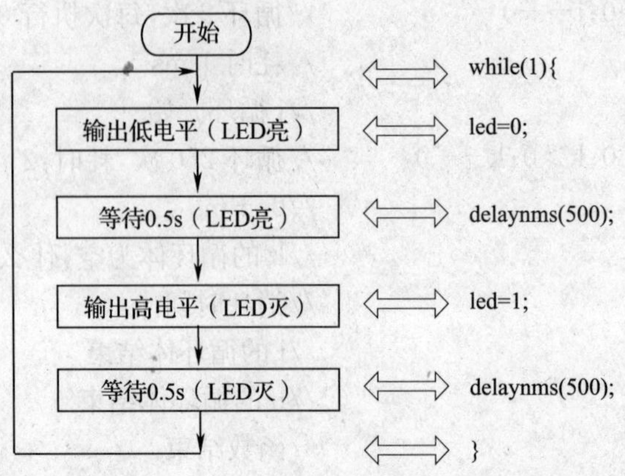


图 2—3—3　闪烁 LED 的流程和对应命令

源程序如下：

```
#include<AT89X51.H>                //包含头文件,声明端口等特殊功能寄存器
sbit  led=P2^0;                    //定义控制 led 的单片机引脚为 P2 口的 P2.0 端口
void delaynms(unsigned int n)      //形参 n 为无符号整型,范围为 0～65 535
{                                  //函数体开始
  unsigned char i,k;               //定义局部变量 i 和 k
  while(n--)                       //如果 n 不为 0 则执行 1 ms 延时并将 n 减 1,n
                                   //为 0 时结束循环
    {                              //n 的循环体开始
      for(i=2;i>0;i--)             //循环 2 次,每次执行 0.5 ms 延时,循环共耗时
                                   //1 ms
      {                            //i 的循环体开始
        for(k=250;k>0;k--)         //循环 250 次,耗时:2 μs×250=500 μs=0.5 ms
          {;}                      //k 的循环体为空,什么也不做,仅执行循环消
                                   //耗时间
      }                            //i 的循环体结束
    }                              //n 的循环体结束
}                                  //函数结束
void  main()                       //主函数,每个 C 程序必须有 main 函数
{                                  //main 函数功能定义的开始
    while(1)                       //死循环,让单片机在这里不断执行
    {                              //while 循环体开始
      led=0;                       //使 P2.0 端输出低电平,点亮 LED
      delaynms(500);               //调用 delaynms 函数,参数为 500,即延时 500 ms
      led=1;                       //使 P2.0 端输出高电平,LED 不亮
      delaynms(500);               //调用 delaynms 函数,延时 500 ms
```

```
    }                                 //while 循环结束
}                                     //main 函数结束
```

## 三、Proteus 仿真

参照前面任务介绍的方法和步骤进行 Proteus 仿真。

图 2—3—4 所示是单片机控制指示灯闪烁的仿真效果图，其中，图 2—3—4a 是指示灯熄灭时的仿真效果图，图 2—3—4b 是指示灯点亮时的仿真效果图。

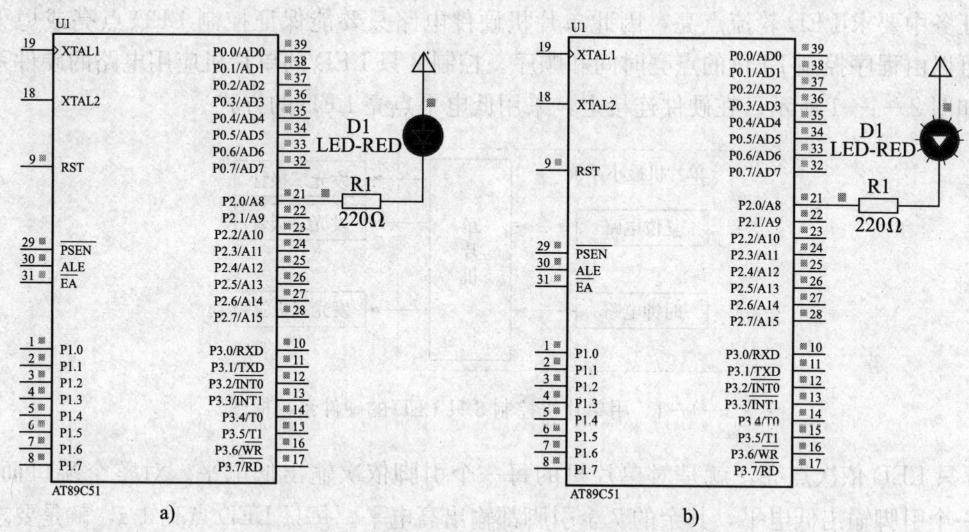


图 2—3—4 单片机控制指示灯闪烁的仿真效果图

a）指示灯熄灭 b）指示灯点亮

# 任务 4 端口的输出控制

**知识点**

◎ 单片机对端口的输出控制方法；

◎ C51 的运算规则；

◎ C51 程序数组的定义和使用。

**技能点**

◎ 能根据需求编程控制单片机多个引脚的输出状态。

## 任务提出

在实际应用中，不仅需要实现对端口某一位的控制，还需要实现对一个端口（8 位）输出信号的同时控制，例如在机电控制中，常需要对多盏指示灯或多台设备同时进行开关控制。本任务以输出控制 8 只 LED 为例，介绍单片机对端口的输出控制方法。具体控制要求如下：

(1) 按顺序将8只LED轮流点亮，然后重复进行；

(2) 每只LED点亮的时间为1 s，1 s后切换到下一只LED点亮。

## 任务分析

本任务要实现8只LED的点亮或熄灭控制，因此整个系统的硬件结构应该是在单片机最小系统之上增加8只LED的控制电路，这8只LED接在单片机的任一端口，都能实现控制效果，需要注意的是不同端口由于内部结构有所不同，外接驱动电路也会有所区别。

任务中要求LED轮流点亮，因此单片机硬件电路只要能保证控制LED点亮或熄灭即可，可以由程序控制LED的点亮时间和顺序。控制8只LED的单片机应用电路的硬件系统框图如图2—4—1所示。在硬件连接上，采用低电平点亮LED的方式。

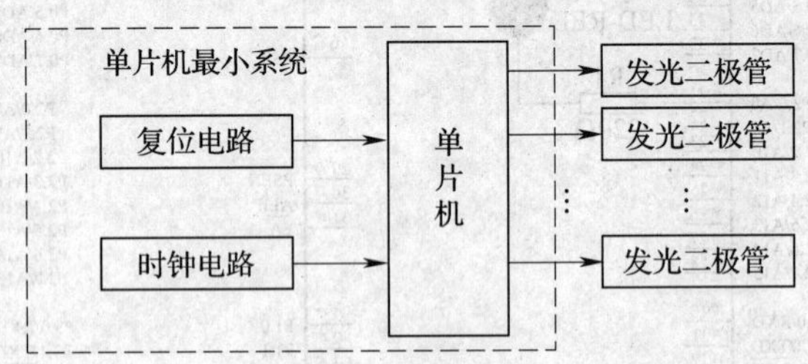


图2—4—1　用单片机控制8只LED的硬件系统框图

8只LED依次点亮，就是对单片机的每一个引脚依次输出低电平。对整个端口而言，每次一个引脚输出低电平，其余的7个引脚都输出高电平。每只LED点亮1 s，就是要求输出低电平后，调用延时函数实现1 s的延时，再以同样方式点亮下一只LED。

为了验证程序设计效果，用Keil软件对程序进行编译，并将编译程序与Proteus联调，对设计效果进行功能验证。

## 相关知识

### 一、C51的运算规则

C51语言能对运算对象按位进行操作，位运算是按位对变量进行运算，但并不改变参与运算的变量的值。如果要求按位改变变量的值，则要利用相应的赋值运算。C51中位运算符只能对整数进行操作，不能对浮点数进行操作。

1. 按位与运算

按位与运算符“&”是双目运算符。其功能是参与运算的两个数各对应的二进制位相与。只有对应的两个二进制位均为1时，结果位才为1，否则为0。参与运算的数以补码方式出现。

例如，9&5可写算式如下：

```
 00001001      (9的二进制)
&00000101      (5的二进制)
---------
 00000001      (1的二进制补码，可见9&5=1。)
```

按位与运算通常用来对某些位清 0 或保留某些位。例如把 a 的高四位清 0，保留低四位，可作 a&15 运算（15 的二进制数为 00001111，也可以用 16 进制数 0x0F 表示）。

2. 按位或运算

按位或运算符“|”是双目运算符。其功能是参与运算的两个数各对应的二进制位相或。只要对应的两个二进制位有一个为 1 时，结果位就为 1。参与运算的两个数均以补码出现。

例如，9|5 可写算式如下：

```
  00001001
 |00000101
----------
  00001101        （十进制数 13，可见 9|5=13）
```

按位或运算通常用来对某些位置 1。例如把 a 的高四位置 1，保留低四位，可作 a&240 运算（240 的二进制数为 11110000，也可以用 16 进制数 0xF0 表示）。

3. 按位异或运算

按位异或运算符“^”是双目运算符。其功能是参与运算的两个数各对应的二进制位相异或，当两个数对应的二进制位相异时，结果为 1。例如 9^5 可写成算式如下：

```
  00001001
 ^00000101
----------
  00001100        （十进制数 12，可见 9^5=12）
```

按位异或运算通常用来对某些位取反。例如把 a 的高四位取反，低四位不变，可作 a^240 运算（240 的二进制数为 11110000，也可以用 16 进制数 0xF0 表示）。

4. 求反运算

求反运算符～为单目运算符，其功能是对参与运算的数的各二进制位按位求反。

例如：～9 的运算为：

～（00001001）结果为：11110110

5. 左移运算

左移运算符“<<”是双目运算符，其功能是把“<<”左边的运算数的各二进制位全部左移若干位，由“<<”右边的数指定移动的位数，高位丢弃，低位补 0。

例如，a=00000011（十进制 3），a<<4 是指把 a 的各二进制位向左移动 4 位，为 00110000（十进制 48），相当于 a 乘以 2 的 4 次方。

6. 右移运算

右移运算符“>>”是双目运算符，其功能是把“>>”左边的运算数的各二进制位全部右移若干位，“>>”右边的数指定移动的位数。对于无符号数，低位丢弃，高位补 0；对于有符号数，在右移时，符号位将随同移动，当为正数时，最高位为符号位补 0，而为负数时，符号位为 1。

例如，设 a=31（00011111），a>>3 是指把 a 右移 3 位，结果为 00000011（十进制 3），相当于 a 整除 2 的 3 次方。

## 二、数组的定义和使用

在程序设计中，为了处理方便，把具有相同类型的若干变量按有序的形式组织起来，用一个统一的名字来表示，则这些有序变量的全体称为数组；或者说，数组是用一个名字代表顺序排列的一组数。在同一数组中，构成该数组的成员称为数组单元（或数组元素、下标变量）。

在C51中，数组属于构造数据类型，使用数组必须先对数组进行定义。按数组元素的类型不同，数组又可分为数值数组、字符数组等各种类别。

1. 一维数组的定义

下标变量中下标的个数称为数组的维数。当数组中每个元素只带有一个下标时，此数组称为一维数组。

一维数组的定义方式为：

类型说明符　数组名［常量表达式］；

其中：

（1）类型说明符说明数组的类型，实际上是指数组元素的取值类型。对于同一个数组，其所有元素的数据类型都是相同的。

（2）数组名是用户定义的数组标识符。数组名的书写规则应符合标识符的书写规定。

（3）方括弧中的常量表达式表示数据组素的个数，也称为数组的长度。如a［5］表示数组a有5个元素。但是其下标从0开始计算，因此5个元素分别为a［0］，a［1］，a［2］，a［3］，a［4］。

（4）不能在方括号中用变量来表示元素的个数，但是可以是符号常数或常量表达式。

（5）允许在同一个类型说明中，说明多个数组和多个变量。

2. 一维数组元素的引用

数组元素是组成数组的基本单元。数组元素也是一种变量，其标识方法为数组名后跟一个下标。下标表示了元素在数组中的顺序号。

一维数组元素的一般形式为：

数组名［下标］

其中下标只能为整型常量或整型表达式。如为小数，C51编译将自动取整。例如，a［5］，a［i+j］，a［i++］都是合法的数组元素。

C51规定在引用数组时，只能逐个引用数组中的各个元素，而不能一次引用整个数组。但如果是字符数组，则可以一次引用整个数组。

3. 一维数组的初始化

除了用赋值语句对数组元素逐个赋值外，还可采用数组定义式给数组元素赋初值。

数组初始化赋值的一般形式为：

类型说明符　数组名［常量表达式］＝{值,值,…,值}；

（1）在{}中的各数据值即为各元素的初值，各值之间用逗号间隔。例如：

```
int a[10]={0,1,2,3,4,5,6,7,8,9};
```

相当于a［0］＝0，a［1］＝1，…，a［9］＝9。

（2）可以只给部分元素赋初值。

当{}中值的个数少于元素个数时，只给前面部分元素赋值。例如：

```
int a[10]={0,1,2,3,4};
```

表示只给a［0］～a［4］这前5个元素赋初值，而后5个元素自动赋0。

(3) 只能给元素逐个赋值，不能给数组整体赋值。例如给 10 个元素全部赋值 1，只能写为：

```
int a[10]={1,1,1,1,1,1,1,1,1,1};
```

而不能写为：

```
int a[10]=1;
```

(4) 如给全部元素赋值，则在数组说明中，可以不给出数组元素的个数。例如：

```
int a[5]={1,2,3,4,5};
```

可写为：

```
int a[]={1,2,3,4,5};
```

## 任务实施

### 一、硬件设计

本任务控制单片机实现 8 只 LED 不断地点亮和熄灭，可选择 P2 口的 8 个引脚分别对应驱动 8 只 LED，具体电路如图 2—4—2 所示。

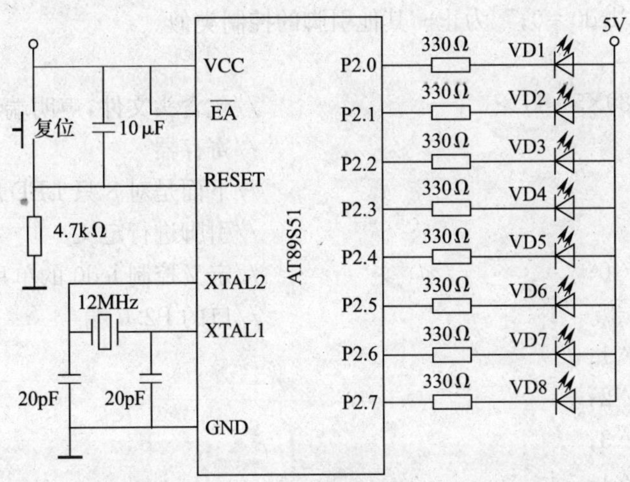


图 2—4—2　跑马灯的控制电路原理图

在图 2—4—2 中，VD1～VD8 是 8 只 LED，每只 LED 的阳极接 5 V 电源，阴极通过限流电阻接到单片机引脚。当单片机引脚输出低电平时，LED 将流过电流并点亮；当单片机引脚输出高电平时，LED 两端均为高电平，没有电流流过，LED 不会被点亮。

单片机的 P2 端口的 8 个引脚可以通过程序独立驱动，所以 8 只 LED 可以任意为亮或不亮的组合。

### 二、软件设计

由任务分析可知，本任务的目标就是要完成重复执行 8 只 LED 单独点亮 1 s 的过程。由于单片机端口可以整个端口同时驱动，也可按引脚单独驱动，因此能够实现任务目标的程序较多，这里以 4 种程序控制实现任务目标。可以看到，不同的程序可以实现同样的任务。

1. 引脚顺序控制

即对单片机一个端口的 8 个引脚轮流输出低电平。首先对 8 个引脚定义名称，这里以 led0～led7 分别控制 8 只 LED 的引脚进行命名，程序中对每只引脚进行位控制，称为引脚控制方式。

由于单片机引脚复位后都是输出高电平状态，因此，要实现 1 只引脚输出低电平而其余引脚输出高电平时，仅需要将对应引脚输出低电平。当然，在点亮时间过后，还需要将该引脚输出高电平，保证在其他 LED 点亮时原来点亮的 LED 不会亮。例如，让 led0 点亮时，对应的程序为：

```
led0=0;
delaynms(1000);
led0=1;
```

这三条指令就实现了将 led0 对应的引脚输出低电平 1 s。其中，“led0=0;”将 led0 对应的引脚输出低电平，“delaynms (1000);”实现延时 1 s，在延时时间内所有引脚电平不会发生变化，则 led0 对应的发光二极管将保持 1 s 的点亮。“led0=1;”将该引脚输出高电平，直到下一次执行到“led0=0;”为止。其他引脚的控制类似。

示例源程序 1：

```
#include<AT89X51.H>                    //包含头文件,声明端口等特殊功能
                                       //寄存器
                                       //下面是对 8 只 LED 所对应的单片机
                                       //引脚进行定义
sbit  led0=P2^0;                       //定义控制 led0 的单片机引脚为 P2
                                       //口的 P2.0 端
sbit  led1=P2^1;
sbit  led2=P2^2;
sbit  led3=P2^3;
sbit  led4=P2^4;
sbit  led5=P2^5;
sbit  led6=P2^6;
sbit  led7=P2^7;
                                       //下面定义延时函数
void delaynms(unsigned int n)          //形参 n 为无符号整型,范围为 0~65 535
{
  unsigned char i,k;                   //定义局部变量 i 和 k
  while(n--)                           //如果 n 不为 0 则执行 1 ms 延时并将 n
                                       //减 1,n 为 0 时结束循环
   {
     for(i=2;i>0;i--)                  //循环 2 次,每次执行 0.5 ms 延时,
```

```
                                          //循环共耗时 1 ms
    {
     for(k=250;k>0;k--)                   //循环 250 次,耗时:2 μs×250=
                                          //500 μs=0.5 ms
        {;}                               //k 的循环体为空,什么也不做,仅执
                                          //行循环消耗时间
     }
   }
}
void  main()                              //主函数,每个 C51 程序必须有 main
                                          //函数
{
   while(1)
   {
     led0=0;delaynms(1000);led0=1;        //使 led0 点亮,延时 1 s 后,led0 熄灭
     led1=0;delaynms(1000);led1=1;        //使 led1 点亮,延时 1 s 后,led1 熄灭
     led2=0;delaynms(1000);led2=1;        //使 led2 点亮,延时 1 s 后,led2 熄灭
     led3=0;delaynms(1000);led3=1;        //使 led3 点亮,延时 1 s 后,led3 熄灭
     led4=0;delaynms(1000);led4=1;        //使 led4 点亮,延时 1 s 后,led4 熄灭
     led5=0;delaynms(1000);led5=1;        //使 led5 点亮,延时 1 s 后,led5 熄灭
     led6=0;delaynms(1000);led6=1;        //使 led6 点亮,延时 1 s 后,led6 熄灭
     led7=0;delaynms(1000);led7=1;        //使 led7 点亮,延时 1 s 后,led7 熄灭
   }
}
```

**2. 端口顺序控制**

单片机的 P0、P1、P2、P3 是 4 个并行输入输出端口，每个端口的 8 个引脚可以同时输入或输出。在图 2—4—2 所示电路中，8 只 LED 是被 P2 端口的 8 个引脚所驱动。按任务要求，就是要让单片机端口依次出现 8 个数据，分别是：1111 1110、1111 1101、1111 1011、1111 0111、1110 1111、1101 1111、1011 1111 和 0111 1111。使用十六进制表示为：0xFE、0xFD、0xFB、0xF7、0xEF、0xDF、0xBF、0x7F。

要让 P2.0 对应的 LED 点亮，其余 7 只 LED 不亮，指令为“P2=0xFE;”即可。按照任务目标，仅需要将 8 个数据通过 P2 端口依次输出并加上延时即能实现任务目标。程序中对 P2 端口进行字控制，称为端口顺序控制方式。

示例源程序 2：

```
#include<AT89X51.H>                     //包含头文件,声明端口等特殊功能寄存器
                                        //下面两条预定义指令定义 uchar 为无符
                                        //号字符型,uint 为无符号整型
#define uchar unsigned char
```

```
#define  uint unsigned int
                                      //下面是延时函数的定义
void delaynms(uint n)                 //形参n为无符号整型，范围为0～65 535
{
  uchar i,k;                          //定义局部变量i和k
  while(n--)                          //如果n不为0则执行1 ms延时并将n减
                                      //1,n为0时结束循环
    {
      for(i=2;i>0;i--)                //循环2次，每次执行0.5 ms延时，循环
                                      //共耗时1 ms
        {
          for(k=250;k>0;k--){;}       //循环250次，耗时:2 μs×250=500 μs
                                      //=0.5 ms
        }
    }
}
                                      //下面是main函数的定义，程序从main
                                      //函数开始运行
void  main()                          //主函数，每个C程序必须有main函数
{
  while(1)
    {
        P2=0xFE;                      //P2输出1111 1110,使led0点亮
       delaynms(1000);                //延时1 s
        P2=0xFD;                      //P2输出1111 1101,使led1点亮
       delaynms(1000);                //延时1 s
        P2=0xFB;                      //P2输出1111 1011,使led2点亮
       delaynms(1000);                //延时1 s
        P2=0xF7;                      //P2输出1111 0111,使led3点亮
       delaynms(1000);                //延时1 s
        P2=0xEF;                      //P2输出1110 1111,使led4点亮
       delaynms(1000);                //延时1 s
        P2=0xDF;                      //P2输出1101 1111,使led5点亮
       delaynms(1000);                //延时1 s
        P2=0xBF;                      //P2输出1011 1111,使led6点亮
       delaynms(1000);                //延时1 s
        P2=0x7F;                      //P2输出0111 1111,使led7点亮
       delaynms(1000);                //延时1 s
```

```
    }
}
```

3．端口循环控制 1

示例源程序 2 采用顺序结构实现 8 个数据的输出，程序冗长。如果采用端口循环控制方式，则程序相对简练。

从端口输出的数据上，可以看出一个规律，就是这些数据中的二进制数 0 的位置依次往左移动了一位。

将端口输出数据的所有二进制位取反后，这些数据依次为：0x01、0x02、0x04、0x08、0x10、0x20、0x40、0x80，也就是后一个数是在前一个数的基础上乘 2。

因此，实现任务的思路可以是：程序开始时，给某一变量赋初始值 0x01，并从端口输出变量的反码（按位取反），等待 1 s 后，让变量的值乘 2（左移 1 位），再次输出反码并延时，直到所有数据输出完毕，再次重复整个过程。根据此思路得出的程序框图如图 2—4—3 所示。

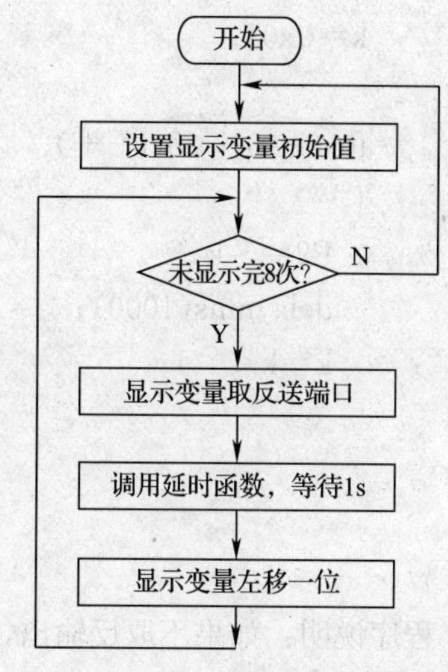


图 2—4—3　移位点亮 LED 流程图

示例源程序 3：

```
#include<AT89X51.H>                  //包含头文件,声明端口等特殊功能寄存器
#define uchar unsigned char
#define uint  unsigned int
void delaynms(uint n)                //形参 n 为无符号整型,范围为 0～65 535
{
  uchar i,k;                         //定义局部变量 i 和 k,作用范围仅 delaynms
                                     //函数
  while(n--)                         //如果 n 不为 0 则执行 1 ms 延时并将 n 减 1,
                                     //n 为 0 时结束循环
    {
      for(i=2;i>0;i--)               //循环 2 次,每次执行 0.5 ms 延时,循环共
                                     //耗时 1 ms
      {
        for(k=250;k>0;k--){;}        //循环 250 次,耗时:2 μs×250=500 μs=
                                     //0.5 ms
      }
    }
}
void  main()                         //主函数,每个 C 程序必须有 main 函数
{
  uchar i,k;                         //定义局部变量 i 和 k,作用范围仅为 main
```

```
                                      //函数
  while(1)
  {
    k=0x01;                           //k 的初值为 0000 0001,按位取反为 1111
                                      //1110,使 led0 点亮
    for(i=0;i<8;i++)                  //重复执行 8 次循环体
    {
      P2=~k;                          //k 的值取反后从 P2 输出,使第 i 只 LED 点亮
      delaynms(1000);                 //延时 1 s
      k=k<<1;                         //可采用 k=k+k;或 k=k*2;为下次点
                                      //亮做准备
    }
  }
}
```

程序说明：如果不取反输出，可以使 k 的初值为 0xFE，计算下一次的数据使用命令：

```
if(k&0x80)k=(k<<1)+1;else  k=k<<1;
```

条件“k&0x80”的结果是当变量 k 的最高位为 1 时该表达式的值为 0x80，作为条件就相当于条件成立；当变量 k 的最高位为 0 时该表达式的值为 0x00，作为条件就相当于条件不成立。“k<<1”将变量 k 左移一位，k 的最高位被丢弃，最低位补充 0。因此，当变量 k 的最高位为 1 时，将 k 左移一位后再加 1 并送回变量 k，相当于最高位的 1 移动到最低位；同理，当变量 k 的最高位为 0 时，将 k 左移一位后再送给变量 k，相当于最高位的 0 移动到最低位。

如果使用这样的方式实现左移，则主函数为：

```
void  main()
{
  uchar  k=0xFE;                                //定义局部变量 k,初值为 1111
                                                //1110
  while(1)
  {
    P2=k;                                       //k 的值直接从 P2 输出,点亮 1
                                                //只 LED
    delaynms(1000);                             //延时 1 s
    if(k&0x80)k=(k<<1)+1;else  k=k<<1;          //将 k 的最高位移到最低位
  }
}
```

如果要实现右移，只需要将显示变量的初值进行修改以及每次将显示变量右移一次即可实现。

4. 端口循环控制 2

由于数组中各个数组元素仅仅是类型相同，各个数组元素的数值之间可以没有任何关

系。数组元素的值能够通过下标来访问，如果将 8 次点亮的数据依次存储在同一个数组中，只要数据元素依次从端口输出，即可完成任务目标。

从输出的具体数据来看，逐次点亮 LED 所对应的数据为：11111110（0xFE），11111101（0xFD），11111011（0xFB），11110111（0xF7），11101111（0xEF），11011111（0xDF），10111111（0xBF），01111111（0x7F）。

定义数组将这 8 个数值保存，如：uchar led[8]={0xFE,0xFD,0xFB,0xF7,0xEF,0xDF,0xBF,0x7F}；那么 led［0］＝0xFE，led［1］＝0xFD，…，led［7］＝0x7F。如果使用变量 i 来实现下标从 0～7，则数组元素可以用 led［i］来表示。

用 for 循环可以方便地实现有规律变化的变量，如循环 for(i=0;i<8;i++)将会循环 8 次。在第 1 次进入循环时，循环变量 i 的值为 0；第 2 次进入循环时，循环变量 i 的值为 1；第 3 次 i 的值为 2；第 4 次 i 的值为 3；……第 8 次进入循环时，i 的值为 7。对应的 led［i］恰好可以作为端口的输出数据。根据此思路得出的程序框图如图 2—4—4 所示。

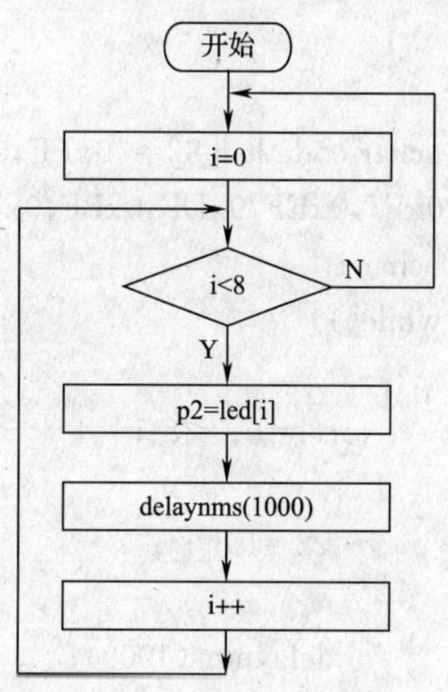

图 2—4—4　用数组方式点亮 LED 的流程图

需要说明的是，修改 led 数组元素的值，可以修改指示灯的显示花样。如果需要显示的花样状态不止 8 个，可以在数组中增加元素（当然数组的宽度相应变化），并将循环次数对应修改即可。

示例源程序 4：

```
#include<AT89X51.H>                 //包含头文件,声明端口等特殊功能寄存器
#define uchar unsigned char
#define uint   unsigned int

void delaynms(uint n)               //形参 n 为无符号整型,范围为 0～65 535
{
  uchar i,k;                        //定义局部变量 i 和 k,作用范围仅 delaynms
                                    //函数
  while(n--)                        //如果 n 不为 0 则执行 1 ms 延时并将 n 减
                                    //1,n 为 0 时结束循环
   {
     for(i=2;i>0;i--)               //循环 2 次,每次执行 0.5 ms 延时,循环
                                    //共耗时 1 ms
     {
       for(k=250;k>0;k--){;}        //循环 250 次,耗时:2 μs×250=500 μs
                                    //=0.5 ms
```

```
        }
    }
}
void   main()                              //主函数,每个 C 程序必须有 main 函数
{
                                           //定义显示数据,code 说明该数组存储在
                                           //ROM 中,在程序中不能修改数组元素的值
uchar code led[8]={0xFE,0xFD,0xFB,
0xF7,0xEF,0xDF,0xBF,0x7F};                 //数据决定显示花样
uchar i;                                   //定义局部变量 i,作用范围仅为 main 函数
while(1)
  {
    for(i=0;i<8;i++)                       //重复执行 8 次循环体,i 的值从 0~7
    {
      P2=led[i];                           //依次将数组 led 的元素从 P2 输出,使第
                                           //i 只 LED 点亮
      delaynms(1000);                      //延时 1 s
    }
  }
}
```

## 三、Proteus 仿真

参照前面任务介绍的方法和步骤进行 Proteus 仿真。

如图 2—4—5 所示是用单片机控制 8 只发光二极管实现跑马灯的仿真效果图。

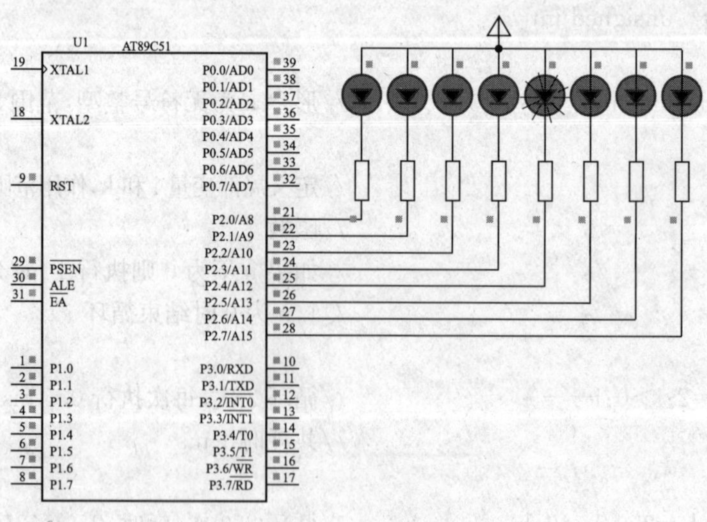


图 2—4—5　跑马灯仿真效果图

## 思考与练习

1. 编写程序，使 LED 分别按 2 Hz 和 0.5 Hz 两种频率闪烁发光。

2. 编写程序，用按键控制蜂鸣器的发声。说明：在 Proteus 中可用 Speaker 替代蜂鸣器。

3. 编写程序，将 8 只 LED 按从左往右，再从右往左依次往返点亮。

4. 编写程序，用按键控制 8 只 LED，当按键按下时依次左移点亮，当按键未按下时依次右移点亮。

# 模块三 人机交互

人机交互是指通过计算机输入、输出设备，以有效的方式实现人与计算机对话的技术。小如收音机上的播放按键，大至飞机上的仪表板、自动生产车间的控制室等都是人机交互的典型应用。

本模块以常见的LED数码管和LCD液晶显示器件为例来介绍系统的输出显示；以矩阵式键盘为例来介绍人对单片机的输入控制。通过对本模块的学习，为人机交互应用打下基础。

## 任务1　数码显示应用

**知识点**

◎ LED数码管的工作原理；

◎ LED数码管的静态显示和动态显示。

**技能点**

◎ 能根据显示内容选择显示器件；

◎ 能根据显示器件确定驱动电路；

◎ 能利用单片机控制数码管显示数字。

### 任务提出

LED数码管显示清晰、亮度高、使用寿命长、价格低廉、驱动简单，所以在机电系统中常用LED数码管（见图3—1—1）来显示各种数字及部分英文字符，这些数字或字符可以是电动机转速、温度、设备的工作状态和编号等。

图3—1—1　数码管实物图

本任务是使用单片机控制数码管显示一个参数值，参数的修改随应用系统的要求而定。本任务规定具体系统功能为：

（1）静态显示参数的两位数码，动态显示八位数码，仅最后两位显示参数。

（2）显示参数值在控制程序中存放于全局变量中，以方便其他函数调用。

（3）每秒钟使显示参数的值加 1。

## 任务分析

本任务要求用数码管显示一个参数，而这个参数根据实际应用场合可能是一位，也可能是多位。因此，需要根据显示参数内容和系统成本来选择数码管，并确定单片机控制数码管显示的驱动电路。

根据任务目标，数码显示系统只需要单片机最小系统、数码管及数码显示驱动电路，故整个系统的框图如图 3—1—2 所示。

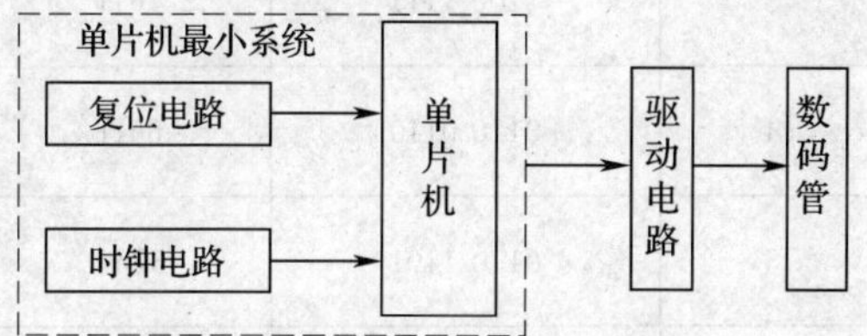


图 3—1—2　数码显示系统框图

在实际中，若只需一只数码管显示，可采用单片机端口直接驱动的静态显示方式；若需要多只数码管显示，则可采用动态显示方式或其他的静态显示方式来驱动。

## 相关知识

### 一、LED 数码管的工作原理

#### 1. LED 数码管的结构

LED 数码管是由发光二极管组合排列成“8”字形的七段数码显示器件，如图 3—1—3a 所示。

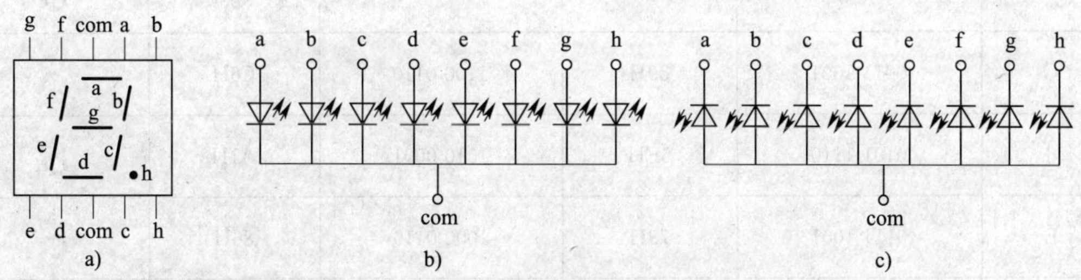


图 3—1—3　LED 数码管的结构

a）数码管示意图　b）共阴数码管　c）共阳数码管

数码管的每段 LED 分别引出一个引脚，引出电极分别为 a、b、c、d、e、f、g、h，其中 h 是小数点段的引出电极，并将 LED 的另一个引出电极连接在一起，称为公共端 com 的引出电极。数码管显示数字字符的原理是通过点亮数码管的相应 LED 笔画来显示出 0～9 的数字和字母，参见表 3—1—1。

**表 3—1—1　　　　　　七段数码管常用编码表**

| 字符 | 共阴极型数码管 | | 共阳极型数码管 | | 数码管 |
|---|---|---|---|---|---|
| | hgfe dcba | 字形码 | hgfe dcba | 字形码 | |
| 0 | 0011 1111 | 3FH | 1100 0000 | C0H | |
| 1 | 0000 0110 | 06H | 1111 1001 | F9H | |
| 2 | 0101 1011 | 5BH | 1010 0100 | A4H | |
| 3 | 0100 1111 | 4FH | 1011 0000 | B0H | |
| 4 | 0110 0110 | 66H | 1001 1001 | 99H | |
| 5 | 0110 1101 | 6DH | 1001 0010 | 92H | |
| 6 | 0111 1101 | 7DH | 1000 0010 | 82H | |
| 7 | 0000 0111 | 07H | 1111 1000 | F8H | |
| 8 | 0111 1111 | 7FH | 1000 0000 | 80H | |
| 9 | 0110 1111 | 6FH | 1001 0000 | 90H | |
| A | 0111 0111 | 77H | 1000 1000 | 88H | |
| b | 0111 1100 | 7CH | 1000 0011 | 83H | |
| C | 0011 1001 | 39H | 1100 0110 | C6H | |
| d | 0101 1110 | 5EH | 1010 0001 | A1H | |
| E | 0111 1001 | 79H | 1000 0110 | 86H | |
| F | 0111 0001 | 71H | 1000 1110 | 8EH | |
| H | 0111 0110 | 76H | 1000 1001 | 89H | |
| L | 0011 1000 | 38H | 1100 0111 | C7H | |
| n | 0101 0100 | 54H | 1010 1011 | ABH | |

续表

| 字符 | 共阴极型数码管 | | 共阳极型数码管 | | 数码管 |
|---|---|---|---|---|---|
| | hgfe dcba | 字形码 | hgfe dcba | 字形码 | |
| o | 0101 1100 | 5CH | 1010 0011 | A3H | |
| P | 0111 0011 | 73H | 1000 1100 | 8CH | |
| r | 0101 0000 | 50H | 1010 1111 | AFH | |
| t | 0111 1000 | 78H | 1000 0111 | 87H | |
| U | 0011 1110 | 3EH | 1100 0001 | C1H | |
| — | 0100 0000 | 40H | 1011 1111 | BFH | |
| 熄灭 | 0000 0000 | 00H | 1111 1111 | FFH | |

2．共阴极型和共阳极型数码管的段码

LED 数码管分为共阴和共阳两种不同的形式，将 LED 的阴极连在一起即为共阴数码管，而将 LED 的阳极连在一起即为共阳数码管。如图 3—1—3b 和图 3—1—3c 所示分别是共阴数码管和共阳数码管的内部连接电路。

在共阴数码管中，高电平（1）使数码管对应的段点亮，低电平（0）使数码管对应的段不点亮。在共阳数码管中，显示相同的字符需要的高低电平与共阴数码管完全相反。

驱动共阴数码管或共阳数码管显示字符的驱动码，称为段码，共阴数码管和共阳数码管均可用二进制和十六进制表示段码，见表 3—1—1。

## 二、数码管的显示方式

数码管的显示方式分为静态显示和动态显示两种方式，如图 3—1—4 所示。在图 3—1—4 中，段、位译码可以由硬件完成，也可以在单片机内部由程序译码完成；而锁存功能可以由单片机端口的锁存功能实现，也可以由单片机外部具有锁存功能的器件完成。

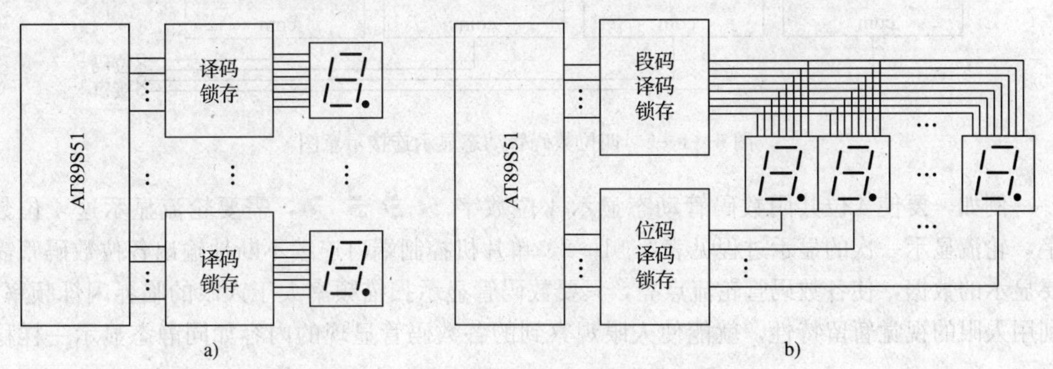


图 3—1—4　单片机驱动数码管硬件连接框图

a）静态显示　b）动态显示

1．静态显示

所谓静态显示，是各数码管都由独立的锁存电路驱动，其公共端接固定电平，所有数码管同时点亮，如图 3—1—4a 所示。如四位数码管显示四位数字 1357，需要将数字 1、3、5、7 的七段码分别送到第 1、2、3、4 只数码管上。

对于单片机驱动数码管静态显示一般有两种方式：一种是利用单片机输出端口具有的数据锁存功能驱动数码管，这种方式的特点是每只数码管都要单独占用单片机的一个 I/O 端口，该端口一直静态地保持该数据输出，维持数码管的字符显示，直到端口数据改变，I/O 端口又保持显示下一数据；另一种方式是在单片机的端口外接具有数据锁存功能的芯片，由单片机将显示段码传送给数据锁存器，由数据锁存器维持数码管显示所需的段码，仅当单片机提供给锁存器的段码发生改变后，显示字符才发生变化。由于能够提供具有锁存功能的器件很多，因此对应有多种静态显示电路方案。

2．动态显示

所谓动态显示，是将各数码管的相同段的输入端接在一起，使用同一锁存电路驱动，为数码管提供需要显示数字的段码，而通过控制数码管的公共端使数字在不同的数码管上显示。连续地在段码端输入要显示的数字的段码，位码使公共端轮流接通，所有数码管依次循环点亮，只要显示的速度足够快，人眼就能看到稳定的显示字符，从而实现动态的字符显示。动态显示的硬件电路连接如图 3—1—4b 所示。

图 3—1—5 所示是四位数码管动态显示连接示意图，四位数码管的 a～h 分别连接在一起作为数码管的段码输入线，将每只数码管的公共端作为数码管的位码输入线。段码控制数码管显示字形，位码控制 4 只数码管中的哪一只数码管显示该内容。

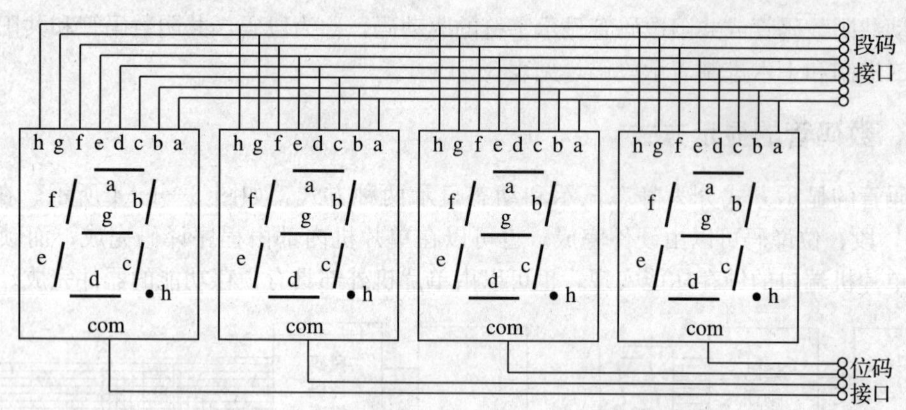


图 3—1—5　四位数码管动态显示连接示意图

例如，要使 4 位共阴数码管动态显示 4 位数字 1357，需要轮流显示这 4 位数字，轮流显示一次的显示过程见表 3—1—2。单片机控制端口连续不断地输出各位数码管需要显示的数据，使各数码管轮流点亮，只要数码管显示扫描频率大于人眼的临界闪烁频率，利用人眼的视觉暂留特性，就能使人眼观察到的各数码管显现的内容如同静态显示一样稳定。

表 3—1—2　　4 位共阴数码管动态显示“1357”的过程

| 段码 | 位码 | 显示顺序 | 显示内容 |
|---|---|---|---|
| 0000 0110 | 0111 | 1 | 1888 |
| 0100 1111 | 1011 | 2 | 8388 |
| 0110 1101 | 1101 | 3 | 8858 |
| 0000 0111 | 1110 | 4 | 8887 |

静态显示的亮度高，系统成本较高，驱动程序简单，因此在较少位数的数码显示电路及需要高亮度的显示电路中常采用静态显示。动态显示的连线少，系统成本低，但驱动程序复杂且占用系统软件资源较多，一般在多位数码显示时常用。

## 任务实施

本任务主要是实现单片机控制数码管显示某参数，分别采用静态显示方式和动态显示方式实现数码显示。

在静态显示电路中，每只数码管都有独立的锁存电路，仅在显示内容变化时才需要更改锁存的数据。因此，静态显示电路的软件系统框图如图 3—1—6a 所示。

在动态显示电路中，所有数码管的各段分别连接在一起，每只数码管显示的内容不相同，对每一只数码管而言，只有采用分时显示。即首先为第一只数码管提供段码和位码，当第一只数码管显示一段时间后，再为第二只数码管提供段码和位码，第二只数码管显示一段时间后，再为第三只数码管提供段码和位码，……直到最后一只数码管显示一段时间，再重复显示第一只、第二只到最后一只数码管，这样周而复始显示。一般当重复频率超过 50 Hz 时，人眼看到的所有数码管就相当于同时显示。因而，动态显示电路的软件系统框图如图 3—1—6b 所示。

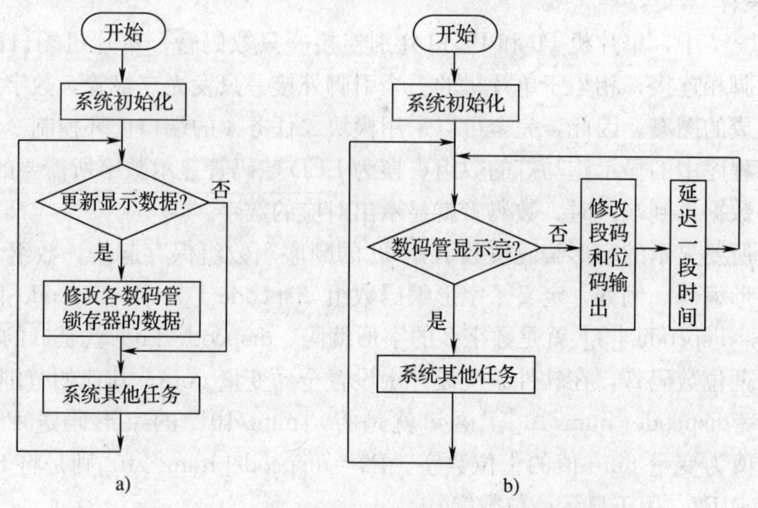


图 3—1—6　静态显示与动态显示软件系统流程图

a）静态显示　b）动态显示

## 一、静态显示

1. 硬件设计

单片机端口是一个内部特殊寄存器，具有数据锁存功能，在程序中将输出数据写入端口就可改变端口存储数据，并且端口各位电平也会一直维持到下一次程序改变端口输出数据为止。因此单片机的端口各位电平可直接作为数码管的驱动信号电平。将单片机端口的 8 个引脚直接连接在数码管的 8 个引脚上（h 端为小数点），控制数码管的各段 LED 的亮或熄，即可显示出各种数码或字符。

采用单片机端口直接驱动的静态显示电路如图 3—1—7 所示，其中数码管为共阳极型，其公共端通过限流电阻接电源正极。图中，P0 口直接驱动一只数码管，作为显示数码的十位；P2 口直接驱动另一只数码管，作为显示数码的个位。

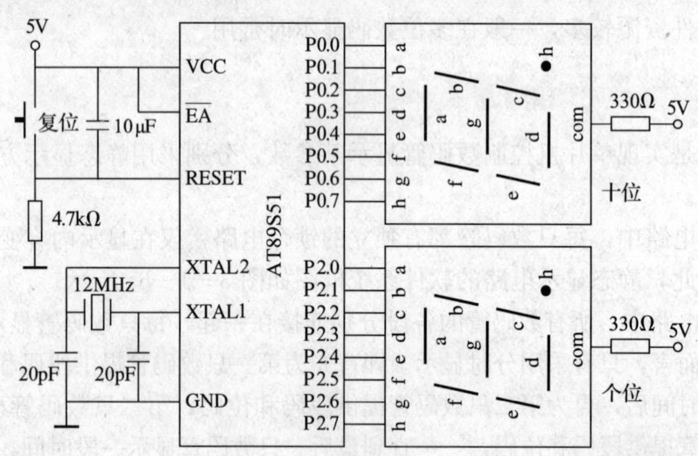


图 3—1—7　单片机端口直接驱动共阳数码管的静态显示电路原理图

2. 软件设计

在图 3—1—7 中，单片机 P0 和 P2 口分别连接一只数码管。单片机端口的每一位与数码管的一个引脚相连接，相当于单片机的一个引脚外接一只发光二极管，数字显示就如同用发光二极管组成的图案。因此，完全可以采用模块二任务 4 的端口循环控制 2 程序来完成数字的显示，将程序中的显示跑马灯的数组更换为 LED 数码管显示数字所需要的字形码数据，当程序将这些数据送到端口时，数码管就显示出对应的数字。

首先，将所要显示的字形编码按数字 0～9 的顺序用数组保存起来。数组元素的下标对应该数字的字形编码。例如，定义了字形编码数组 dispcode［］，则 dispcode［0］就是数字 0 的字形编码，dispcode［3］就是数字 3 的字形编码，dispcode［n］就是 n 的字形编码。

由于只有两位数码管，在软件系统设计中设置全局变量 num，其值的范围为 0～99。在程序中，“P0＝dispcode[num/10];”语句就是将“num/10”的字形码送 P0 口。表达式“num/10”的值为变量 num 值的十位数字。P2＝dispcode[num%10]则是将 num 中个位数的字形码送端口 P2，用于显示个位数字。

如图 3—1—8 所示是采用单片机端口直接驱动的静态显示流程图。图 3—1—8a 是主程序流程图，在显示 num 的值后，等待 1 s 后，将全局变量 num 的值加 1，再重复显示、延时、加 1，一直加到 99，又使 num＝0。图 3—1—8b 是显示 num 值的函数流程图。

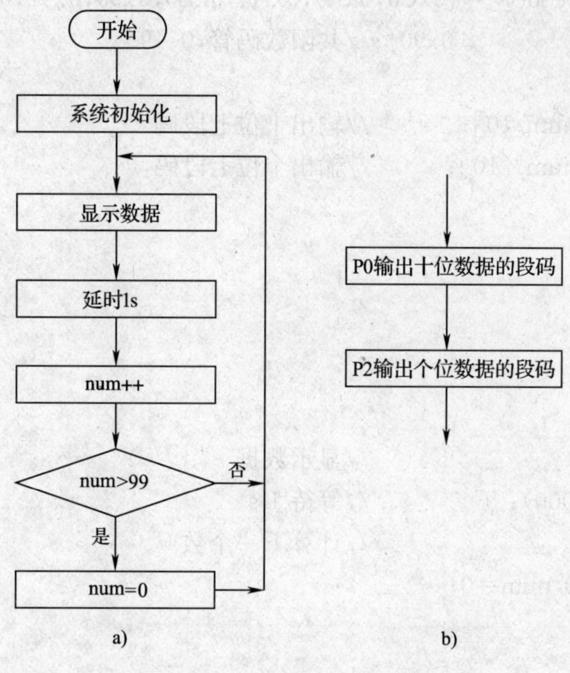


图 3—1—8　静态显示流程图
a）主程序流程图　b）显示 num 值的函数流程图

示例源程序如下：

```
#include <AT89X51.H>
#define uchar unsigned char
#define uint unsigned int

uchar num;                //显示数据

void delaynms(uint n)     //延时 n 毫秒
{
  uint i;
  uchar k;
  for(i=0;i<n;i++)
  {
    for(k=250;k>0;k--);
    for(k=250;k>0;k--);
  }
}
```

```
void display()
{
  uchar code dispcode[]={0xC0,0xF9,0xA4,0xB0,0x99,0x92,0x82,0xF8,0x80,
                          0x90};//共阳数码管,0~9

  P0=dispcode[num/10];           //输出十位七段码
  P2=dispcode[num%10];           //输出个位七段码

}
void main()
{
  while(1)
  {
    display();                   //显示数据
    delaynms(1000);              //等待 1 s
    num++;                       //计算下一个数
    if(num>99) num=0;
  }
}
```

3. Proteus 仿真

参照前面任务介绍的方法和步骤进行 Proteus 仿真。如图 3—1—9 所示是端口直接驱动的静态显示仿真效果图。

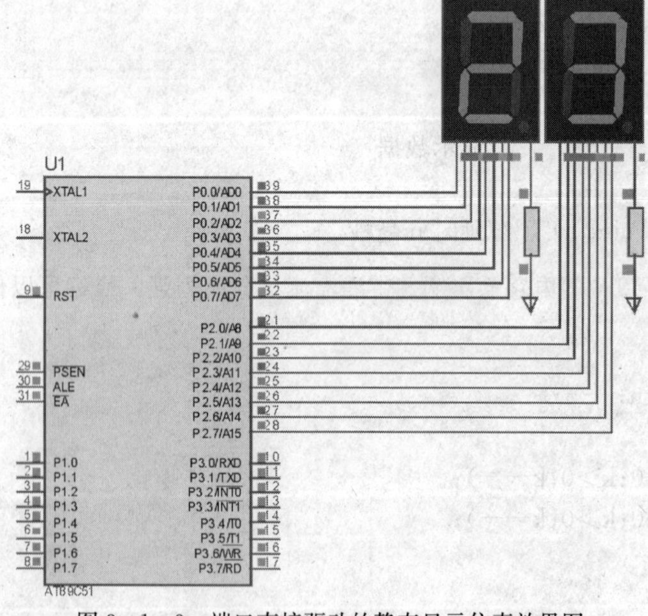

图 3—1—9　端口直接驱动的静态显示仿真效果图

## 二、动态显示

1. 硬件设计

采用静态显示时，显示多少位数码就需要多少只数码管的锁存电路，成本太高，一般情况下都采用动态显示电路。动态显示是将多只数码管的段分别接在一起作为统一的段，控制数码管显示的字形；把各只数码管的公共端分别作为控制端，控制在哪些数码管上显示内容。

本任务中需要显示 8 位数码，这里用共阴数码管作为显示器件，当然只能采用动态显示电路。一般来说，单片机的端口不能提供足够的电流驱动数码管显示。在本任务中，数码管的段电流采用总线驱动集成电路 74LS245 实现驱动。共阴数码管的公共端需要较大的流出电流，任务中选择 3－8 译码器 74LS138 实现位译码，因 TTL 电路允许的灌电流很大，因此可以直接用 74LS138 驱动数码管的公共端，实现动态显示的位码输出。采用 74LS138 和 74LS245 驱动的动态显示电路如图 3—1—10 所示，电路中没有画出单片机最小系统及 74LS138 和 74LS245 的供电电路。

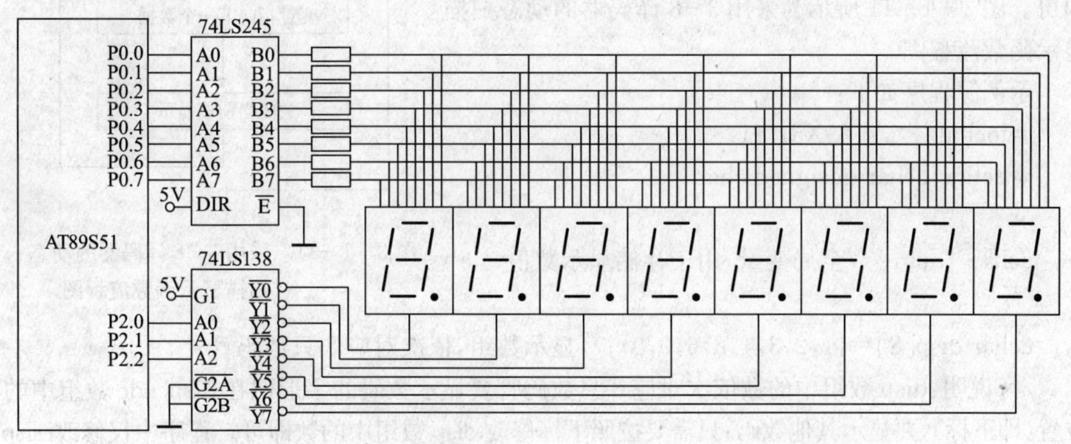


图 3—1—10　由 74LS138 和 74LS245 驱动的动态显示电路原理图

在图 3—1—10 中，3－8 译码器 74LS138 使能控制端均设置为有效，电路处于译码工作状态，当 P2. 2、P2. 1、P2. 0 输出 000～111 时，74LS138 的 8 个输出端仅有一个输出端允许电流流入，又因 TTL 门电路输出端的带灌电流负载能力强，恰好可以作为动态显示的位码驱动电路。

74LS245 的使能端为低电平时，输出端电平与输入端对应，当 DIR 端为高电平时，数据从 A0～A7 输入，从 B0～B7 输出。74LS245 与数码管之间的电阻对数码管各段 LED 限流，保证各段亮度一致。

图 3—1—10 所示电路在显示数码时，从 P0 输出段码，从 P2 输出数据 0～7，经译码后点亮对应位置的数码管。

2. 软件设计

图 3—1—10 所示电路使用 8 只数码管显示 8 位数，本系统中设置全局变量 num，其值

的范围为 0～99。

示例程序的功能规定为：变量 num 的十位和个位分别显示到最后 2 只数码管上，显示变量 num 的值每秒加 1，实现加 1 计数，超过 99 则再从 0 开始增加。

动态显示函数要完成的任务就是控制所有数码管轮流显示一次。通过不断调用动态显示函数，也就实现了数码管的动态显示。为了确保显示稳定，要求每秒至少调用动态显示函数 50 次以上，即所有数码管轮流显示一遍所花的时间总和不超过 20 ms。一般情况下都会在 1 s 内调用上百次动态显示函数。

在图 3—1—10 中，74LS245 相当于逻辑直通方式，单片机只需要将段码送到 P0 口即可驱动数码管。数码管的选通是通过 74LS138 译码实现的，故仅需要在 P2 的最低 3 位输出第几只数码管显示的二进制电平即可。图 3—1—11 所示为采用 3－8 译码器的动态扫描显示函数流程图。

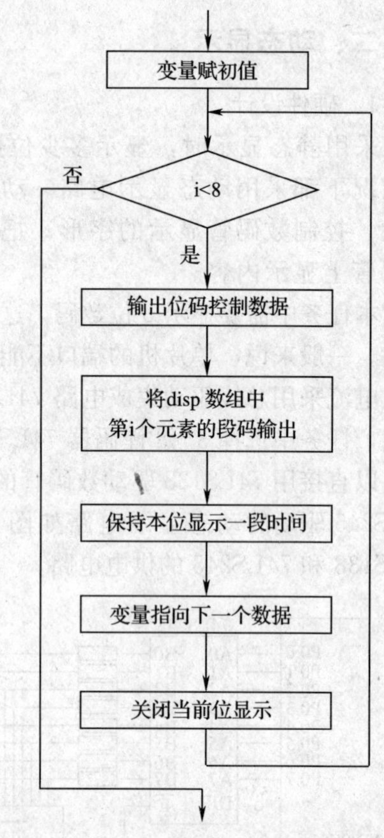


图 3—1—11　采用 3－8 译码器的动态扫描显示函数流程图

示例源程序如下：

```
#include <AT89X51.H>
#define uchar unsigned char

uchar   num; //全局变量,用于存储显示数值

uchar disp[8]={1,2,3,4,5,6,0,0};//显示数组,依次对应 8 只数码管
/*说明:disp 数组中的数依次对应 8 只数码管要显示数码的字形码在 dispcode 数组中的位置(即下标),要显示其他数码,只需要按照下标修改 disp 数组中的数即可。程序中仅修改 disp[6]、disp[7]两个单元,故显示时仅最后两个数码管显示的数据每秒变化一次。*/

/**********************************************************
函数名称:display()
函数功能:实现 8 位数码管动态显示,约占用 4.2 ms 时间(12 MHz)
输入参数:无
返回参数:无
函数说明:P0 为段码(共阴)端口,P2 为位码(74LS138 驱动)端口
**********************************************************/
void display()
{
  uchar code dispcode[]={0x3F,0x06,0x5B,0x4F,0x66,0x6D,0x7D,
                 0x07,0x7F,0x6F,0x77,0x7C,0x39,0x5E,0x79,0x71};
```

```
                                    //0～F
uchar i,j;
  for(i=0;i<8;i++)
  {
    P2=i;                           //i的值为0～7,74LS138译码后依次点亮8只数码管
    P0=dispcode[disp[i]];           //输出段码
     for(j=250;j>0;j--);            //延迟一段时间
     P0=0;                          //关闭段码,可以关闭显示
  }
}
void main()
{
   TMOD=0X01;                       //设置定时器0工作于模式1
   TH0=(65536-10000)/256;           //设置定时器0高8位初始值
   TL0=(65536-10000)%256;           //设置定时器0低8位初始值
   ET0=1;                           //允许定时器0中断
   EA=1;                            //开中断
   TR0=1;                           //定时器0开始计数
   while(1)                         //死循环,保证系统一直显示
  {
    display();                      //调用显示函数,8只数码管显示一遍
  }
}
void time0()interrupt 1             //定时器0中断服务函数,每10 ms由硬件自动调用
                                    //一次
{
   static uchar cs=0;               //定义静态变量cs,用于每10 ms计数一次
   TH0=(65 536-10 000)/256;         //重装T0高8位初值,表达式中10 000的单位为
                                    //μs,即10 ms
   TL0=(65 536-10 000)%256;         //重装定时器T0低8位初值,注意表达式与高8位
                                    //的区别
   cs++;                            //10 ms到了,中断一次,cs加1
   if(cs==100)                      //如果cs等于100,即中断了100次,时间为10 ms×
                                    //100=1 s
  {
    cs=0;                           //将cs赋值为0,下一秒重新计数的初值
    num++;                          //num加1
    if(num>99)num=0;                //num超过99,则重新为0
```

```
        disp[6]=num/10;              //num 的十位送 disp[6],对应第 7 只数码管
        disp[7]=num%10;              //num 的个位送 disp[7],对应第 8 只数码管
    }
}
```

3. Proteus 仿真

参照前面任务介绍的方法和步骤进行 Proteus 仿真。如图 3—1—12 所示是 74LS138 和 74LS245 驱动的动态显示仿真效果图。

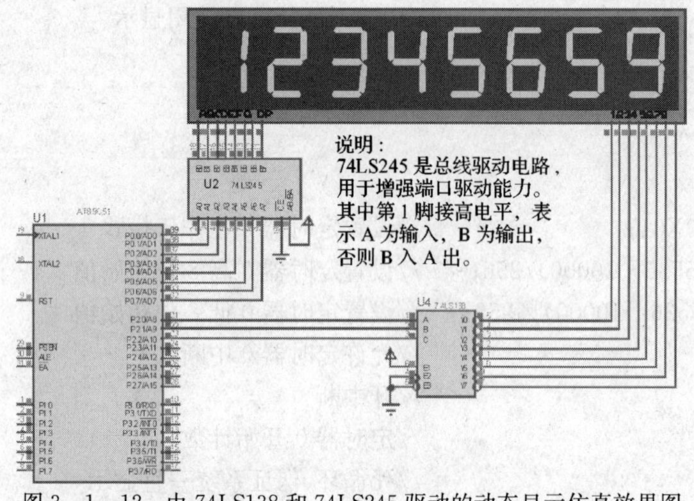


图 3—1—12　由 74LS138 和 74LS245 驱动的动态显示仿真效果图

## 任务拓展

不同规格的数码管所需要的驱动电流是不相同的，在单片机端口不能提供足够的电流时，需要外接各类电流放大电路来实现数码管的驱动。另外，能够实现锁存功能的电路也很多，在实际产品的数码显示电路中有许多不同的硬件电路，这里介绍几种常见的静态和动态显示电路。

### 一、常见静态显示电路示例

1. 由锁存器驱动的静态显示电路

8D 锁存器 74HC573 可作为显示驱动器件。采用 74HC573 锁存段码的静态显示电路如图 3—1—13 所示。

在图 3—1—13 中，每片 74HC573 的 8 个 Q 端对应连接一只数码管各段，所有 74HC573 输入端 D 端共用单片机 P0 端口，而各片 74HC573 的锁存使能控制端 LE 受单片机 P2 端口的各位分别控制，以实现各片 74HC573 独立锁存各个数码的段码。从 74HC573 各 Q 端将锁存数据（字形码）输出送数码管，使数码管保持显示数字。

需要说明的是，P0 口作为数据锁存时，输出端相当于是 OD 结构，内部无上拉电阻。由于 74HC573 是 CMOS 器件，输入高低电平时需要在 74HC573 的输入端通过外电路连接到电源正极，故系统中需要 P0 口外接排阻作为端口的上拉电阻。如果改用 74LS573，由于其是 TTL 电路，则不需要外接上拉电阻，这是因为 TTL 电路输入端在无强下拉时相当于输入高电平。

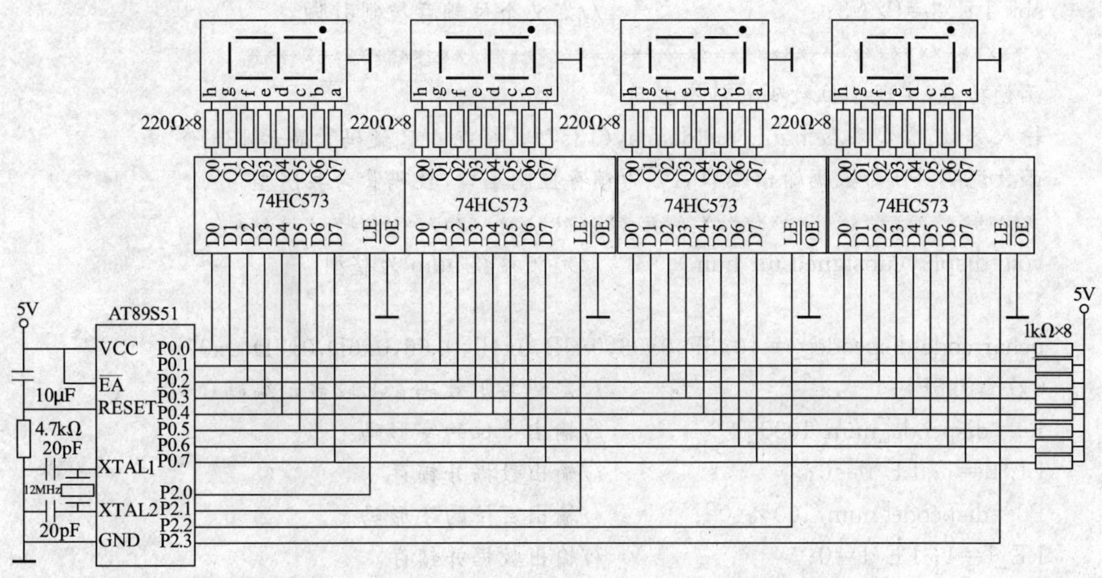


图 3—1—13　由锁存器 74HC573 驱动的静态显示电路原理图

从 74HC573 的数据手册中可以得知：当输出使能端$\overline{OE}$=0、锁存使能端 LE=0 时，输出端保持不变，即锁存；当$\overline{OE}$=0、LE=1 时，输出端数据等于输入端数据，即传送数据。利用单片机控制$\overline{OE}$、LE 端的信号电平，就能实现数据传送和锁存。因在数据显示时，$\overline{OE}$始终处于使能状态，所以只需控制 LE 的电平，就能实现数据传送和锁存。

如图 3—1—13 所示，当一组显示数据从单片机 P0 端口输出时，若某一锁存器$\overline{OE}$=0、LE=1，而其他锁存器$\overline{OE}$=0、LE=0，数据线上的数据就被传送到$\overline{OE}$=0、LE=1 所对应的锁存器的输出端，再将 LE 端由 1 改为 0 时，需要输出的数据就锁存在 Q 端了。当 LE=0 时，573 输入端的数据改变也影响不到其输出的数据，单片机可以使用 P0 作其他用途，包括提供下一只数码管的数据并重复上述过程。

为了实现显示数据的不同数位的段码送到不同的锁存器，采用如下方式：语句“P0=dispcode [num/1000];”使 P0 口输出变量 num 千位的字形码，使 4 片 74HC573 的数据端都得到千位的段码，但所有 74HC573 锁存控制 LE 端都为低电平，所有 74HC573 的输出端都不会改变。接下来使用语句“LE _ 0=1;”使第一片 74HC573 的锁存控制端为高电平，第一片 74HC573 的输出端与其数据输入端信号电平一致，使 num 千位的七段码通过 74HC573 送到第一只数码管上，显示出 num 的千位数字。再使用语句“LE _ 0=0;”将第一片 74HC573 的锁存控制端置为低电平，保证第一片 74HC573 的输出与其输入端没有关系而一直维持 num 的千位的七段码，即使第一只数码管一直显示 num 的千位数字，直到下一次重复这个流程为止。其方法就是“送段码—送片使能—关片使能”循环进行。图 3—1—13 所示电路的引脚定义及显示函数如下所示：

```
sbit LE_0=P2^0;//定义千位锁存控制引脚
sbit LE_1=P2^1;//定义百位锁存控制引脚
sbit LE_2=P2^2;//定义十位锁存控制引脚
```

```
sbit LE_3=P2^3;                    //定义个位锁存控制引脚
/**********************************************************
函数功能:实现 4 位数码管静态显示
输入参数:整型参数 num。如"display(1357);"将在 4 只数码管显示 1357。
函数说明:P0 为数据输出端口,P2 为锁存控制端口,数码管为共阴型
**********************************************************/
void display(unsigned int num)     //定义参数 num 为整型
{
uchar code dispcode[]={0x3F,0x06,0x5B,0x4F,0x66,0x6D,0x7D,0x07,
0x7F,0x6F};                        //定义共阴数码管七段显示编码 0~9
P0=dispcode[num/1000];             //输出千位的字形码
LE_0=1; LE_0=0;                    //输出数据并锁存
P0=dispcode[num/100%10];           //输出百位的字形码
LE_1=1; LE_1=0;                    //输出数据并锁存
P0=dispcode[num/10%10];            //输出十位的字形码
LE_2=1; LE_2=0;                    //输出数据并锁存
P0=dispcode[num%10];               //输出个位的字形码
LE_3=1; LE_3=0;                    //输出数据并锁存
}
```

2. 由译码器驱动的静态显示电路

除了单片机端口直接输出数码管的段码外，还可以采用七段译码器将 BCD 码转换为数码管的七段码。采用译码器 7448 驱动的静态显示电路如图 3—1—14 所示。

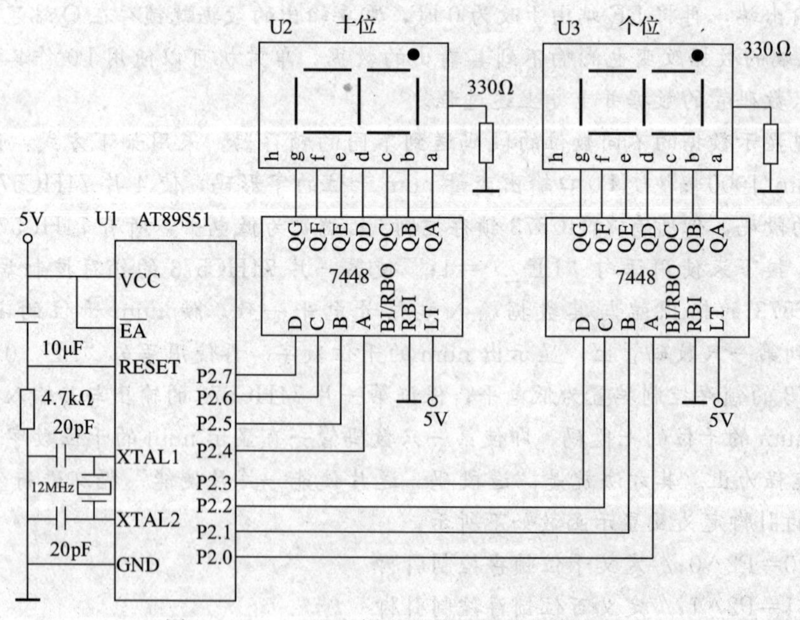


图 3—1—14　7448 译码的静态显示电路原理图

7448 是共阴数码管的七段显示译码器，与之连接的数码管应为共阴数码管。在图 3—1—14 中，将单片机端口 P2 高、低四位提供的 BCD 码分别接 U2 和 U3 的输入端，7448 的输出端接数码管，驱动数码管显示数字。

在电路中规定，U2 控制的数码管显示数据的十位，U3 控制的数码管显示数据的个位。例如，在 P2 口输出数据 12H（0001 0010），U2 驱动数码管显示 1，U3 驱动数码管显示 2，即显示“12”。在显示驱动函数的设计上，要注意单片机提供给 7448 译码器的数据应为 8421BCD 码（即用 4 位二进制编码表示的十进制数）。端口 P2 的高四位对应为十位的 BCD 码，而低四位为个位的 BCD 码。在程序中，将显示数据的十位和个位分别组合到数据的高低四位，直接通过端口输出即能显示相应的数码。图 3—1—14 对应的显示函数如下。

```
/*************************************************************
函数功能:实现 2 位输出压缩 BCD 码的数码管静态显示
函数说明:P2 的高四位为十位输出端口,低四位为个位输出端口,数码管为共阴型
要调用这个显示函数,需要先对全局变量 num 进行声明
*************************************************************/
void display( )
{
    char  a,b;           //声明临时变量,用于中间计算
    a=num/10;            //得到十位
    b=num%10;            //得到个位
    P2=(a<<4)+b;  //采用 7448 译码显示两位数据,要注意与译码电路的连接
}
```

## 二、常见动态显示电路示例

### 1. 三极管反相＋端口直接驱动的动态显示电路

当数码管的段电流较小时，可以直接使用单片机端口驱动。而数码管的公共端的电流较大，可以采用三极管驱动。具体来说，将单片机输出的高低电平通过限流电阻后接三极管基极，控制三极管工作在饱和状态和截止状态，处于饱和导通时数码管点亮，处于截止状态时数码管熄灭。采用三极管驱动的动态扫描电路如图 3—1—15 所示。采用集成反相器的电路原理与三极管类似，也是利用其输出电流较大的方式驱动数码管的公共端。

电路中用的是四位共阳数码管，其内部已将四只数码管分别连接到外部引脚 A～G、DP（DP 就是小数点的外部引脚，也有的用 H 表示）上，将字形码送到这些引脚将控制数码管显示相应的数字或字符；4 只数码管的公共端分别接到外部引脚上，公共端流过电流将使对应的数码管点亮。

在图 3—1—15 中，共阳数码管的段电流是流进的，P0 口可以直接驱动，电路串联限流电阻，防止电流过大损坏端口，均衡各段亮度。采用 PNP 三极管驱动数码管的公共端。三极管基极通过限流电阻接到单片机的 P2 口，该电阻的取值使三极管在 P2 口输出低电平时工作在饱和状态。三极管的发射极接电源，在 P2 口输出高电平时，三极管的基极和发射极的电压差接近于 0，工作在截止状态。图 3—1—15 所示电路对应的动态显示函数如下所示。

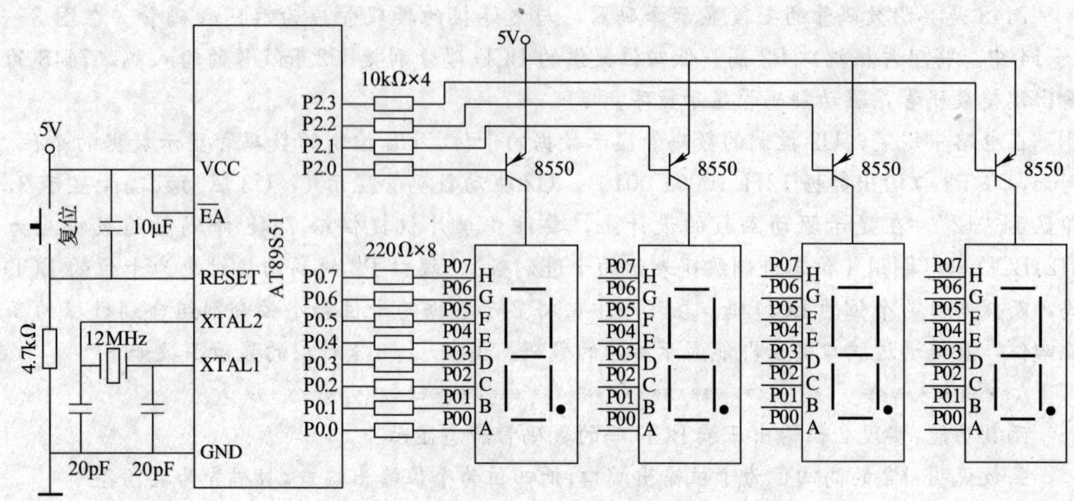


图 3—1—15　采用三极管驱动的动态扫描电路原理图

```
uchar disp[4];//显示数组,依次对应 4 只数码管
/ ***********************************************************
函数功能:实现 4 位数码管动态显示,约占用 2.6 ms 时间(12 MHz)
函数说明:P0 为段码输出端口,P2 为位码输出端口,数码管为 4 位共阳型
*********************************************************** /
void display( )
{
    uchar code dispcode[ ]={0xC0,0xF9,0xA4,0xB0,0x99,0x92,0x82,
  0xF8, 0x80,0x90};              //定义共阳字形码的数组,各数组元素依次为 0~9 的段码
    uchar i;                     //定义变量 i,用做循环控制和显示数组的位控制
    uchar j;                     //定义变量 j,用做延时控制
    uchar k;                     //定义变量 k,用做位码控制数据存储
    k=0x01;                      //k 初始化,二进制数为 00000001,输出时使最低位数
                                 //码管点亮
    for(i=0;i<4;i++)             //循环 4 次,i 的值为 0~3,对应显示数组中的各个元素
    {
    P0=dispcode[disp[i]]; /* 将 dispcode 数组中的值送到 P0 口作为数码管的段码,具体显
                                 示的数字是数组 disp 中的第 i 个元素的内容。*/
    P2=~k;                       //输出位码,让变量 k 中二进制位为 1 所对应的数码管显示
    for(j=250;j>0;j--);          //延时一段时间,保持当前位数码管显示
    k=k<<1;                      //k 中为 1 的位左移一位,为点亮下一位数码管做准备
    P2=0xFF;                     //关闭本位数码管显示,避免下一位数在本位产生拖影
    }
}
```

### 2．由锁存器驱动的动态显示电路

在数码管的动态显示电路中，需要段码和位码的锁存驱动，可以直接使用 8D 锁存器 74573 或移位寄存器 74164 等电路锁存数据驱动。采用 74573 驱动的动态扫描电路如图 3—1—16 所示。

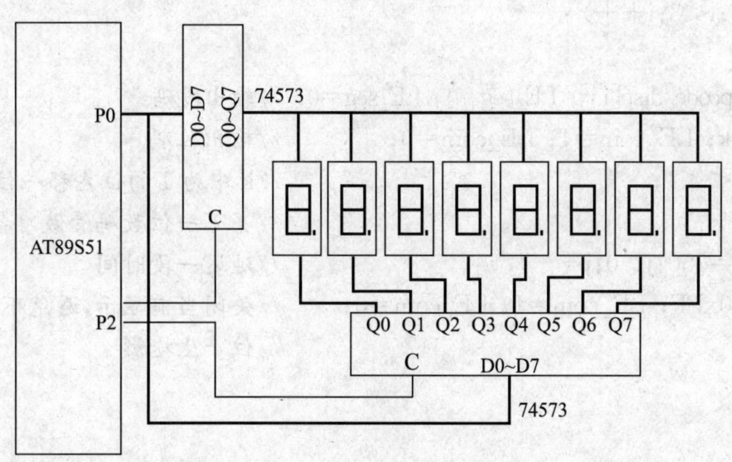


图 3—1—16　采用锁存器的动态扫描电路原理图

在图 3—1—16 中，两片 74573 的输入端都连接到单片机的同一个端口 P0，其中一片 74573 为各只数码管锁存字形码数据，即实现段码控制，另一片 74573 的输出端连接到各只数码管的公共端（共阴极或共阳极端），以选通各数码管，即实现位码控制。

图 3—1—16 所示电路结构的特点是点亮数码管所需段码和位码是由单片机的一个端口输出，采用分时输出段码和位码，占用端口少。P0 作为数据输出端口分时输出段码和位码，利用两片 74573 分别锁存 P0 输出的段码和位码，并将段码和位码送数码管实现字符显示。而这两个锁存器的使能端由单片机的另一个端口 P2 控制，当 P0 输出段码时，P2 输出信号使段码锁存器使能，当 P0 输出位码时，P2 输出信号使位码锁存器使能。在程序的控制下，快速地依次输出要显示的各个数，同时控制对应数码管工作，按动态的方式显示出数码。图 3—1—16 所示电路对应的引脚定义和动态显示函数如下所示。

```
sbit LE_seg=P2^0;                         //定义段码锁存控制引脚
sbit LE_com=P2^1;                         //定义位码锁存控制引脚
uchar disp[8]={1,2,3,4,5,6,0,0};          //显示数组,依次对应 8 只数码管
/**********************************************************
函数功能:实现 8 位数码管动态显示,约占用 4.2 ms 时间(12 MHz)
函数说明:P0 为数据输出端口,P2.0 锁存段码,P2.1 锁存位码,数码管为 8 位共阴数码管
**********************************************************/
void display()
{
  uchar code dispcode[]={0x3F,0x06,0x5B,0x4F,0x66,0x6D,0x7D,0x07,0x7F,
  0x6F,0x77,0x7C,0x39,0x5E,0x79,0x71};     //定义共阴数码管七段显示编码
```

```
                                                          //0～F
    uchar i,j,k;
    k=0x01;                                               //k 初始化,二进制数为 00000001,
                                                          //输出时使最低位数码管点亮
    for(i=0;i<8;i++)
    {
     P0=dispcode[disp[i]]; LE_seg=1; LE_seg=0;            //输出段码
     P0=~k; LE_com=1; LE_com=0;                           //输出位码
       k=k<<1;                                            //k 中为 1 的位左移一位,为点
                                                          //亮下一位数码管做准备
       for(j=250;j>0;j--);                                //延迟一段时间
       P0=0xFF; LE_com=1; LE_com=0;                       //关闭当前显示,避免下位数在本
                                                          //位产生拖影
    }
}
```

# 任务 2　LCD 显示应用

**知识点**

◎ LCD 的组成及工作原理；

◎ LCD 的显示控制。

**技能点**

◎ 能选择单片机引脚控制液晶显示模块；

◎ 能用 LCD1602 显示提示字符和数据；

◎ 能用 LCD12864 显示汉字、字符和数据。

## 任务提出

数码管能够显示数字和部分字符，但不能实现全部字符（或汉字）显示，也不能实现图形显示。使用 LCD 显示模块则可以实现字符、汉字和图形等的显示。LCD 分为字段液晶、字符液晶和点阵液晶，字段液晶的使用与数码管类似，仅能显示数字和部分字符；字符液晶能显示 ASCII 字符；点阵液晶可以显示各种由点阵构成的图像、数字、字母、符号和汉字，即点阵液晶能显示图形化内容。

本任务是使用单片机控制 LCD 显示一个参数值。按照 LCD 类型不同又分为两个小任务，即分别使用字符液晶 LCD1602 和点阵液晶 LCD12864 显示参数值。

LCD1602 显示示例功能为：

(1) 在 LCD1602 的第一行显示提示“This's a sample!”。

（2）在 LCD1602 的第二行显示："No."和参数数值。

（3）参数数值的范围为 0～65 535，显示初值为 0，每秒钟显示参数的值加 1。

LCD12864 显示示例功能为：

（1）在 LCD12864 的第一行显示提示"点阵显示示例"。

（2）在 LCD12864 的第二行显示："次数："和参数数值。

（3）参数数值的范围为 0～99，显示初值为 0，每秒钟显示参数的值加 1。

## 任务分析

本任务主要是以单片机为核心控制液晶显示器实现文字字符的显示，虽然 LCD 有字符液晶和点阵液晶等类型，但在与单片机的硬件连接上基本结构是一致的，主要是针对不同的 LCD 模块功能，程序设计上有所不同。硬件基础则是单片机必须能够驱动液晶显示，由于 LCD 显示模块都采用标准 TTL 电平接口，可直接与单片机端口连接，故本任务设计系统硬件框图如图 3—2—1 所示。

由于 LCD 字符液晶和点阵液晶能显示的内容不同，在实际应用中需要根据显示内容来选择是采用字符液晶还是点阵液晶。若只需显示指定字符、数字，则可使用字符液晶，如选用 LCD1602 作为显示器件；若还需要显示汉字、图像，则只能选择点阵液晶，如选用 LCD12864 作为显示器件。

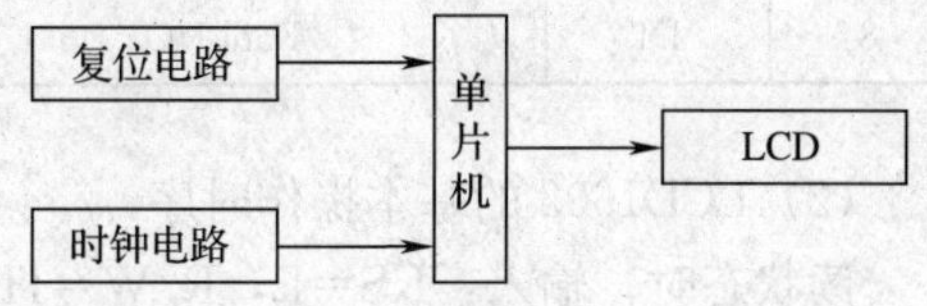


图 3—2—1　LCD 显示系统硬件框图

## 相关知识

### 一、LCD1602 液晶显示器

1. LCD1602 简介

液晶显示器具有体积小、质量轻、功耗极低、显示内容丰富等特点，在单片机应用系统中得到了广泛的应用。

LCD1602 是典型的字符液晶，它是一种专门用于显示字母、数字、符号等的点阵液晶模块，它由若干个 5×7 或 5×11 点阵字符位组成，每个点阵字符位都可以显示一个字符，每个点阵位和每一行之间都有一个点距的间隔位，不用于显示图形。LCD1602 可显示两行内容，每行能显示 16 个字符，其外观如图 3—2—2 所示。

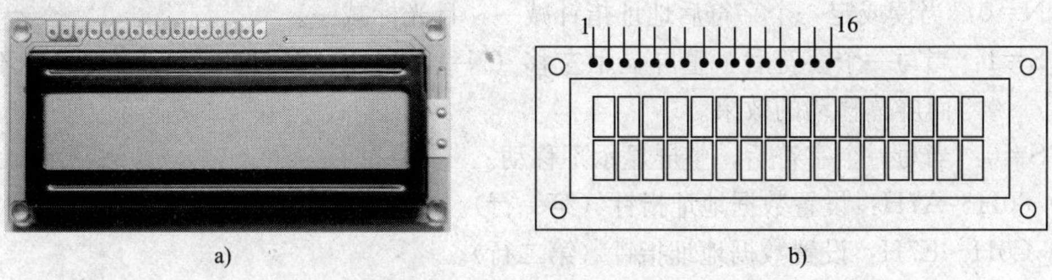


图 3—2—2　LCD1602 外形图

a）实物图　b）结构示意图

2. LCD1602 显示控制

(1) LCD1602 的引脚功能（见表 3—2—1）

**表 3—2—1　　LCD1602 的引脚说明**

| 编号 | 符号 | 引脚说明 | 编号 | 符号 | 引脚说明 |
|---|---|---|---|---|---|
| 1 | VSS | 电源地 | 9 | D2 | Data I/O |
| 2 | VDD | 电源正极 | 10 | D3 | Data I/O |
| 3 | VL | 液晶显示偏压信号 | 11 | D4 | Data I/O |
| 4 | RS | 数据/命令选择端（H/L） | 12 | D5 | Data I/O |
| 5 | R/W | 读/写选择端（H/L） | 13 | D6 | Data I/O |
| 6 | EN | 使能信号 | 14 | D7 | Data I/O |
| 7 | D0 | Data I/O | 15 | BLA | 背光源正极 |
| 8 | D1 | Data I/O | 16 | BLK | 背光源负极 |

(2) LCD1602 的基本操作时序

读状态时，输入：RS=L，R/W=H，EN=H　　输出：D0～D7=状态字

写指令时，输入：RS=L，R/W=L，D0～D7=指令码，EN=高脉冲　输出：无

读数据时，输入：RS=H，R/W=H，EN=H　　输出：D0～D7=数据

写数据时，输入：RS=H，R/W=L，D0～D7=数据，EN=高脉冲　输出：无

(3) LCD1602 的指令说明

1) 0011 1000：16×2 显示，5×7 点阵，8 位数据接口。

2) 0000 0001：显示清屏，数据指针清零，所有显示清零。

3) 0000 0010：显示回车，数据指针清零。

4) 00001DCB：

D=1 开显示　D=0 关显示。

C=1 显示光标 C=0 不显示光标。

B=1 光标闪烁 B=0 光标不显示。

5) 000001NS：

N=1：当读或定一个字符后地址指针加一，且光标加一。

N=0：当读或定一个字符后地址指针减一，且光标减一。

S=1：当写一个字符后，整屏显示左移（N=1）或右移（N=0），实现光标不移动而屏幕移动的效果。

S=0：当写一个字符后，整屏显示不移动。

6) 80H～A7H：设置数据地址指针（第一行）。

7) C0H～E7H：设置数据地址指针（第二行）。

(4) LCD1602 驱动函数。从 LCD1602 的接口定义可知，LCD1602 有一个 8 位（D0～D7）的数据接口和 3 根控制信号线，在电路中这些引脚需要连接到单片机，单片机通过端

口控制 LCD1602 显示字符和数据。在编写驱动程序时，需要用到与 LCD1602 连接的数据端口和控制引脚，为了使用方便，在下面程序中将数据端口和控制引脚进行定义。具体使用中，若单片机的端口与液晶模块的连接方式不同，在程序中按硬件的实际连接修改这些定义，驱动函数不需要更改即可用于其他单片机系统。

定义端口使用预定义指令：

```
#define   LCDIO      P2
```

控制引脚采用常规的引脚定义：

```
sbit  LCD1602_RS=P1^1;          //声明 LCD1602 RS 连接的单片机引脚
sbit  LCD1602_RW=P1^2;          //声明 LCD1602 RW 连接的单片机引脚
sbit  LCD1602_EN=P1^3;          //声明 LCD1602 EN 连接的单片机引脚
```

驱动程序的编写，要求严格按照前面介绍的 LCD1602 的控制时序及其指令功能的规定。驱动函数包括 LCD 忙检测、LCD 写指令、写数据、写光标地址、写单个字符、写字符串、LCD 初始化等几个具体的函数。还可以在这些函数的基础上进一步开发诸如指定位置显示字节数据等输出函数。

1）检测 LCD 是否忙。如果 LCD1602 空闲则退出，否则等待一段时间，直到空闲为止。

```
void LCD_Busy(void)
{
  uchar i;
  LCDIO=0xFF;                   //在读入数据之前应将端口置 1
  LCD1602_RS=0;                 //状态或命令
  LCD1602_RW=1;                 //从 LCD1602 读出
  for(i=0;i<200;i++)            //最多连续读 LCD1602 状态 200 次,若没有响应则结
                                //束,防止死机
  {
    LCD1602_EN=0;
    LCD1602_EN=1;               //高电平,使 LCD1602 输出状态
    if(!(LCDIO&0x80))break;     //如果 LCD1602 输出状态的最高位为 0 则退出
  }
  LCD1602_EN=0;                 //关 LCD1602 使能
  LCD1602_RW=0;                 //使 LCD1602 处于接收状态
}
```

2）向 LCD 写命令函数。可以通过调用该函数设置 LCD1602 的工作状态，也可以设置光标位置（即显示地址）。

```
void LCD_en_command(unsigned char command)
{
  LCD_Busy();                   //检测 LCD1602 忙,函数结束默认为 LCD1602 允
                                //许操作
  LCD1602_RS=0;                 //LCD1602 为状态或命令处理
```

```
  LCDIO=command;              //将命令字送 LCD1602 的数据端口
  LCD1602_EN=1;               //LCD1602 的使能 EN 为高电平,LCD1602 接收命令
  LCD1602_EN=0;               //关 LCD1602 使能
}
```

3）向 LCD 写入数据函数。该函数写入的内容为显示字符的 ASCII 码或自定义字符的点阵。

```
void LCD_en_dat(unsigned char dat)
{
  LCD_Busy();                 //检测 LCD1602 忙
  LCD1602_RS=1;               //LCD1602 为数据处理
  LCDIO=dat;                  //将数据送 LCD1602 的数据端口
  LCD1602_EN=1;               //LCD1602 的使能 EN 为高电平,LCD1602 接收数据
  LCD1602_EN=0;               //关 LCD1602 使能
}
```

4）设置显示位置函数。参数 x 为列地址，有效范围为 0～15。参数 y 为行地址，0 为第一行，否则为第二行。

```
void LCD_set_xy(uchar x, uchar y )
{
  uchar address;              //定义 LCD1602 地址变量
  x&=0x0F;                    //LCD1602 共 16 列,地址为 0～15,留下列地址低
                              //4 位,防止越界
  if (y==0)                   //如果行地址 y 为 0,则为第一行,否则为第二行
   address=0x80 + x;          //第一行地址为 0x80～0x8F,即列地址加上 0x80
  else
   address=0xC0 + x;          //第二行地址为 0xC0～0xCF,即列地址加上 0xC0
  LCD_en_command(address);    //输出 LCD1602 的地址字,使光标移动到指定位置
}
```

5）在指定的位置上显示一个字符。参数 x 为显示的列数，参数 y 为显示的行数，参数 dat 是显示内容的 ASCII 码。

```
void LCD_write_char(uchar x,uchar y,uchar dat)
{
  LCD_set_xy( x, y );         //移动光标
  LCD_en_dat(dat);            //输出显示字符
}
```

6）在指定的位置上显示一个字符串。函数将在 x 列 y 行开始显示从地址 s 开始的一个字符串，以字符串的结束标志为显示结束。

```
void LCD_write_string(uchar x,uchar y,uchar *s)
{
  LCD_set_xy( x, y );                      //设置显示的起始地址
  while ( *s)                              //判断字符串是否结束
  {
    LCD_en_dat( *s);                       //LCD锁存并显示当前字符
    s++;                                   //下一个字符
  }
}
```

（5）函数使用示例。LCD _ write _ char 函数用于在 LCD1602 上显示一个字符，LCD _ write _ string 函数用于在 LCD1602 上显示一个字符串，字符串由一个或多个字符组成，故两个显示函数可实现相同的字符显示功能。

LCD1602 接收的数据是 ASCII 字符。在显示各种符号时，把要显示的符号的 ASCII 值通过这两个显示函数显示即可。显示变量的值或其他数字时，需要将数字转换为 ASCII 字符，再送 LCD1602 显示。下面介绍部分应用的示例。

示例 1：如果整型变量 hour＝9，minute＝20，second＝34，在 LCD1602 上显示“Time：09：20：34”，即要求将变量 hour、minute、second 的值显示在指定位置，可以使用下面的程序实现。

```
char  s[]="Time:  :  :  ";                //字符串中以空格预留数字位置
s[5]=hour/10+'0';                          //hour的十位的ASCII码放在数组
                                           //s下标为5位置(第6个元素)
s[6]=hour%10+'0';                          //hour的个位的ASCII码放在数组
                                           //s下标为6位置(第7个元素)
s[8]=minute/10+'0';
s[9]=minute%10+'0';
s[11]=second/10+'0';
s[12]=second%10+'0';
LCD_write_string(0,0,s);                   //显示时间
```

示例 2：如果浮点型变量 v＝12.347，在 LCD1602 上显示“Voltage：12.35 mV”，即要求将变量 v 的值保留两位小数显示在指定位置，可以使用下面的程序实现。

```
uchar  ch;                                 //定义临时变量
LCD_write_string(0,0,"Voltage:00.00mV");   //字符串中以数字0占显示位置
ch=v;                                      //赋值运算强制将浮点类型转换为
                                           //整型,得到v的整数部分
LCD_write_char(8,0,ch/10+'0');             //显示整数部分的十位数字,注意
                                           //显示位置
LCD_write_char(9,0,ch%10+'0');             //显示整数部分的个位数字
ch=(v-ch)*100+0.5;                         //得到两位小数,四舍五入
```

```
LCD_write_char(11,0,ch/10+'0');          //显示小数部分的第一位数字
LCD_write_char(12,0,ch%10+'0');          //显示小数部分的第二位数字
```

## 二、LCD12864 液晶显示器

### 1. LCD12864 简介

LCD12864 有多种型号，通常是指 128 列×64 行的点阵液晶模块，常见的有 STN、FSTN、DFSTN 三大类型，其内部控制芯片有 ST7565R、ST7920、KS0724、KS0107 等。LCD12864 又分带汉字库和不带汉字库 LCM 两种。其接口也有不同的标准，一般采用附加后缀作为区分不同类型 LCD12864 液晶的标志，不同类型 LCD12864 液晶引脚功能及控制方式略有不同。在这里介绍以 KS0107 为控制芯片的 12864－8 液晶模块。12864 的点阵大小有不同规格，其显示颜色也有多种。图 3—2—3 所示是 LCD12864 点阵液晶的实物图片。

图 3—2—3 LCD12864 实物图

LCD12864 液晶显示屏共有 128×64 点阵，其内部控制芯片将液晶显示屏平均划分为左屏和右屏两个部分，均为 64×64 点阵，而且两部分各自都有独立的片选信号控制选择。

显示屏上的显示数据由液晶模块内部的显示数据随机存储器 DDRAM 提供。DDRAM 每字节中的每 1 个 bit，对应显示屏上的 1 个点。bit 值为 1，对应点显示，反之不显示。对显示内容的处理就是修改 DDRAM 的过程。

DDRAM 内部每字节对应液晶点阵的某列的连接 8 行，将这 8 行称为 1 页。对应显示屏从上到下编号为 0~7 页。由于液晶的左半部分和右半部分都是 64 列，在每部分的一页包含 64 字节，涵盖半边显示屏的 64 行×64 列点阵数据。

向显示屏写数据实际上是向 DDRAM 中写数据，DDRAM 不同页和不同列中的字节数据唯一对应显示屏一行的 8 个显示点。

不同页和不同列 DDRAM 的寻址，通过左半屏和右半屏各自的页地址计数器和列地址计数器实现，因此，对显示屏 DDRAM 写显示数据前，需要先设置页地址和列地址。

### 2. LCD12864 显示控制

(1) LCD12864－8 的引脚功能（见表 3—2—2）

**表 3—2—2　　　　LCD12864－8 的引脚说明**

| 引脚序号 | 名称 | 说　明 |
|---|---|---|
| 1 | CS1 | U1 片选 |
| 2 | CS2 | U2 片选 |
| 3 | VSS | 电源地 |
| 4 | VDD | 电源输入（+5 V） |

续表

| 引脚序号 | 名称 | 说　明 |
| --- | --- | --- |
| 5 | V0 | 液晶显示对比度调节 |
| 6 | RS | 又为 DI，数据/命令选择 |
| 7 | R/W | 读写选择。R/W=1，为读状态。R/W=0，为写状态 |
| 8 | E | 读写使能 |
| 9～16 | D0～D7 | 数据总线 |
| 17 | RST | 液晶模组复位。RST=L 时液晶内部芯片复位 |
| 18 | VEE | 液晶驱动电源 |
| 19 | VLED+ | 背光 LED 电源正（5.0 V） |
| 20 | VLED− | 背光 LED 电源地 |

（2）LCD12864 的基本操作

读状态时，输入：RS=L，R/W=H，E=H　　　　输出：D0～D7=状态字

写指令时，输入：RS=L，R/W=L，D0～D7=指令码，E=高脉冲　　输出：无

读数据时，输入：RS=H，R/W=H，E=H　　　　输出：D0～D7=数据

写数据时，输入：RS=H，R/W=L，D0～D7=数据，E=高脉冲　　输出：无

（3）LCD12864 主要驱动函数。与 LCD1602 的接口类似，LCD12864 有一个 8 位的数据接口和 5 根控制信号线，在电路中这些引脚可以直接连接到单片机，单片机通过端口控制 LCD12864 显示点阵字符和图像。

在编写驱动程序时，需要用到与 LCD12864 连接的数据端口和控制引脚。为了使用方便，在程序中首先对数据端口和控制引脚进行定义。具体应用中，若单片机的端口与液晶模块的连接方式不同，在程序中按硬件的实际连接修改这些定义，驱动函数不需要更改即可用于其他单片机系统。

P0 接液晶的数据端口，定义端口使用预定义指令：

```
#define  LCDIO  P0
```

12864 有 6 根控制引脚接到 P2 口，控制引脚采用常规的引脚定义：

```
sbit  CS1=P2^0;
sbit  CS2=P2^1;
sbit  RS=P2^2;
sbit  RW=P2^3;
sbit  E=P2^4;
sbit  RST=P2^5;
```

驱动程序的编写，要求严格按照 LCD12864 的控制时序和指令实现。驱动函数包括 LCD 忙检测、LCD 写指令、写数据、读数据、写 DDRAM 地址、写字符串、LCD 初始化等

几个具体的函数。可以在这些函数的基础上进一步开发诸如画线等输出函数。

1）检测 LCD 是否忙。如果空闲则退出，否则等待一段时间，直到空闲为止。

```
void busy(void)
{
    uchar i;
    RS=0;                              //指令
    RW=1;                              //读
    LCDIO=0xFF;                        //读入数据之前需将端口置1,以便
                                       //读取正确
    for(i=50;i>0;i--)                  //最多读50次,防止死机
    {
      E=0;
       E=1;                            //使能E为高电平,液晶输出状态
                                       //值到数据端口
       if((LCDIO&0x80)==0)break;       //最高位为0表示器件空闲
    }
   E=0;                                //关闭液晶使能
}
```

2）向液晶左区（或右区）写一条指令。在使用之前应该选择区域。

```
void WriteCom(uchar CommandByte)
{
   busy();                             //等液晶空闲
   LCDIO=CommandByte;                  //把命令放在数据端口
   RS=0;                               //指令
   RW=0;                               //写
   E=1;                                //液晶使能有效,液晶接收数据
   delay10us();                        //等10 μs,保证液晶接收完毕
   E=0;                                //关闭液晶使能
}
```

3）对整个液晶写指令，主要在针对整个液晶的初始化操作时使用。

```
void WriteCommand( uchar CommandByte )
{
   CS1=0;CS2=1;WriteCom(CommandByte);   //选择左64×64区域,并写入指令
   CS1=1;CS2=0;WriteCom(CommandByte);   //选择右64×64区域,并写入指令
}
```

4）根据 Col 和 Page 来设定 DDRAM 单元位置，定位 LCD12864 某 8 个点的位置。

```
void Locatexy(void)
{
```

```
    uchar x,y;
    if(Col&0x40){CS1=1;CS2=0;}//右区,对应 Col 为:64～127
    else        {CS1=0;CS2=1;} //左区,对应 Col 为:0～63
    busy();                    //等待液晶准备好
    x=Col&0x3F|0x40;           //设置 x 为列地址
    y=Page&0x07|0xB8;          //设置 y 为行地址
    WriteCom(y);               //向液晶写页地址所对应指令
    WriteCom(x);               //向液晶写列地址所对应指令
}
```

5）从 LCD12864 DDRAM 中读出一个数据。函数返回液晶上指定位置的显示数据，可以用于对屏幕进行与、或、异或画线，也可以用于局部反白显示等操作。

```
unsigned char ReadData( void )
{
    uchar DataByte;
    Locatexy();                //坐标定位,设置读写数据的位置
    RS=1;                      //数据
    RW=1;                      //从液晶读,即从液晶输出
    LCDIO=0xFF;                //单片机端口读入前要求置 1,以便读取正确
    E=1;                       //使能有效,液晶输出数据
    delay10us();               //等 10 μs,保证液晶输出有效数据
    DataByte=LCDIO;            //从数据口 LCDIO 把数据读入到变量 DataByte
    E=0;                       //关闭液晶使能
    return DataByte;           //返回从液晶读出的数据
}
```

6）向液晶写入一个数据，控制液晶显示点阵内容。

```
void WriteData( uchar DataByte )
{
    Locatexy();                //坐标定位,设置读写数据的位置
    RS=1;                      //数据
    RW=0;                      //向液晶写,即液晶输入
    LCDIO=DataByte;            //将参数数据输出到数据口,也就是放在液
                               //晶的数据端口
    E=1;                       //使能有效,液晶接收端口数据
    delay10us() ;              //等 10 μs,保证液晶接收完毕
    E=0;                       //关闭液晶使能
}
```

7）向液晶全部写 0，实现清屏。

```
void LcmClear( void)
```

```
{
  for(Page=0;Page<8;Page++)     //扫描所有页
     for(Col=0;Col<128;Col++)   //每页的所有列
        WriteData(0);           //向液晶写入数据 0
}
```

8）LCD12864 的初始化。

```
void LcmInit( void )
{
  RST=0;                        //液晶复位
  delay_nms(200);               //等待复位
  RST=1;                        //液晶正常工作
  WriteCommand(0x3F);           //开显示
  WriteCommand(0xC0);           //设置起始地址=0
  WriteCommand(0x3F);           //开显示
  LcmClear();                   //清液晶屏幕内容
  Col=0;                        //列初始化为 0
  Page=0;                       //页初始化为 0
  Locatexy();                   //把液晶初始指向左上角
}
```

9）向 LCM 写入一个字符，即一个 8 列 16 行的点阵。

```
void lcmputchar(uchar *hzs)
{
  uchar i;
  for(i=0;i<8;i++)              //循环 8 次,实现 8 列写入
  {
    WriteData( *hzs );          //写入上面一页,即字符的上 8 行
    hzs++;                      //指向点阵字库的下一个字节
    Page++;                     //页向下移动 1,液晶将写入位置下移一页(8 行)
    WriteData( *hzs );          //写入点阵的下面 8 行
    hzs++;                      //指向点阵字库的下一个字节
    Page--;                     //页向上移动 1,液晶将写入位置上移一页(8 行)
    Col++;                      //列加 1,在液晶写入位置右移一列
    if(Col>127)Col=0;           //如果列超过右边边界,则回到左边
  }
}
```

10）向 LCM 中写入一个字符串，字符的最高位为 1 表示为全角字符，否则为半角字符。

```
void LcmPutString(uchar y,uchar x,uchar *str,uchar length)
```

```
{
  uchar code *po;              //定义地址指针,用来指向字库点阵位置
  unsigned int k;              //字符在点阵中的相对位置
  Page=y;                      //设置页地址
  Col=x;                       //设置列地址,显示的起始位置
  while(length--)              //循环参数 length 指定的次数
  {
   if(*str&0x80)               //如果该字符是全角字符,*str 是地址为 str 的单元中
                               //的内容
  {
     k=(*str&0x7F)<<5;         //每个全角字符占 32 字节,字符编号乘以 32
                               //是该字符在全角点阵中的位置
     po=hz+k;                  //全角数组的起始位置加上字符相对位置
                               //得到点阵在存储器中的起始位置
     lcmputchar(po);           //输出 16 个字节,显示 8×16 点阵,左边半个字符
     po+=16;                   //点阵起始位置加 16,对应后 16 字节的起始位置
     lcmputchar(po);           //输出 16 个字节,显示 8×16 点阵,右边半个字符
  }
  else                         //如果显示内容为半角字符
  {
     k=(*str)<<4;              //半角点 16 字节,字符编号乘以 16 得到该字符在半角
                               //点阵中的位置
     po=en+k;                  //半角点阵数组的起始位置加上字符相对位置,得到
                               //半角点阵在存储器中的位置
     lcmputchar(po);           //输出 16 个字节,8×16 点阵,即一个完整的半角字符
  }
   str++;                      //字符位置加 1,指向下一个字符
  }
}
```

## 任务实施

### 一、使用单片机控制 LCD1602 显示参数值

1. 硬件电路

本任务是在 LCD1602 第一行显示提示“This's a sample!”，在第二行显示：“No.”和参数数值。LCD1602 与单片机的连接十分简单，只需要将数据接口（D0～D7）、控制总线（RS、RW、E）连接到单片机的 IO 端口即可。因此，控制 LCD1602 显示的硬件电路仅包含单片机的最小系统和 LCD1602 的接口电路，如图 3—2—4 所示。

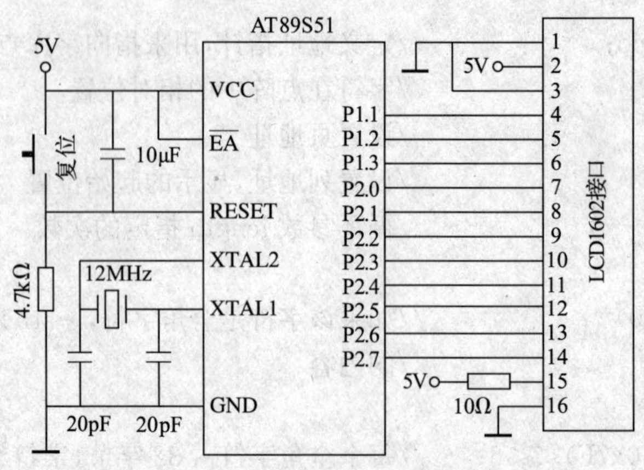


图 3—2—4　LCD1602 显示电路原理图

在图 3—2—4 中，LCD1602 接口的 15 脚、16 脚是 LCD 的背光源的连接引脚，串联的电阻起限流保护作用，也可以不用限流电阻。LCD1602 的 3 脚接地，将液晶的对比度设置为最大，也可通过外接电阻后接到地，可减小对比度，接电源正极，对比度最低。

2．软件设计

根据任务目标，在 LCD1602 上显示提示字符串和计数次数。由于 LCD1602 内部有存储器，单片机只要将显示数据送到 LCD1602 的存储器中，LCD1602 内部的控制电路会自动将这些内容不断地显示在液晶上，所以使用单片机驱动 LCD1602 显示与单片机驱动数码管静态显示类似，在需要更新显示时才输出数据到 LCD1602。因此，系统流程如图 3—2—5a 所示。

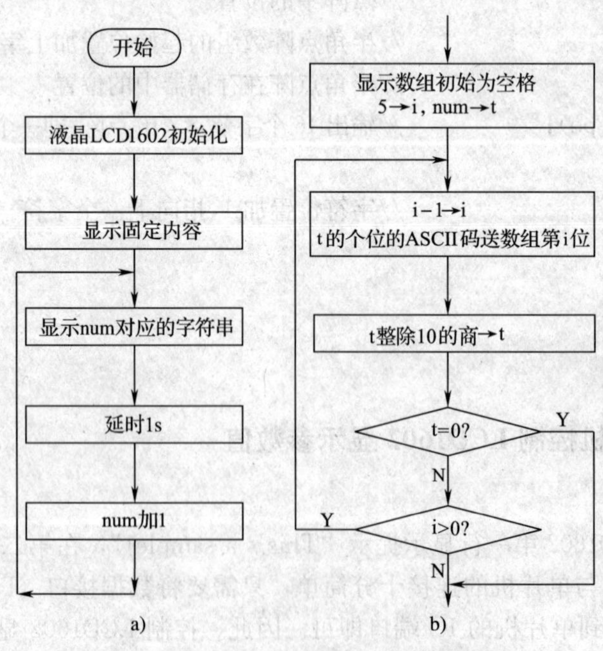


图 3—2—5　LCD1602 显示系统流程图

要实现在 LCD1602 上的显示计数次数，需将次数转换为对应的字符串，然后再送 LCD1602。在本任务中，显示次数需要采用整型变量存储，采用循环模 10 得到个位和除 10 数据右移一位相结合的方式得到次数的各位数据，在每位数据的基础上加上 0 的 ASCII 值即得到各位数码。为了不显示次数前面的 0，字符串初始化为空格组成的字符串，除了末位外，其他数据为 0 时不再修改字符串中的空格。整个计算和显示的程序框图如图 3—2—5b 所示，相应的程序见源程序中的 display 函数。

示例源程序如下：

```
#include <REG51.H>
#define uchar unsigned char
#define uint   unsigned int

uint   n=0;                                         //保存次数,用于显示,初值 0,
                                                    //可任意

/************************************************/
/*            LCD1602 驱动程序开始              */
/************************************************/
//定义端口和引脚,在具体使用中按实际连接修改
#define   LCDIO   P2
sbit LCD1602_RS=P1^1;                               //声明 LCD1602 RS 连接的单片
                                                    //机引脚
sbit LCD1602_RW=P1^2;                               //声明 LCD1602 RW 连接的单
                                                    //片机引脚
sbit LCD1602_EN=P1^3;                               //声明 LCD1602 EN 连接的单片
                                                    //机引脚

void LCD_Busy(void);                                //检测 LCD 是否忙,如果空闲
                                                    //则退出,否则等待一段时间
void LCD_en_command(unsigned char command);         //向 LCD 写入一个命令
void LCD_en_dat(unsigned char dat);                 //向 LCD 写入一个数据(字符)
void LCD_set_xy(uchar x, uchar y );                 //设置显示位置
void LCD_write_char(uchar x,uchar y,uchar dat);     //在指定的位置上显示一个字符
void LCD_write_string(uchar x,uchar y,uchar *s);    //在指定的位置上显示一个字符串
void LCD_init(void) ;                               //LCD 的初始化
/***************************************************/
/*LCD1602 显示驱动函数的具体定义见相关知识,这里不再赘述*/
/*            LCD1602 驱动程序结束                 */
/***************************************************/
```

```
                                        //延时函数,由参数 n 指定延时的长度
                                        //(单位:ms)
void delay_nms(unsigned int n)
{
  unsigned int i;
  unsigned char j;
  for(i=n;i>0;i--)
  {                                     //延时 1 ms(晶振为 12 MHz)
   for (j=250;j>0;j--);
   for (j=250;j>0;j--);
  }
}
void display()                          //在 LCD1602 上显示一串数字
{
  uchar st[6]="     ";                  //定义字符串 st 为 5 个空格
  uint t;                               //声明临时变量 t
  uchar i=5;                            //最多 5 位数
  t=n;                                  //将次数 n 放临时变量 t 中
  do
  {
   i--;                                 //次数减 1,同时指定转换字符在 st 数
                                        //组中的存储位置
   st[i]=t%10+'0';                      //得到 t 的个位的字符,放在数组 st
                                        //中下标为 i 的位置
   t=t/10;                              //将 t 整除 10,相当于十进制数右移一
                                        //位(小数点左移 1 位)
   if(t==0)break;                       //如果为 0,则退出
  }while(i);                            //如果未转换完,则继续循环
  LCD_write_string(3,1,st);             //显示字符串 st
}
void main(void)
{
  delay_nms(200);                       //等待液晶模块电路初始化完毕
  LCD_init();                           //液晶模块的初始化
  LCD_write_string(0,0,"This' s a sample!");  //在第 1 行的第 1 列显示
  LCD_write_string(0,1,"No. ");         //在第 2 行的第 1 列显示
while(1)
{
```

```
        display();                                //显示变量 n 的数值
        delay_nms(1000);                          //等待 1 s
        n++;                                      //变量 n 加 1
    }
}
```

3. Proteus 仿真

参照前面任务介绍的方法和步骤进行 Proteus 仿真。图 3—2—6 所示为单片机控制 LCD1602 显示仿真效果图。

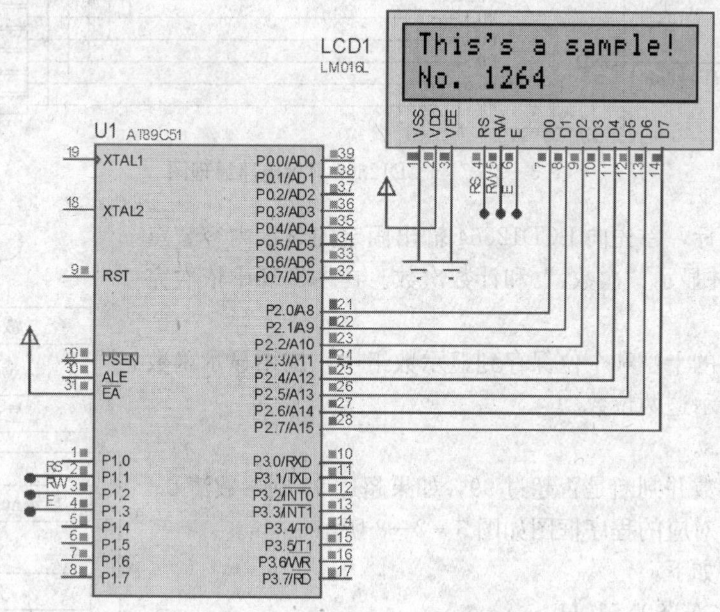


图 3—2—6 LCD1602 仿真效果图

## 二、使用单片机控制 LCD12864 显示参数值

1. 硬件电路

LCD12864 与单片机的连接与 LCD1602 类似，直接将数据接口（D0～D7）、控制总线（CS1、CS2、RS、RW、E、RST）连接到单片机的 IO 端口即可。因此，控制 LCD12864 显示的硬件电路也是由单片机的最小系统和 LCD12864 的接口电路组成。

LCD12864 的数据选择与单片机的 P0 口连接，由于 P0 口作数据传输时内部为 OD 状态，因此要增加一个外接排阻作为上拉电阻。另外，LCD12864 的控制引脚选择与 P2 口连接。单片机驱动 LCD12864 的示例电路如图 3—2—7 所示。

在图 3—2—7 中，LCD12864 接口的 19 脚、20 脚是 LCD 的背光源的连接引脚，串联的电阻起限流保护作用，可以不要。LCD12864 的 18 脚为液晶内部的负压输入，通过电阻分压后送回 5 脚，可调节液晶的对比度。

2. 软件设计

LCD12864 的显示与 LCD1602 显示相似，都是将其内部 RAM 的内容不断送液晶显示。

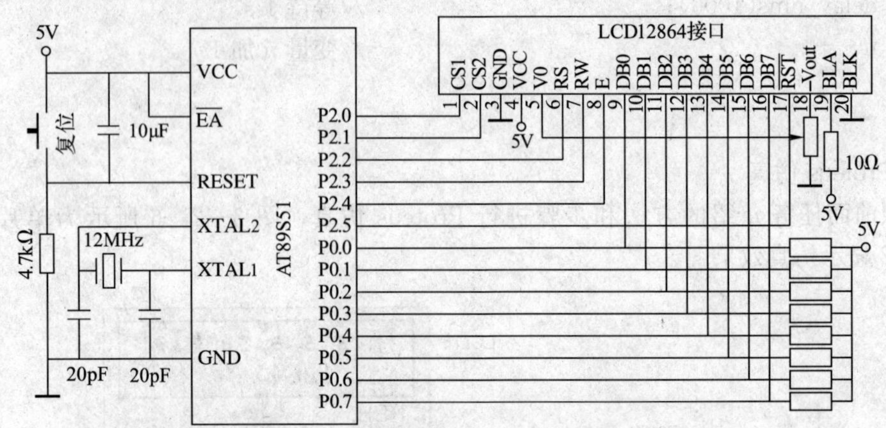


图 3—2—7　LCD12864 显示电路原理图

根据任务目标，首先向 LCD12864 输出固定的显示内容“点阵显示示例”，并显示“次数:”和计数次数。在主循环中依次完成如下内容：

（1）将参数的十位和个位保存到显示数组中，调用显示函数送 LCD12864 显示这两位数。

（2）等待 1 s。

（3）修改参数并判断是否超过 99，如果超过 99 则参数清 0。

任务目标所对应的程序框图如图 3—2—8 所示。

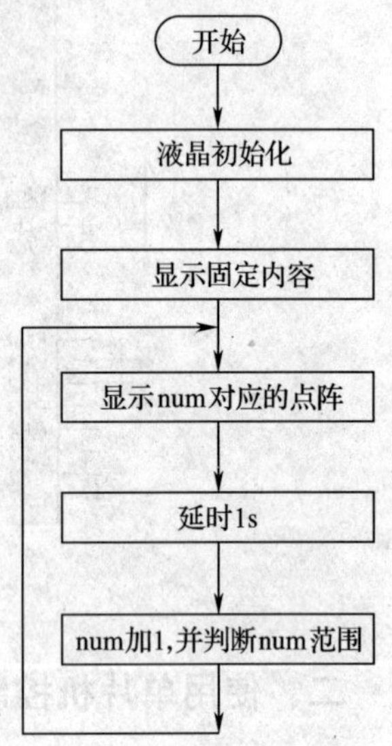


图 3—2—8　LCD12864 显示示例程序框图

示例源程序如下：

```
#include <AT89X51.H>
#define uchar unsigned char
#define uint unsigned int
```

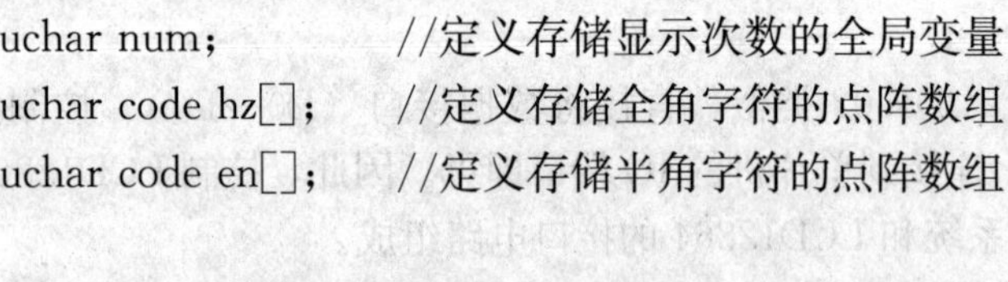

```
uchar num;              //定义存储显示次数的全局变量
uchar code hz[];        //定义存储全角字符的点阵数组
uchar code en[];        //定义存储半角字符的点阵数组
```

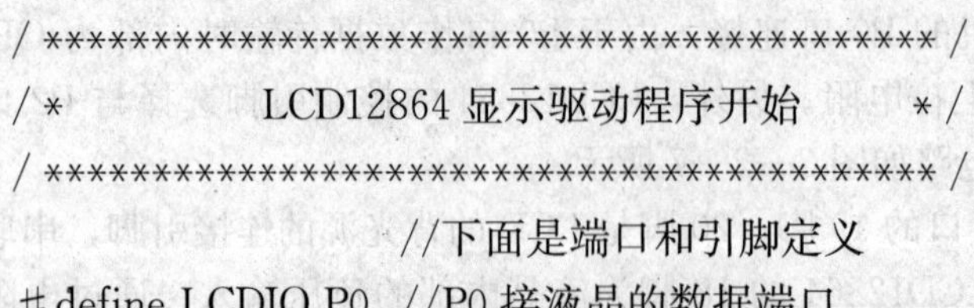

```
/*********************************************/
/*          LCD12864 显示驱动程序开始        */
/*********************************************/
                        //下面是端口和引脚定义
#define LCDIO P0  //P0 接液晶的数据端口

sbit    CS1=P2^0; //液晶片选 1,为低电平选择左半区
```

```
sbit   CS2=P2^1;                    //液晶片选 2,为低电平选择右半区
sbit   RS=P2^2;                     //又称 D/I,数据或指令操作:"H",表示 DB7~
                                    //DB0 为显示数据
                                    //"L",表示 DB7~DB0 为显示指令数据
sbit   RW=P2^3;                     //液晶读写状态线:R/W="H",E="H"数
                                    //据被读到 DB7~DB0
                                    //R/W="L",E="H→L"数据被写到 IR 或
                                    //DR 读写
sbit   E   =P2^4;                   //数据锁存:R/W="L",E 信号下降沿锁存
                                    //DB7~DB0
                                    //R/W="H",E="H",DDRAM 数据读到
                                    //DB7~DB0
sbit   RST=P2^5;                    //复位控制信号,RST=0 有效

uchar Page;                         //LCD12864 内部的页地址,范围为 0~7
uchar Col;                          //LCD12864 内部的列地址,范围为 0~127

                                    //延时函数,由参数 n 指定延时的长度(单位 ms)
void delay_nms(uint n)
{
  uint i;
  uchar j;
  for(i=n;i>0;i--)
  {                                 //延时 1 ms(晶振为 12 MHz)
   for (j=250;j>0;j--);             //循环 250 次,0.5 ms
   for (j=250;j>0;j--);
  }
}

//延时 10 μs,用于等待液晶操作完成
void delay10us()
{
    uchar i=5;
    while(--i);                     //循环 5 次,10 个机器周期,10 μs
}

void busy(void);                    //检查液晶是否忙,空闲时退出
void WriteCom(uchar CommandByte);   //向液晶左区(或右边)写一条指令
```

```
void WriteCommand( uchar CommandByte );  //对整个液晶写指令
void Locatexy(void) ;                    //根据设定的坐标数据,定位 LCD12864 上
                                         //的下一个操作单元
void WriteData( uchar DataByte );        //向液晶写入一个数据
void LcmClear( void );                   //向液晶全部写 0,实现清屏
void LcmInit( void );                    //LCD12864 的初始化
void lcmputchar(uchar * hzs);            //向 LCM 写入一个 8 列 16 行的点阵
void LcmPutString(uchar y,uchar x,uchar * str,uchar length);
                                         //向 LCM 中写入一个字符串,字符的最高位
                                         //为 1 表示为全角字符,否则为半角字符
/ ****************************************************** /
/ * LCD12864 显示驱动函数的具体定义见相关知识,这里不再赘述 * /
/ *                 LCD12864 显示驱动程序结束 * /
/ ****************************************************** /

void main( void )
{
uchar code st1[]={0x80,0x81,0x82,0x83,0x83,0x84};
                                         //点阵显示示例
uchar code st2[]={0x85,0x86,0x0A};       //次数:
uchar   st3[2];                          //保存两位数字的显示代码

LcmInit();                               //液晶初始化
LcmPutString(0,2 * 8,st1,6);             //在 0 页 2×8 列开始显示 st1 字符串,共 6
                                         //个字符
LcmPutString(4,0 * 8,st2,3);             //在 4 页 0×8 列开始显示 st2 字符串,共 3
                                         //个字符
while(1)                                 //死循环,保证重复显示
{
    if(num<10)st3[0]=0x0B;               //如果小于 10 则显示空格,相当于消隐
    else st3[0]=num/10;                  //大于 10 则第一个字符为 num 的十位
    st3[1]=num%10;                       //第二个字符为 num 的个位
    LcmPutString(4,5 * 8,st3,2);         //4 页 5×8 列开始显示 st3 字符串,显示 num
                                         //的十位和个位数字点阵
    delay_nms(1000);                     //等 1 000 ms
    num++;                               //num 加 1
    if(num>99)num=0;                     //如果 num 超过 99,则回到 0 重新开始计数
    }
```

```
}
//下面定义点阵数组,hz为全角点阵数组,en为半角点阵数组
uchar code hz[]={
0x00,0x00,0x00,0x40,0x00,0x30,0xE0,0x07,0x20,0x12,0x20,0x62,0x20,0x02,
0x3F,0x0A,0x24,0x12,0x24,0x62,0x24,0x02,0xF4,0x0F,0x24,0x10,0x00,0x60,0x00,
0x00,0x00,0x00,/*"点",0x80*/
0xFE,0xFF,0x02,0x00,0x12,0x02,0x2A,0x04,0xC6,0x03,0x88,0x04,0xC8,0x04,
0xB8,0x04,0x8F,0x04,0xE8,0xFF,0x88,0x04,0x88,0x04,0x88,0x04,0x88,0x04,0x00,
0x04,0x00,0x00,/*"阵",0x81*/
0x00,0x20,0x00,0x21,0x00,0x22,0x3E,0x2C,0x2A,0x20,0xEA,0x3F,0x2A,0x20,
0x2A,0x20,0x2A,0x20,0xEA,0x3F,0x2A,0x28,0x3E,0x24,0x00,0x23,0x00,0x20,0x00,
0x20,0x00,0x00,/*"显",0x82*/
0x00,0x10,0x20,0x08,0x20,0x04,0x22,0x03,0x22,0x00,0x22,0x40,0x22,0x80,
0xE2,0x7F,0x22,0x00,0x22,0x00,0x22,0x01,0x22,0x02,0x22,0x0C,0x20,0x18,0x20,
0x00,0x00,0x00,/*"示",0x83*/
0x00,0x10,0x20,0x08,0x20,0x04,0x22,0x03,0x22,0x00,0x22,0x40,0x22,0x80,
0xE2,0x7F,0x22,0x00,0x22,0x00,0x22,0x01,0x22,0x02,0x22,0x0C,0x20,0x18,0x20,
0x00,0x00,0x00,/*"示",0x83*/
0x40,0x00,0x20,0x00,0xF8,0xFF,0x07,0x02,0x02,0x81,0x80,0x40,0x62,0x33,
0x1E,0x0C,0x12,0x03,0xF2,0x00,0x02,0x00,0xF8,0x07,0x00,0x40,0x00,0x80,0xFF,
0x7F,0x00,0x00,/*"例",0x84*/
0x00,0x02,0x02,0x5E,0x1C,0x43,0xC0,0x20,0x30,0x20,0x4C,0x10,0x30,0x08,
0x0F,0x04,0x08,0x03,0xF8,0x01,0x08,0x06,0x08,0x08,0x28,0x30,0x18,0x60,0x08,
0x20,0x00,0x00,/*"次",0x85*/
0x10,0x42,0x92,0x42,0x54,0x2A,0x38,0x2E,0xFF,0x13,0x38,0x1A,0x54,0x26,
0x52,0x02,0x80,0x40,0xF0,0x20,0x1F,0x13,0x12,0x0C,0x10,0x33,0xF0,0x60,0x10,
0x20,0x00,0x00,/*"数",0x86*/
};
uchar code  en[]={
0x00,0x00,0xE0,0x0F,0x10,0x10,0x08,0x20,0x08,0x20,0x10,0x10,0xE0,0x0F,
0x00,0x00,/*"0",0x00*/
0x00,0x00,0x10,0x20,0x10,0x20,0xF8,0x3F,0x00,0x20,0x00,0x20,0x00,0x00,
0x00,0x00,/*"1",0x01*/
0x00,0x00,0x70,0x30,0x08,0x28,0x08,0x24,0x08,0x22,0x88,0x21,0x70,0x30,0x00,
0x00,/*"2",0x02*/
0x00,0x00,0x30,0x18,0x08,0x20,0x88,0x20,0x88,0x20,0x48,0x11,0x30,0x0E,
0x00,0x00,/*"3",0x03*/
0x00,0x00,0x00,0x07,0xC0,0x04,0x20,0x24,0x10,0x24,0xF8,0x3F,0x00,0x24,
```

```
0x00,0x00,/*"4",0x04*/
    0x00,0x00,0xF8,0x19,0x08,0x21,0x88,0x20,0x88,0x20,0x08,0x11,0x08,0x0E,
0x00,0x00,/*"5",0x05*/
    0x00,0x00,0xE0,0x0F,0x10,0x11,0x88,0x20,0x88,0x20,0x18,0x11,0x00,0x0E,
0x00,0x00,/*"6",0x06*/
    0x00,0x00,0x38,0x00,0x08,0x00,0x08,0x3F,0xC8,0x00,0x38,0x00,0x08,0x00,
0x00,0x00,/*"7",0x07*/
    0x00,0x00,0x70,0x1C,0x88,0x22,0x08,0x21,0x08,0x21,0x88,0x22,0x70,0x1C,
0x00,0x00,/*"8",0x08*/
    0x00,0x00,0xE0,0x00,0x10,0x31,0x08,0x22,0x08,0x22,0x10,0x11,0xE0,0x0F,
0x00,0x00,/*"9",0x09*/
    0x00,0x00,0x00,0x00,0x00,0x36,0x00,0x36,0x00,0x00,0x00,0x00,0x00,0x00,0x00,
0x00,/*":",0x0a*/
    0x00,0x00,0x00,0x00,0x00,0x00,0x00,0x00,0x00,0x00,0x00,0x00,0x00,0x00,0x00,
0x00,/*" ",0x0b*/
};
```

3. Proteus 仿真

参照前面任务介绍的方法和步骤进行 Proteus 仿真。图 3—2—9 所示是单片机控制 LCD12864 显示仿真效果图。

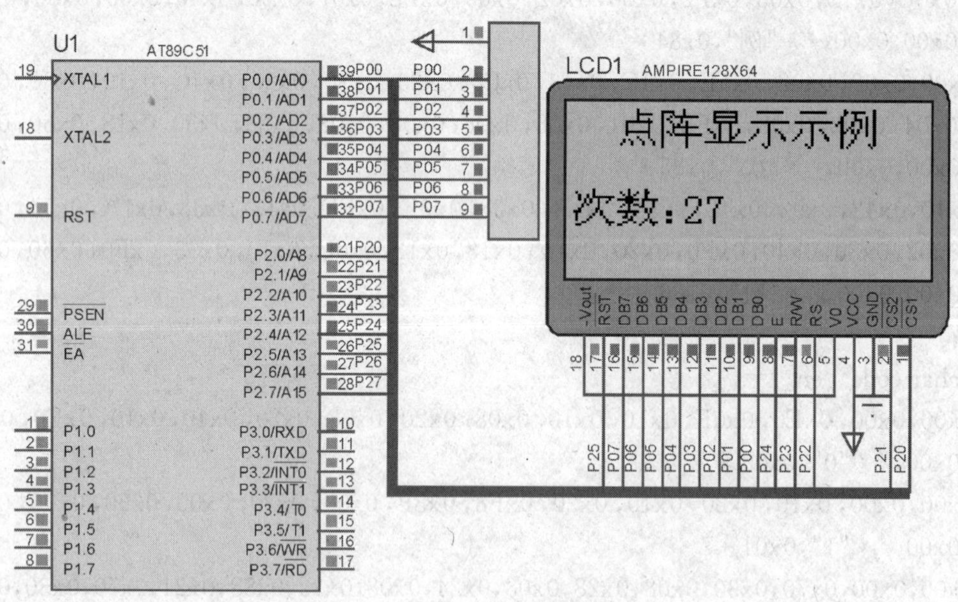


图 3—2—9　LCD12864 仿真效果图

# 任务3　键盘应用

**知识点**

◎ 按键的抖动与消抖方法；

◎ 独立按键接口电路；

◎ 矩阵键盘的扫描与译码原理。

**技能点**

◎ 能编写键盘扫描程序；

◎ 能用键盘输入数据并实现功能控制。

## 任务提出

在单片机应用系统中，按键是最常用的输入设备之一。因此，学习和使用矩阵键盘是单片机应用的基本内容。本任务是用键盘设置参数并显示设置的数据，具体要求为：

（1）使用16个键的矩阵键盘作为系统输入。

（2）使用8只数码管作为键盘控制输出功能显示系统。为简便起见，用数码管显示出键盘编号。

（3）按键编号为0～F，每次按下键时，8只数码管的显示内容依次左移一位，将按键编号显示在最右边的数码管上。

## 任务分析

根据任务目标，使用8只数码管动态显示电路作为系统输出。数码动态显示需要段码的锁存驱动电路和位码的锁存驱动电路。

使用16个键的矩阵键盘作为系统输入，就是要将矩阵键盘连接到单片机的输入端口。整个系统的框图如图3—3—1所示。

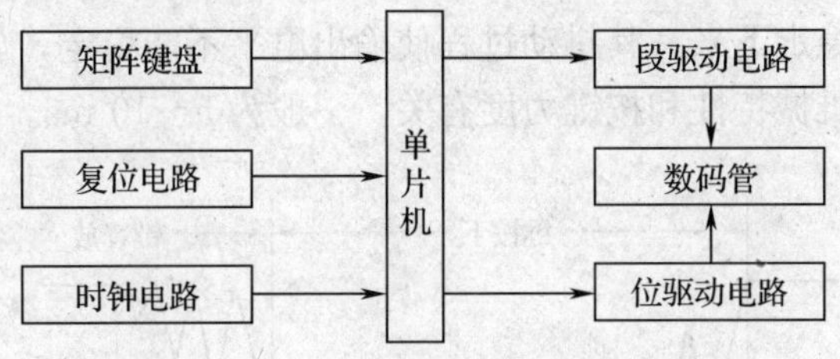


图3—3—1　参数设定系统电路框图

若直接使用机械开关，其输出电平有抖动，与普通按键处理类似，需要硬件或软件消除抖动后控制系统工作；若使用输出信号没有抖动的电路、器件、设备，则可以直接用其输出信号的电平或边沿作为动作点来控制系统工作。

在数码管显示中，使用全局变量来存储显示内容，8 只数码管对应有 8 个元素的数组，修改数组元素的内容将使数码管的显示内容相应更改。

根据任务要求，当按下键时，控制数码管显示内容左移，并把按键的值显示在最后一只数码管上。因此在程序中，当检测到有按键按下时，应将数码管显示对应的数组元素依次向左赋值，同时将按键的编号赋值给最后一个元素即能实现任务目标。

## 相关知识

### 一、按键的抖动与消抖的方法

1. 按键与抖动

键盘是由一组规则排列的按键组成的，一个按键实际上是一个开关元件，也就是说键盘是一组规则排列的开关。

按键按照结构原理不同可分为两类，一类是触点式开关按键，如机械式开关、导电橡胶式开关等；另一类是无触点开关，如电子式无触点开关、磁感应无触点开关等。前者造价低，后者使用寿命长。

按照键盘接口原理可分为编码键盘与非编码键盘两类。非编码键盘只简单地提供行和列的矩阵，其他工作均由软件完成，由于其经济实用，在单片机系统中应用广泛。按照控制方式不同，分为独立式按键和行列式按键两种。在系统设计时，是采用独立式按键还是行列式按键，需要根据使用电路的需要进行分析，以选择合适的方案。

在程序设计中，一个完善的键盘控制程序应具备以下功能：

（1）扫描检测有无按键按下，并采取硬件或软件措施，消除键盘按键机械触点抖动的影响。

（2）用可靠的逻辑处理办法，每次只处理一个按键。其间，其他按键的操作对系统均不产生影响，且无论一次按键时间有多长，系统仅执行一次按键功能程序。

（3）准确输出按键值（或键号），以满足程序功能要求。

键盘通常使用机械触点式按键开关，其主要功能是把机械上的电路通断转换成为电气上的逻辑关系。

机械式按键在按下或释放时，由于机械弹性作用的影响，通常伴随有一定时间的触点机械抖动，然后其触点才稳定下来。其抖动过程使输出电平不能稳定，如图 3—3—2 所示。抖动时间的长短与开关的机械特性和按键力度有关，一般为 5～10 ms。

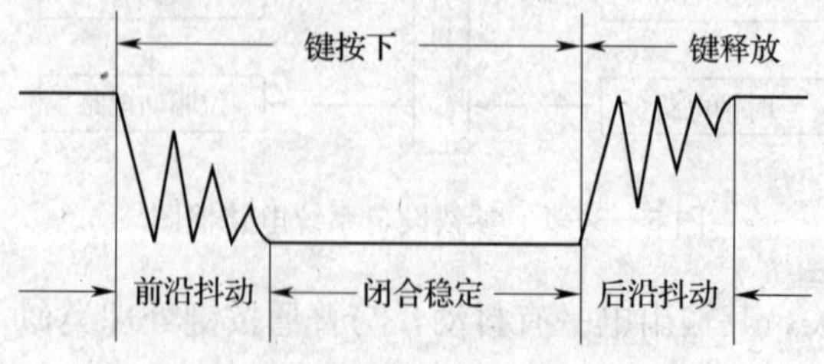


图 3—3—2　按键触点的机械抖动示意

在触点抖动期间检测按键的通断状态，可能导致误判断。即按键一次按下或释放被错误地认为是多次操作，这种情况是不允许出现的。为了克服按键触点机械抖动所导致的检测误判，必须采取去抖动措施。

消除电平抖动可从硬件电路或软件控制两方面实现。在键数较少时，可采用硬件去抖，让系统控制十分简单，如单次脉冲发生电路。当按键数量较多时，采用软件去抖的成本十分低廉，应用广泛。

2. 硬件消抖

硬件消抖一般采用在按键输出端加 R-S 触发器（双稳态触发器）或单稳态触发器构成去抖动电路。图 3—3—3a 所示是一种由 R-S 触发器构成的去抖动电路，触发器一旦翻转，触点抖动便不再对触发器输出产生任何影响。整个双稳态消抖动电路的工作波形如图 3—3—3b 所示。

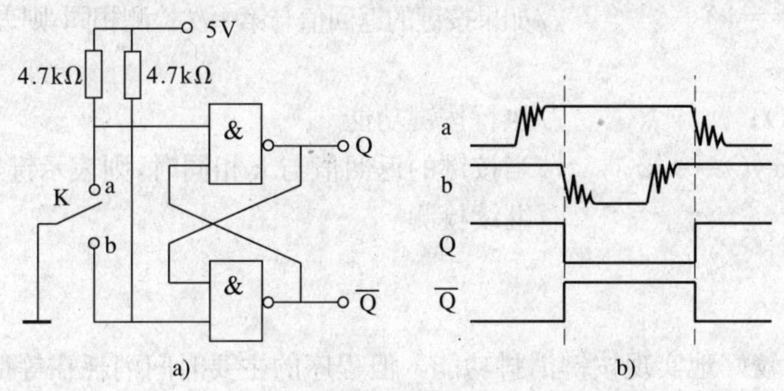


图 3—3—3　双稳态去抖电路及其波形

a）去抖动电路　b）工作波形

3. 软件消抖

软件消抖采取的措施是：在检测到有按键按下时，等待 10 ms 左右（具体时间应视所使用的按键进行调整）的时间（这段时间按键输出电平不稳定），再确认该按键电平是否仍保持闭合状态（在按下键 10 ms 之后按键的输出电平已经稳定），若仍保持闭合状态电平，则确认该键处于闭合状态。同理，在检测到该键释放后，也应采用相同的步骤进行确认，从而消除抖动的影响。

如图 3—3—4 所示为一种较为简单的软件消抖流程图。

在图 3—3—4 中，首先检测按键是否按下，如果没有按键按下，则跳过这段程序。如果有键按下，通过调用 10 ms 延时函数，使按键可能抖动的时间不做任何操作，待按键电平稳定后，再次判断键是否按下。如果第二次判断时，按键是按下状态，就表示真的有键按下，否则表示第一次检测到的是干扰信号或者为按键释放时的抖动。如果第二次判断时，没有按键按下，就应该跳过按键处理程序。

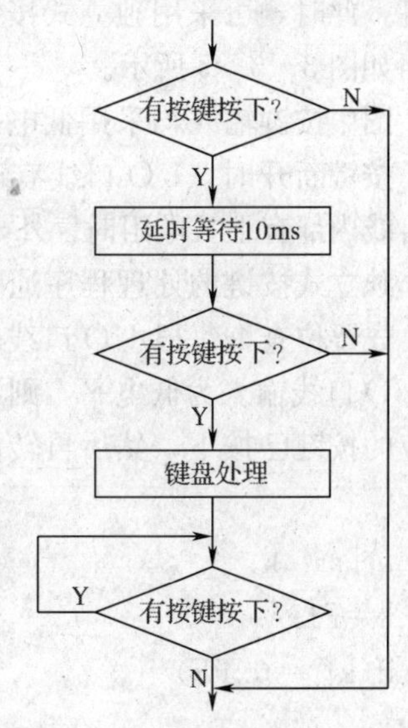


图 3—3—4　软件消抖流程图

在确定有键按下的情况下，根据按键的功能，执行相应的按键处理程序。为了确保每次按键按下时仅做一次操作，还要等待按键松开，也就是要再进行按键检测，有键按下则表示按键未松开，需要再继续检测，如果检测到没有按键按下，则表示按键已经松开，应该结束按键的处理。

如果定义函数 inkey（）进行按键检测，规定其返回值为－1 时代表无键按下，否则就是有按键按下且返回值就是按键的编号，同时用函数 keyact（）实现按键功能，则图 3—3—4 对应的程序段如下所示。

```
uchar  k;                          //存储按键编号的临时变量
k=inkey();                         //将按键的返回值送变量 k
if(k! =-1)                         //第一次判断是否按下键
{                                  //如果按下键,则要进一步判断和处理
  delay10ms();                     //调用延时函数,使按键抖动时间过去
  if(inkey()==k)                   //如果按键的返回值与第一次检测相同,则表示有键稳定按下
  {
     keyact(k);                    //执行按键功能
     while(inkey()==k);            //当按键的返回值与 k 相同时,则表示键未松开,应
                                   //继续检测
  }
}
```

这段程序能够较好地实现按键消抖功能，但程序的主要时间消耗在等待按键松开上，不宜用于具有其他需要实时处理的系统中，如动态显示。但如果系统为“按键”＋“数码管静态显示”或“按键”＋“LCD 显示”，使用这样的消抖程序则是可以的。

## 二、独立按键接口电路

在很多单片机控制系统中，往往只需要几个功能键，此时，可采用独立式按键结构。独立式按键电路如图 3—3—5 所示。

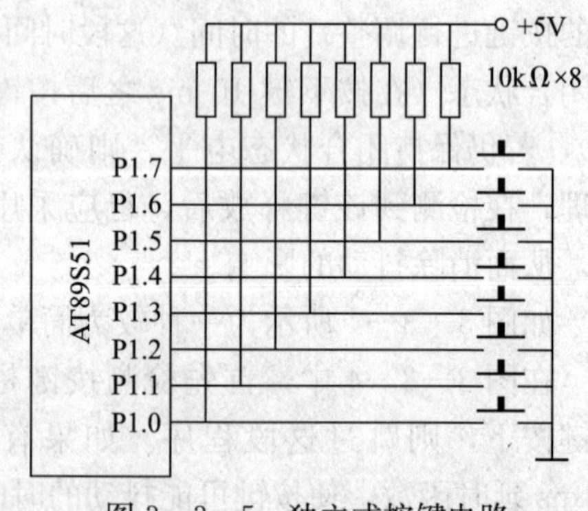

图 3—3—5　独立式按键电路

图中按键输入均采用低电平有效，上拉电阻保证了按键断开时，I/O 口线有确定的高电平。当 I/O 口线内部有上拉电阻时，外电路可不接上拉电阻。

独立式按键的处理程序通常采用查询式软件结构。先逐位查询每根 I/O 口线的输入状态，如某一根 I/O 口线输入为低电平，则可确认该 I/O 口线所对应的按键已按下，然后再转向该键的功能处理程序。

```
uchar  k;                          //存储按键编号的临时变量
k=P1;                              //将 P1 端口连接的按键状态送变量 k
if(k! =0xFF)                       //判断是否有键被按下,按下键对应的引脚为 0
{                                  //如果按下键,则要进一步判断和处理
  delay10ms();                     //调用延时函数,使按键抖动时间过去
```

```
    if(P1==k)                       //如果 P1 的状态与第一次检测相同,则表示有键稳
                                    //定按下
    {
      if((k&0x01)==0)               //判断 P1.0 对应按键是否被按下
       {…… }                        //如果 P1.0 对应按键被按下,执行对应的功能程序
      else if((k&0x02)==0)          //判断 P1.1 对应按键是否被按下
       {…… }                        //如果 P1.1 对应按键被按下,执行对应的功能程序
       ……                           //其他按键类似程序
      while(P1==k);                 //若 P1 的状态与 k 相同,则表示键未松开,应继续
                                    //检测和等待
    }
  }
```

除了使用整个端口读入并消抖处理外，还可以按照单个按键进行检测。在定义单片机引脚后，可对每个引脚分别检测和消抖处理。

## 三、矩阵键盘扫描与译码的原理

在单片机控制系统中，当要求按键数目较多时，通常采用矩阵键盘。

1．矩阵键盘的结构及原理

矩阵键盘由行线和列线组成，按键位于行线与列线的交叉点上，其结构如图 3—3—6 所示。

用一个端口（图中为 P1 口）就可以构成 4×4=16 个按键，键数比直接将端口线连接按键多出了一倍，而且线数越多，区别越明显，比如再多加一条线就可以构成 20 键的键盘。如果有 $m$ 条行线，$n$ 条列线，最大可实现 $m\times n$ 个键盘。显然，在按键数量较多时，由于每一行共用一根 I/O 口线，每一列也共用一根 I/O 口线，矩阵键盘较之独立式按键键盘要节省很多 I/O 口线。

2．矩阵键盘按键的识别

识别按键的方法很多，如扫描法、反转法等。下面以图 3—3—6 为例来说明用扫描法识别按键的过程。

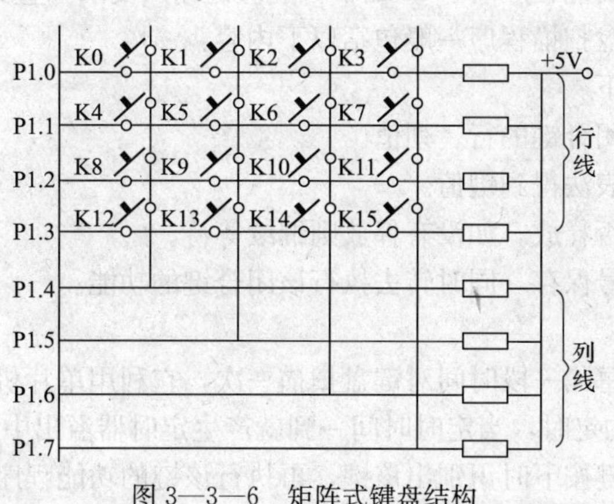


图 3—3—6　矩阵式键盘结构

（1）判断键盘中有无键按下。将全部行线置低电平“0”，然后检测列线的状态。只要有一列的电平为低，则表示键盘中有键被按下，而且闭合的键位于低电平线与 4 根行线相交叉的 4 个按键之中。若所有列线均为高电平“1”，则表示键盘中无键按下。

（2）判断闭合键所在的位置。在确认有键按下后，即可进入确定具体闭合键位置的过程。其方法是：依次将行线置为低电平“0”，即在置某根行线为低电平时，其他线为高电平。在确定某根行线位置为低电平后，再逐行检测各列线的电平状态。若某列为低电平“0”，则该列线与置为低电平的行线交叉处的按键就是闭合的按键。

3．键盘的编码

键盘的编码就是表达和区分按键功能的数值或符号，这是键盘检测程序和键盘功能执行程序之间的数据约定。

对于行列式键盘，按键的位置由行号和列号唯一确定。但按键所在物理位置和逻辑连接不一致，而且由于按键功能的不同也将影响键盘编码。如图 3—3—7 所示为常见的两种键盘布局。

| 7 | 8 | 9 | + |
|---|---|---|---|
| 4 | 5 | 6 | − |
| 1 | 2 | 3 | × |
| 0 | • | = | / |

a)

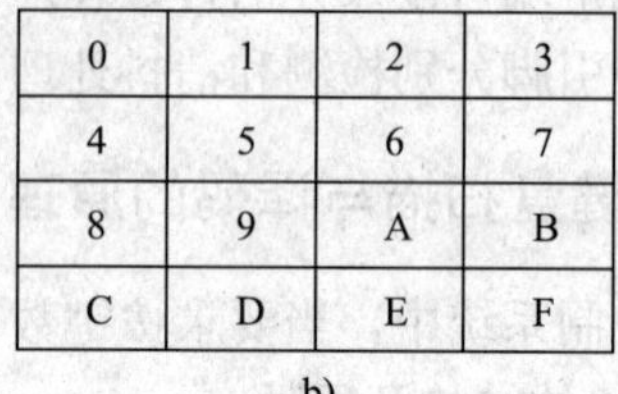

| 0 | 1 | 2 | 3 |
|---|---|---|---|
| 4 | 5 | 6 | 7 |
| 8 | 9 | A | B |
| C | D | E | F |

b)

图 3—3—7　键盘示意图

将键盘的扫描行号和列号转换为有象征意义的键盘编码，可通过计算或查表的方法实现。

## 四、键盘扫描程序编写

在单片机应用系统中，常采用键盘作为系统输入。单片机对键盘状态的检测方式有三种，即编程扫描、定时扫描和中断扫描。

1．编程扫描方式

编程扫描方式是利用 CPU 完成其他工作的空余时段，调用键盘扫描子程序来响应键盘输入的要求。在执行键功能程序时，CPU 不再响应键输入要求，直到 CPU 重新扫描键盘时再次响应键盘输入。键盘扫描程序一般包括以下内容：

（1）判别有无键按下。

（2）键盘扫描取得闭合键的行、列值。

（3）用计算法或查表法得到键值。

（4）判断闭合键是否释放，如没有释放则继续等待。

（5）将闭合键的键号保存，同时转去执行该闭合键的功能。

2．定时扫描方式

定时扫描方式就是每隔一段时间对键盘扫描一次，它利用单片机内部的定时器产生一定时间段（例如 10 ms）的定时，当定时时间一到就产生定时器溢出中断，CPU 响应中断后对键盘进行扫描，并在有键按下时识别出该键，再执行该键的功能程序。定时扫描方式的硬件电路与编程扫描方式相同，只是在主程序中进行了定时扫描时间段设置。

3. 中断扫描方式

采用上述两种键盘扫描方式时，无论是否按下键，CPU 都要定时扫描键盘，而单片机应用系统工作时，并非经常需要键盘输入，因此，CPU 经常去判断是否有按键按下，键盘扫描工作处于无键盘按下的空扫描状态，为提高 CPU 的工作效率，可采用中断扫描工作方式。

中断扫描方式要求当任何一个按键按下时都会给单片机中断提供低电平。独立键盘将所有口线接到多输入与门，与门输出送单片机中断引脚。而行列式键盘必须将作为输出的行或列置为低电平，把输入的所有线接与门，与门输出送单片机的中断引脚。

当单片机中断引脚出现低电平时，单片机暂停正在运行的程序，进入中断服务程序，单片机转去执行键盘扫描子程序，并识别键号与完成键功能。键盘处理完毕后，单片机回到被暂停的程序继续运行，这种方式程序运行效率高。

4. 键盘扫描 C 程序示例

用手按动键盘的时间一般为零点几秒到几秒的范围内，按键的电平抖动时间小于 10 ms。因此，间隔 10 ms 检测一次键盘不会出现按键漏检的情况，连续两次检测到有相同按键被按下的信息，则一定是按键被按下。

要比较两次检测的按键的情况，需要将上一次的按键的编码使用变量存储起来。当每次按键已经被处理后，再检测到该按键按下的情况，实际上相当于按键未松开，程序不应继续处理，为此需要使用变量将按键是否处理也存储起来。为保证下一次按键时，能够让程序进行按键处理，还应该在按键松开时将处理标志存储变量的状态改为未处理。只有当按键功能处理后，才能将处理标志存储变量的状态改为处理状态。

为了程序编写方便，本书所有键盘程序的返回值在没有键按下时返回－1，返回的其他值均表示有键按下，且按键的编码就是其返回值。

以 P1 口连接 4×4 矩阵键盘为例，编写的键盘扫描函数如下所示。

```
/************************************************************
函数名称：inkey()
函数功能：实现按键扫描功能，并实现键盘消抖
输入参数：无
返回参数：按下键时返回按键编号(需要修改 keycodes[]数组元素)，否则返回－1
调用要求：两次调用需要间隔一个消抖时间，如 10 ms 等，建议为 40～80 ms。
硬件连接方式与按键定义：(采用扫描行的方式，定义见函数中的对应数组)
P1.0→  7     8     9     A
P1.1→  4     5     6     B
P1.2→  1     2     3     C
P1.3→  E     0     F     D
       ↑     ↑     ↑     ↑
     P1.4  P1.5  P1.6  P1.7
************************************************************/
uchar inkey()
{
```

```
static uchar lastkey,token;                  //lastkey:上次键盘编码,
                                             //token:按键标志,0 代表未返回
uchar row,col,k,key;
uchar code keycodes[]={7,  8,   9,  0x0A,//键盘的返回编码表
                       4,  5,   6,  0x0B,
                       1,  2,   3,  0x0C,
                    0x0E,0, 0x0F, 0x0D};
P1=0xF0;                                     //将 P1 置为 11110000,即所有行置为低电
                                             //平,所有列置为高电平
                                             //如果有键按下时,高四位对应的某列将
                                             //被拉为低电平
if(P1! =0xF0)                                //如果高四位不全为高电平,则表示有键
                                             //按下
{
  k=0xFE;                                    //对应最低位为 0,初始为扫描第一行
  for (row=0;row<4;row++)                    //四次循环,找到第几行有键按下,row 中
                                             //为行值 0~3
  {
    P1=k;                                    //P1 的高四位为高,低四位为
                                             //扫描码
    if (P1! =k) break;                       //P1 如果不等于输出状态,意味着有键按
                                             //下,就退出循环
    k=k<<1;                                  //k 指向下一位
  }
  k=P1;                                      //得到端口状态,根据有键按下时对应的
                                             //列为 0,作为判断列的依据
  for(col=3;col>0;col--)                     //找到按下的键在第几列,依次判断第 3、
                                             //2、1 列
  {
    if((k&0x80)==0)break;                    //找到对应的列,就退出,col 的值就是相应
                                             //的列值
    k=k<<1;                                  //下一列
  }
  //key=(row<<2)+col;                        //键值=行×4+列,按键从左上到右下依次
                                             //为 0~15
  key=keycodes[(row<<2)+col];                //得到按键的编号(名称)
  if(token==0)                               //未处理
  {
```

```
    if(key==lastkey){token=1;}                 //两次按键编号相同,则返回键号,并置处
                                               //理标志
    else{lastkey=key;key=-1;}                  //按键编号不同,说明键盘抖动,保存键号,返
                                               //回-1
   }
   else                                        //已经处理,返回键号为-1
   {
    key=-1;                                    //返回-1
   }
}
else                                           //无键按下
{
  key=-1;                                      //返回-1
  lastkey=-1;                                  //保存的键号为-1
  token=0;                                     //清空处理标志
  }
  return key;                                  //返回键的编号
}
```

该函数仅在确认按键时返回一次按键的编码，其他情况下都返回－1。按键的返回编码可以是除－1之外的其他任何值，按照具体的键盘定义修改函数中的 keycodes 数组元素，即可实现另外的定义。

函数要求间隔一段时间调用，间隔时间要大于键盘消抖所需要的最短时间，由于手按键时间为几百毫秒以上，故可取为几十毫秒。调用方式可以在普通函数执行调用，也可以在定时中断服务程序中调用该函数。如在主函数中调用可以如下方式使用：

```
   void main()
   {
   uchar key;
     while(1)                                  //死循环,重复显示
     {
         display();                            //显示数字,同时消耗一段时间
      if((key=inkey())! =-1) key_action(key);  //如果有键按下,则调用键盘处理
                                               //函数
     }
   }
```

## 任务实施

### 一、硬件设计

根据任务分析，本任务的硬件由单片机最小系统、数码管动态显示电路和矩阵键盘三大

部分组成。

单片机的最小系统电路由复位电路和振荡电路等组成，本任务中选择 12 MHz 的晶振为系统振荡器件。

选择 8 位共阴数码管动态显示电路，考虑到单片机端口驱动能力不够强，因此选择总线驱动电路 74LS245 作为段驱动电路。为保证数码管所有段的亮度一致，同时防止数码管的段电流过大，在 74LS245 与数码管的段之间串接 220 Ω 的限流电阻。

共阴数码管的公共端电流是流出的，在数码管点亮时，公共端的电流最大为 8 段 LED 的电流总和，单片机端口完全无法承受。在本任务中，选择 8 TTL 三态反相缓冲器 74LS240 作为数码管位码的驱动器件。当 74LS240 的使能端为高电平时，输出为高阻状态；当使能端为低电平时，74LS240 为 8 个施密特反相器电路。由于 TTL 的允许灌电流在 30 mA 以上，故 74LS240 完全可以驱动数码管。

本任务中要实现 16 个按键的输入，因此采用 2 行 8 列的键盘连接形式，使用逐列低电平扫描，电路中数码管的位控制信号恰好可实现这个扫描功能，故将按键的列引线接 8 位数码管的公共端。键盘的行信号要求单片机能够检测，选择将行信号接单片机的 P3.6 和 P3.7 这两个引脚。

按键设定参数的硬件电路如图 3—3—8 所示。

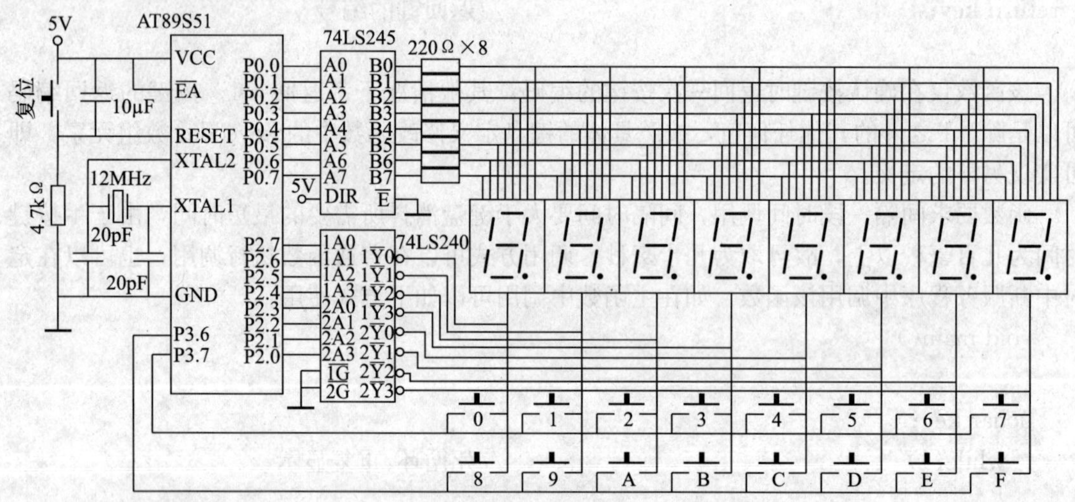

图 3—3—8　单片机键盘控制电路原理图

## 二、软件设计

根据任务目标，本任务采用数码管显示键盘输入参数，使用 8 个元素的全局数组对应存储 8 只数码管的显示内容。为此，在程序前面定义全局变量时，使用语句 “uchar disp [8];”定义显示内容存储数组 disp。

在显示函数中，将 disp［0］～ disp［7］的数据依次送到 8 只数码管，就能实现 8 只数码管将所存内容逐个显示一遍。

当按下键时，控制数码管显示内容左移，并把按键的值显示在最后一只数码管上。在程序中，当检测到有按键按下时，将数码管显示对应的数组元素依次向左赋值，同时将按键的编号赋值给最后一个数组元素，就能实现新的一次显示任务。也就是将 disp [1] 赋值给 disp [0] 后，再将 disp [2] 赋值给 disp [1] ……直到将 disp [7] 赋值给 disp [6]，最后将按键的值赋值给 disp [7]。

如图 3—3—8 所示电路，在键盘扫描过程中，将 P2 口逐个引脚输出高电平，使键盘逐列输出低电平，当检测到 P3.6 和 P3.7 这两个引脚不全为高电平时表明有按键按下，这时扫描次数就是第几列的列数。P3.6 连接的行比 P3.7 所连接行的键盘所对应列的编号多 8（见图 3—3—8 中所标示数字），因此在程序中通过判断是否 P3.7 为低电平的方式判断被按下的键的行数，得到行所对应的权值。将列号加上行的权值（0 或 8）就得到了按键的编号。这种通过计算的方式得到的编号极有规律，如果需要返回的键盘的编码是任意指定的数值，则需要再次通过数组查表方法加以实现。

键盘的消抖动原理是通过间隔一次动态显示时间检测按键编码，动态显示 8 位数码管的时间恰好可以作为一次消抖时间。静态变量可以使函数中的数据保持到再次调用该函数，使用静态变量将历史按键编码和按键处理状态存储起来，作为判断条件，决定键盘输入函数的返回值。

根据上述分析，实现任务的示例源程序如下：

```
#include <AT89X51.H>
#define uchar unsigned char

void display();                    //显示函数
uchar inkey();                     //键盘函数,有消抖,按下键时返回 0～15,否则返回－1
void key_action(uchar key);

uchar disp[8];                     //显示数组,依次对应 8 只数码管

void main()
{
  uchar key;
  while(1)                         //死循环,重复显示
  {
     display();                    //显示数字

     if((key=inkey())! =－1) //判断是否有键按下
     key_action(key);              //如果有键按下,则调用键盘处理函数
  }
}
/ ***********************************************************
函数名称:display()
函数功能:实现 8 位数码管动态显示,约占用 4.2 ms 时间(12 MHz)
```

```
函数说明:P0 为段码(共阴)端口,P2 为位码(反相驱动)端口
*********************************************************/
void display()
{
   uchar code dispcode[]={0x3F,0x06,0x5B,0x4F,0x66,0x6D,0x7D,
                  0x07,0x7F,0x6F,0x77,0x7C,0x39,0x5E,0x79,0x71};
                                    //0~F
   uchar i,j,k;
   k=0x80;
   for(i=0;i<8;i++)
    {
      P2=k;                         //输出位码
      P0=dispcode[disp[i]];         //输出段码
      k=k>>1;                       //下一位
       for(j=250;j>0;j--);          //延迟一段时间
       P0=0;                        //段码输出 0,使数码管所有段不亮,即关闭显示
    }
}
/*********************************************************
函数名称:inkey()
函数功能:实现按键扫描功能,并实现键盘消抖
输入参数:无
返回参数:按下键时返回按键编号,否则返回-1(0xFF)
调用要求:两次调用需要间隔一个消抖时间,如 10 ms。
硬件连接方式与按键定义:(采用扫描行的方式)
~P2.0  →  7    F
~P2.1  →  6    E
~P2.2  →  5    D
~P2.3  →  4    C

~P2.4  →  3    B
~P2.5  →  2    A
~P2.6  →  1    9
~P2.7  →  0    8
          ↑    ↑
       P3.7  P3.6
*********************************************************/
uchar inkey()
```

```
{
    static uchar lastkey,token;         //lastkey:上次键盘编码,token:按键标志,
                                        //0 代表未返回
    uchar row,col,k,key;

    P2=0xFF;                            //所有列输出低电平
    if((P3&0xC0)! =0xC0)                //判断是否有键按下
    {
      k=0x80;
     for (col=0;col<8;col++)            //8 次循环,找到第几列有键按下
      {
      P2=~k;                            //P2 输出取反后,仅有一列为低电平,作为
                                        //扫描码
      if((P3&0xC0)! =0xC0) break;       //有键按下,就退出循环
      k=k>>1;                           //k 指向下一位
    }
    if(P3&0x80)row=0;                   //如果 P3.7 为低电平,则为第一行按下键,否
                                        //则为第二行
    else        row=8;                  //第二行每个按键的编码比第一行多 8
    key=row+col;                        //行列按权相加,按键从左上到右下依次为 0~15

    if(token==0)//未处理
    {
      if(key==lastkey){token=1;}        //两次按键编号相同,则返回键号,并置处理标志
      else{lastkey=key;key=-1;}         //两次按键编号不同,说明键盘抖动,保存键
                                        //号,返回-1
    }
    else                                //已经处理,返回键号为-1
    {
        key=-1;                         //返回-1
      }
    }
    else                                //无键按下
    {
      key=-1;                           //返回-1
     lastkey=-1;                        //保存的键号为-1
     token=0;                           //清空处理标志
    }
```

```
  return key;                           //返回键的编号,在刚按下键时返回键号,否则
                                        //返回-1
}

//下面是一个测试示例按键功能的函数
void key_action(uchar key)
{
    uchar i;
  for(i=0;i<7;i++)                      //前7位等于其右边一位
  {
    disp[i]=disp[i+1];                  //左移一位
  }
  disp[7]=key;                          //将当前按键的值放在数组末位
}
```

### 三、Proteus 仿真

参照前面任务介绍的方法和步骤进行 Proteus 仿真。如图 3—3—9 所示是单片机键盘输入显示电路仿真效果图，图中显示数据是按键输入的显示结果。

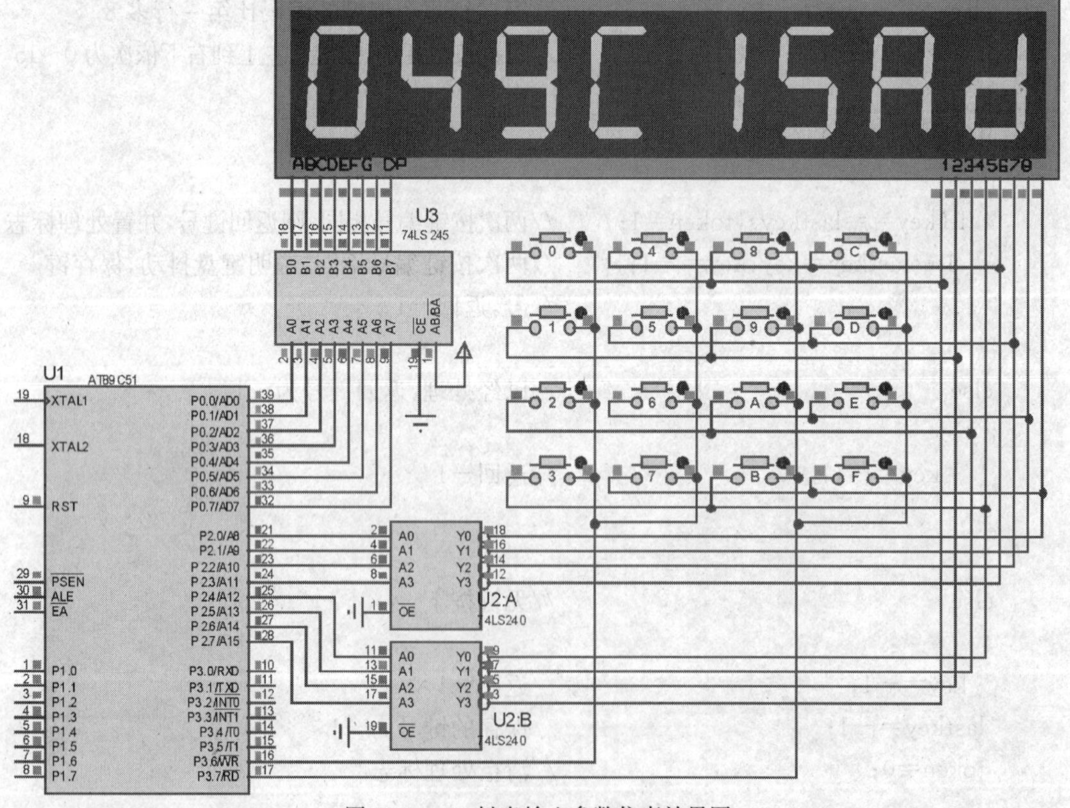


图 3—3—9　键盘输入参数仿真效果图

## 思考与练习

1. 简述数码管静态显示与动态显示的区别。
2. 设计一个简易的 30 s 倒计时的定时器。
3. 请用数码管和 LED 作为显示器，设计一个简易的交通灯系统。
4. 举例说明可向单片机提供控制信号的机电设备，并说明其信号电平与机械动作之间的关系和特点。
5. 简述机械按键的抖动原因及消除抖动的方法。
6. 设计一个按键加 1 计数器。每按键一次，计数器加 1。
7. 用按键调节 LCD1602 的显示数据。
8. 用按键控制 LCD12864 的显示内容。

# 外部中断控制

在单片机与外部设备之间进行数据交换时，有程序控制的无条件传送和查询方式，以及中断方式。在无条件数据传送方式中，外部设备在任何时刻都处在"准备好"的状态，如LED、按键，只要在程序中加入访问外部设备的指令，就实现了数据的传送。查询方式是解决外部设备速度较慢时，单片机与外部设备的数据交换问题，如LCD显示模块，只有在外部设备处于"空闲"或"准备好"状态时，才可以进行数据传送。中断方式采用硬件电路监测低速设备，当外部设备"准备好"时，由硬件控制单片机中断程序运行，转入指定的处理程序，完成与外部设备的数据交换，处理完毕后回到原程序中断处继续执行。

单片机有多种中断控制信号源，本模块介绍的中断信号源类型为外部中断。MCS-51单片机具有两个外部中断引脚，在这两个引脚上出现低电平或下降沿时，可以引起单片机中断。来自外部电路的电平信号通过单片机的中断引脚产生外部中断，实现中断控制。

## 任务　电动机转动圈数测量

**知识点**

◎ 中断的概念与中断的执行；
◎ MCS-51单片机的三种中断源及对应的中断号；
◎ 中断控制相关的特殊功能寄存器TCON、IP、IE；
◎ 外部中断的设置和对应的中断响应条件。

**技能点**

◎ 能正确连接外部中断控制电路；
◎ 能编写外部中断的初始化程序；
◎ 能编写外部中断的中断服务程序；
◎ 能利用外部中断的方式实现检测信号与控制。

### 任务提出

在机电控制系统中，有时需要对电动机转动圈数或机械行程进行测量，例如出租车计价器和行驶里程表。由于电动机或轴承转动的圈数与行驶距离成正比，因此只要测得这个比例系数和电动机或轴承转动的圈数就可以计算出行驶距离。本任务是要利用单片机控制直流电动机的启停，测量电动机的转动圈数并显示。

## 任务分析

根据任务所要实现的控制功能，整个控制过程应分为三个部分，一是检测按键并控制电动机转动或停止；二是测量电动机转动圈数，即对检测到的电动机转动产生的脉冲进行计数；三是调用动态显示程序显示转动圈数。在这三个并行控制功能中，检测电动机转动脉冲这个控制功能是实时进行的，要求最高。若让单片机轮流处理这三个任务，即主程序采用动态显示数据一段时间，再查询一次按键和电动机转动脉冲。这种抽样检测输入信号的方式对具体的按键能够适用，但对于时间较短的输入脉冲可能无效，因为输入脉冲频率较高，会造成漏检。可以看出，采用这种查询的方式进行检测和控制是有缺陷的。为了解决实时检测输入信号和其他程序的运行之间的矛盾，常采用单片机的外部中断方式实现检测输入信号的处理。因此，本任务采用外部中断的方式实现检测电动机转动脉冲和按键的输入。

具体来说，用单片机的外部中断实际上就是由单片机内部的硬件电路自动对单片机的外部中断引脚进行监测（不需要编写按键检测程序段），只需在程序中用命令启用外部中断，对中断有关的内部寄存器进行必要的设置。根据中断对应的标志位的设置情况，在程序运行过程中，当外部中断引脚出现低电平或下降沿时（如本任务中出现电动机转动负脉冲或按键被按下时），单片机就会自动中断正在执行的程序，转而执行对应的中断处理程序，去完成对检测到的脉冲计数和处理按键任务的相关操作。在中断函数执行完毕后，又自动返回被中断的程序断点处继续执行。从中断的执行过程来看，既能够实时检测，保证在有中断申请时，随时完成中断任务，又可以让单片机完整地执行中断前正执行的程序，提高了单片机的工作效率。

根据任务要求，以单片机为控制核心，其信号输入部分是电动机转动脉冲检测电路和控制电动机转动或停止的按键，控制输出部分是电动机驱动电路和转动圈数的显示电路，整个系统的结构框图如图 4—1—1 所示。

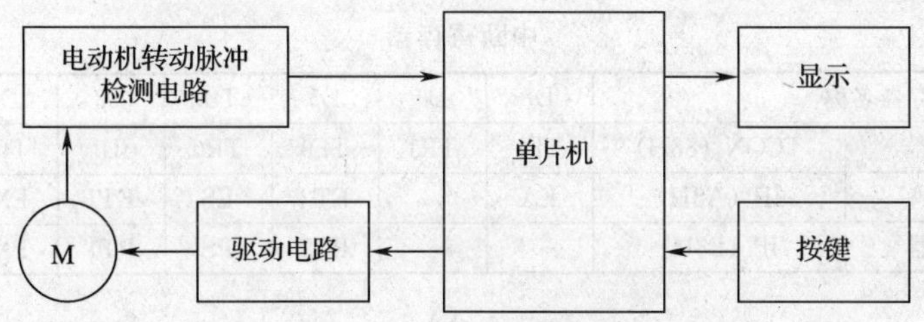


图 4—1—1　电动机转动圈数测量系统框图

## 相关知识

### 一、中断的概念

所谓中断，是指 CPU 在正常执行程序时，系统中出现特殊请求，CPU 暂时中止当前运行程序，转去处理更紧急的事件，处理完毕后，CPU 返回被中止的源程序过程。如图 4—1—2所示为中断程序执行顺序示意图。

通俗地说，对于单片机，中断的执行相当于一种特殊的程序调用，而中断源是产生这种调用的条件。作为 MCS－51 系列单片机，中断源有外部中断、内部定时器/计数器和串口中断三种，后两种中断在后续模块的任务中介绍。对应产生中断的条件可能是一段时间、脉冲个数、高电平变为低电平以及异步串行数据发送/接收完毕等。

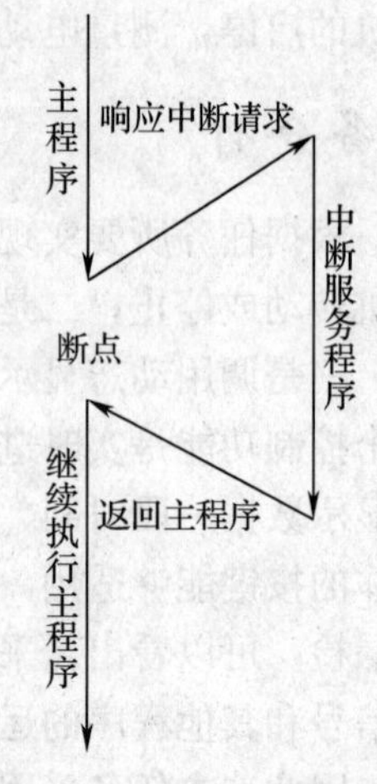

图 4—1—2　中断响应过程

中断调用与子程序调用的最主要区别是：子程序的调用是程序中预先安排好的，在程序中写有调用子程序的命令。而中断是随机发生的，当中断事件发生后，CPU 自动中止正在运行的程序，保护好现场数据，转去执行中断任务。中断子程序中还可中断，也称中断嵌套。

MCS－51 系列单片机的外部中断是利用单片机的 $\overline{INT0}$ 和 $\overline{INT1}$ 两条外部中断输入引脚获得中断信号，$\overline{INT0}$、$\overline{INT1}$ 的非号表示该信号的低电平有效。外部中断源有两种触发方式：低电平和下降沿触发。

## 二、中断控制寄存器的用途及设置

要完成中断调用，在程序中必须对相应的中断控制寄存器进行设置，即中断的初始化。设置好中断初始条件后，当系统检测到中断信号时，硬件自动保护好正在执行程序的现场，转而执行中断服务程序。中断初始化就是对定时器控制寄存器 TCON、中断允许寄存器 IE、中断优先控制寄存器 IP 等进行设置。这些寄存器在单片机内部，是单片机内部存储器的一部分，称为特殊功能寄存器（SFR），可以用命令对寄存器的各位进行设置（置 0 或置 1）或随工作状态变化。下面先介绍外部中断用到的相关寄存器及其初始设置方法。

作为 MCS－51 系列单片机，针对中断的内部特殊功能寄存器见表 4—1—1。

**表 4—1—1　　中断寄存器**

| 寄存器名称 | | D7 | D6 | D5 | D4 | D3 | D2 | D1 | D0 |
|---|---|---|---|---|---|---|---|---|---|
| 定时器控制寄存器 | TCON（88H） | TF1 | TR1 | TF0 | TR0 | IE1 | IT1 | IE0 | IT0 |
| 中断允许寄存器 | IE（A8H） | EA | | ET2 | ES | ET1 | EX1 | ET0 | EX0 |
| 中断优先级寄存器 | IP（B8H） | | | PT2 | PS | PT1 | PX1 | PT0 | PX0 |

### 1. 定时器控制寄存器 TCON

定时器控制寄存器 TCON 芯片内部存储器地址为 88H。8 个位的功能定义如下：

TF1（TCON. 7）：定时器/计数器 1（T1）溢出标志位。当 T1 计数溢出时，由硬件自动置 1。TF1＝1 时，向 CPU 提出中断请求，在 CPU 响应中断后（执行过相对应的中断服务程序），由硬件自动复位，使 TF1＝0。

TR1（TCON. 6）：定时器/计数器 1（T1）启停控制位。当 TR1＝1 时，T1 启动计数；当 TR1＝0 时，T1 停止计数。TR1 可以由软件来设定或清除。

TF0（TCON. 5）：定时器/计数器 0（T0）溢出标志位。当 T0 计数溢出时，由硬件自动置 1。TF0＝1 时，向 CPU 提出中断请求，在 CPU 响应中断后（执行过相对应的中断服务程序)，由硬件自动复位，使 TF0=0。

TR0（TCON. 4）：定时器/计数器 0（T0）启停控制位。当 TR0=1 时，T0 启动计数；当 TR0=0 时，T0 停止计数。TR0 与 TR1 一样可由软件来设定或清除。

IE1（TCON. 3）：外部中断 1 动作标志位，当外部中断被检测出来时，由硬件自动置为 1，在执行过中断服务程序后，则消除为 0。

IT1（TCON. 2）：外部中断 1 动作形式选择位，当 IT1=1 时，由下降沿产生外部中断；当 IT1=0 时，则为低电平产生中断。

IE0（TCON. 1）：外部中断 0 动作标志位，当外部中断被检测出来时，由硬件自动置为 1，在执行过中断服务程序后，则清除为 0。

IT0（TCON. 0）：外部中断 0 动作形式选择位，IT0=1 时为下降沿产生外部中断，IT0=0时则为低电平产生中断。

### 2. 中断允许控制寄存器 IE

MCS-51 系列单片机中断的开启和关闭是通过中断允许寄存器 IE 的设置来实现控制的。中断允许控制寄存器 IE 芯片内部存储器地址为 A8H，IE 的各个位控制单片机相应的中断是否发生，即设置为开中断时能执行中断服务程序，设置为关中断时则不执行中断服务程序。每个位为 1 时为开中断，为 0 时为关中断。IE 各位的具体说明如下：

EA（IE. 7）：EA=0 时，禁用所有中断（中断不产生）。EA=1 时，允许中断，但各中断的开启和关闭由各自的启用位决定。

—（IE. 6）：保留，未定义。

ET2（IE. 5）：定时器/计数器 2 中断允许控制位（8052 使用）。ET2=0，关闭 T2 中断，ET2=1，启用 T2 中断。

ES（IE. 4）：串行通信口中断允许控制位。ES=1 启用，ES=0 禁用。

ET1（IE. 3）：定时器/计数器 1 中断允许控制位。ET1=1 启用，ET1=0 关闭。

EX1（IE. 2）：外部中断 INT1 中断允许控制位。EX1=1 启用，EX1=0 关闭。

ET0（IE. 1）：定时器/计数器 0 中断允许控制位。ET0=1 启用，ET0=0 关闭。

EX0（IE. 0）：外部中断 INT0 中断允许控制位。EX0=1 启用，EX0=0 关闭。

### 3. 中断优先级寄存器 IP

中断优先级寄存器 IP 内部存储器地址为 B8H。MCS-51 系列单片机优先级的控制比较简单，所有中断都可设为高低两个优先级。CPU 在响应中断时，如果同时有两个不同级的中断源向 CPU 同时提出中断申请，CPU 将先响应优先级高的中断请求，然后再响应低优先级的中断请求。用 IP 中某一位代表不同中断源，该位的值表示中断源的优先级别，值为 1 表示高优先级，值为 0 则为低优先级。IP 其中各位的功能和作用说明如下：

—（IP. 7）：保留。

—（IP. 6）：保留。

PT2（IP. 5）：定时器/计数器 2（T2）的中断优先级控制位（8052 使用）。当 PT2=0 时，为低优先级；当 PT2=1 时，为高优先级。

PS（IP. 4）：串行端口的中断优先级控制位。当 PS=0 时，为低优先级；当 PS=1 时，为高优先级。

PT1（IP.3）：定时器/计数器1（T1）的中断优先级控制位。当PT1＝0时，为低优先级；当PT1＝1时，为高优先级。

PX1（IP.2）：外部中断1（$\overline{\text{INT1}}$）的中断优先级控制位。当PX1＝0时，为低优先级；当PX1＝1时，为高优先级。

PT0（IP.1）：定时器/计数器0（T0）的中断优先级控制位。当PT0＝0时，为低优先级；当PT0＝1时，为高优先级。

PX0（IP.0）：外部中断0（$\overline{\text{INT0}}$）的中断优先级控制位。当PX0＝0时，为低优先级；当PX1＝1时，为高优先级。

当同一优先级别的两个中断源同时申请中断时，则按内部查询顺序排列优先级执行中断，优先级从高到低依次为：$\overline{\text{INT0}}$、T0、$\overline{\text{INT1}}$、T1、SIO（串口中断）、T2。

## 三、外部中断的实现过程

51系列单片机有两个外部中断信号输入端P3.2和P3.3，P3.2叫外部中断0（$\overline{\text{INT0}}$）请求输入引脚，P3.3叫外部中断1（$\overline{\text{INT1}}$）请求输入引脚。两个外部中断输入信号是低电平起作用还是下降沿起作用，由中断控制寄存器TCON外部中断动作形式选择位的IT0（TCON.0）和IT1（TCON.2）决定，IT0（IT1）＝1时，由下降沿产生外部中断；IT0（IT1）＝0时，则为低电平产生中断。当CPU检测到引脚出现有效中断信号时，中断标志寄存器IE0（TCON.1）或IE1（TCON.3）置1，即向CPU申请中断。

在中断允许寄存器IE中，当EX0（IE.0）＝1时，启用外部中断INT0的中断；EX1（IE.2）＝1时，启用外部中断INT1的中断。EA（IE.7）＝0时，所有中断禁用；EA＝1时，设置所有中断允许，各中断的产生和控制由各自的启用位决定。

为了说明外部中断时各寄存器的设置和工作过程，图4—1—3给出了外部中断0（$\overline{\text{INT0}}$）设置和工作示意图。外部中断1也是如此。

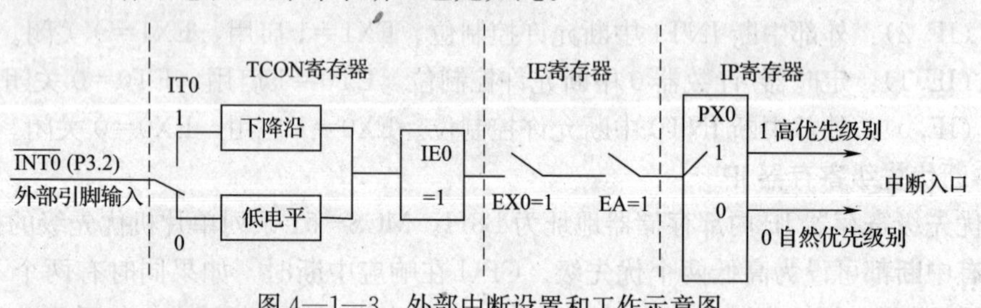


图4—1—3　外部中断设置和工作示意图

## 四、中断源和优先次序

在中断优先级寄存器IP中，用PX0（IP.0）位来设定外部中断$\overline{\text{INT0}}$的优先顺序，PX0（IP.0）＝1，优先中断$\overline{\text{INT0}}$。同样，由PX1（IP.2）位来设定外部中断$\overline{\text{INT1}}$的优先顺序，PX1（IP.2）＝1，优先中断$\overline{\text{INT1}}$。中断允许优先位为0时，对应该中断源为低优先级中断。当同一优先级中有多个中断申请时，由中断系统硬件确定的优先权排队进行，按外部中断0（$\overline{\text{INT0}}$）→定时器/计数器T0→外部中断1（$\overline{\text{INT1}}$）→定时器/计数器T1→串行接口这样一个先后次序优先中断，见表4—1—2。

表 4—1—2　　中断源和优先次序

| 中断源 | 入口地址 | 中断号 | 优先级别 | 说明 |
|---|---|---|---|---|
| 外部中断 0 | 0003H | 0 | 最高 | 来自 P3.2 引脚（$\overline{\text{INT0}}$）的外部中断请求 |
| 定时器/计数器 0 | 000BH | 1 | | 定时/计数器 T0 溢出中断请求 |
| 外部中断 1 | 0013H | 2 | | 来自 P3.3 引脚（$\overline{\text{INT1}}$）的外部中断请求 |
| 定时器/计数器 1 | 001BH | 3 | | 定时器/计数器 T1 溢出中断请求 |
| 串行口 | 0023H | 4 | | 串行口完成一帧数据的发送或接收中断 |
| 定时器/计数器 2 | 002BH | 5 | 最低 | 只有 8052 或 AT89S52 才有定时器/计数器 2 |

## 五、C51 中的中断函数

1. 中断源和中断号

从表 4—1—2 可以看出，C51 系列单片机有 5 个中断源和两个优先级，高优先级中断源可中断低优先级的服务程序，而两个同样优先级别的中断申请到来时，则按一个固定的查询次序来处理中断响应。

2. 中断服务程序的格式

C51 中的中断服务程序的格式如下：

void 函数名(void)interrupt　中断号　［using　寄存器组号］

在 C51 中规定，在中断服务程序中，必须指定对应的中断号，用中断号确定该中断服务程序是哪个中断所对应的中断服务程序。

“using　寄存器组号”是可选项，一般情况下都不使用。寄存器组号取值为 0～3。

3. 中断服务程序的执行

中断服务程序的执行过程如图 4—1—2 所示。在程序执行过程中，在发生了中断的同时，如果该中断又是允许中断的，那么中断就发生了，正在执行的程序被暂时中断执行，转而去执行对应的中断服务程序。当中断服务程序执行结束后，自动返回到被中断的程序，继续从中断点执行原来的程序。

由上述内容可见，中断服务程序的执行必须同时满足以下条件：中断源有中断申请，对应的中断是允许的，有对应的中断服务程序。

对于定时器/计数器中断，将在下一个模块中加以介绍和说明。

# 任务实施

## 一、硬件设计

本任务主要实现单片机控制直流电动机转动和停止，测量电动机转动圈数并显示，故整个系统硬件电路由单片机最小系统、功能按键和电动机驱动电路组成。在本任务中单片机选择 AT89S51 单片机芯片为系统控制芯片，其参数选择原则见模块一相关说明，选择系统晶振频率为 12 MHz。

1. 输入部分

为了使用单片机的外部中断来检测电动机转动脉冲和按键的输入，将电动机转动脉冲检测输入接外部中断 1 的$\overline{\text{INT1}}$（P3.3）引脚，$\overline{\text{INT1}}$连接电动机转动脉冲输入作为测量电动机转动圈数输入端，并将单片机的外部中断引脚置为高电平以有效输入（上电复位后所有 I/O 口已经置为高电平）。而电动机转、停控制按键接在外部中断 0 的$\overline{\text{INT0}}$（P3.2）引脚。单片机的外部中断可以由引脚上的低电平或下降沿引起中断，所以将按键的一端连接到地线，由于单片机的 P3 口内部有上拉电路，按键的另一端直接接到单片机的 P3.2 即可，按键从$\overline{\text{INT0}}$输入控制信号，控制电动机转动或停止。

在实际的测量转动圈数系统中，可以采用霍尔器件、光电检测传感器以及电动机内部或外部附加的发电绕组等方式得到与电动机转速相关的脉冲，读者可根据实际情况选择相应的器件和设计电路，这里不再介绍。如果没有相应的实践条件，可直接采用信号发生器产生不同频率的脉冲来替代电动机转速脉冲。

在本任务中，将检测脉冲电路输出的电动机转速脉冲加在单片机的外部中断 0 引脚（$\overline{\text{INT0}}$）上，每个转速脉冲的下降沿将产生外部中断。电动机每转一圈按传感器数量和检测方式的不同，检测到的脉冲个数由一个到多个不等，而电动机的转速一般在每分钟几十转到每分钟几千转不等，也就是常见的检测脉冲频率在几十赫兹到几千赫兹之间。对于这样频率的脉冲，单片机可以直接对脉冲计数，计数方式可以采用单片机内部的计数器硬件计数，也可以采用外部中断来软件计数。

2. 输出部分

系统输出控制信号，一是控制直流电动机转动或停止，单片机输出控制信号不能直接驱动电动机，需要外接电动机驱动电路，通常采用外接 H 桥电路驱动直流电动机，为了简化电动机驱动电路，本任务选择 3 V 直流电动机，且采用分立元件构成的 H 桥电路。在实际应用系统中，可采用如 L298 等 H 桥集成电路，也可以根据需要采用由功率 MOS 管构成的 H 桥电路，来驱动高电压、大电流的直流电动机。二是输出显示信号控制显示出电动机的转数。作为显示电路，可以有数码管、液晶等多种显示形式及显示电路，本任务中采用共阳数码管动态显示电路。

根据系统分析和电路及元器件选择，电动机转动圈数测量、显示、按键控制转动/停止的整个硬件电路如图 4—1—4 所示。

## 二、软件设计

本任务中系统要实现对电动机转动圈数的检测、计数，并在数码管上显示电动机转动圈数，同时还要检测控制电动机转动或停止的按键是否按下，以实现电动机的转停控制。要完成这三个并行任务，程序设计采用中断进行任务分配。具体的软件设计方案是将按键控制电动机操作用外部中断 0 的服务程序实现，对电动机转动脉冲计数并得到转动圈数用外部中断 1 的服务程序来实现，而实时要求较低的动态显示程序则在主程序中调用。

在主程序中进行外部中断的初始化和变量的初值设定，循环调用动态显示程序将转动圈数显示出来。主程序流程图如图 4—1—5a 所示。

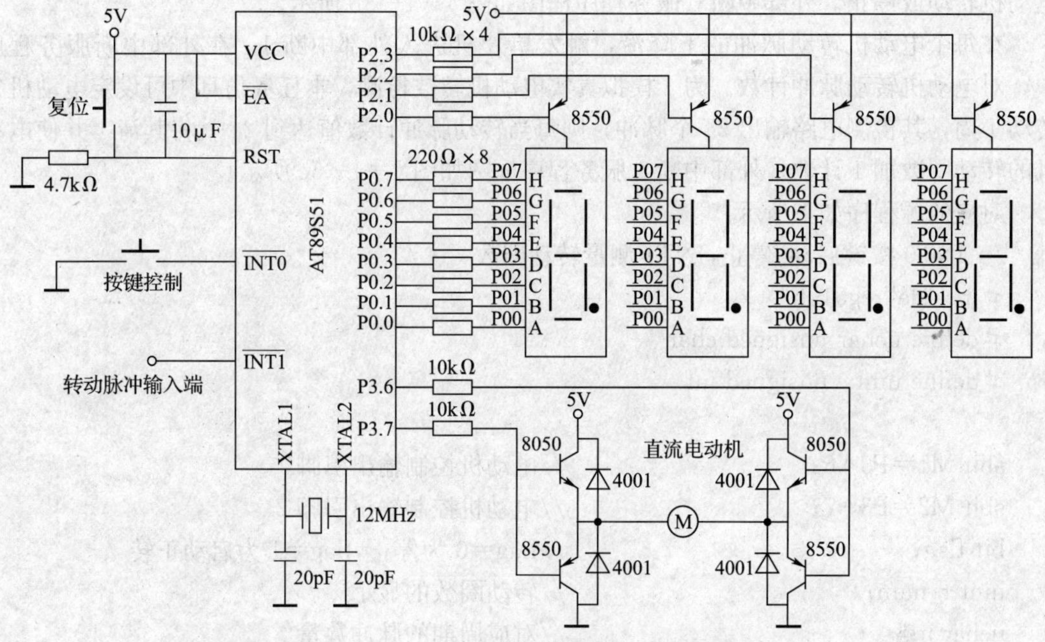


图 4—1—4　电动机转动圈数测量电路原理图

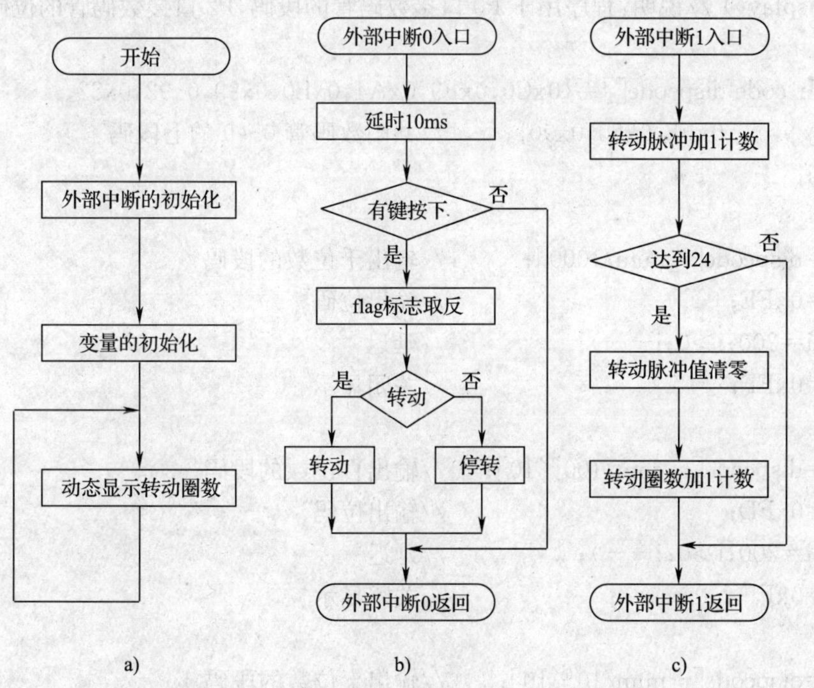


图 4—1—5　电动机转动圈数测量系统程序框图

a）主程序流程图　b）外部中断 0 服务程序流程图　c）外部中断 1 服务程序流程图

当按键按下时产生下降沿，触发单片机进入外部中断 0。在外部中断服务程序中，用一个全局变量或静态变量 flag 作为控制电动机转动或停止的标志，根据这个 flag 的值，控制电动机转动或停止。外部中断 0 服务程序框图如图 4—1—5b 所示。

在每个电动机转动脉冲的下降沿，触发单片机进入外部中断 1。在外部中断服务程序中，对电动机转动脉冲计数。为了模拟真实电动机转数检测，本任务仿真中可设定电动机每转动 1 周，其检测电路输出 24 个脉冲，则每当转动脉冲计数值达到 24 就将其清零并使电动机的转动圈数加 1 计数。外部中断 1 服务程序框图如图 4—1—5c 所示。

对应的源程序如下所示：

```
/ * INT0 按键启动/停止,INT1 测量转动圈数   * /
#include"reg51.h"
#define uchar unsigned char
#define uint  unsigned int

sbit M1=P3^6;                    //电动机控制输出引脚 1
sbit M2=P3^7;                    //电动机控制输出引脚 2
bit flag;                        //flag=0 为停止,flag=1 为启动正转
uint r_num;                      //转动圈数的显示
uchar n;                         //对应周期的脉冲数量

void display() //说明:程序用于 P0 口接数码管的段码,P2 口接数码管的位码
{
  uchar code dispcode[]={0xC0,0xF9,0xA4,0xB0,0x99,0x92,0x82,
            0xF8,0x80,0x90};     //共阳数码管 0~9 的七段码
uchar i;

  P0=dispcode[r_num/1000];       //输出千位数的段码
  P2=0xFE;                       //输出位码
  for(i=200;i>0;i--);            //延迟
  P2=0xFF;                       //关闭显示

  P0=dispcode[r_num/100%10];     //输出百位数的段码
  P2=0xFD;                       //输出位码
  for(i=200;i>0;i--);            //延迟
  P2=0xFF;                       //关闭显示

  P0=dispcode[r_num/10%10];      //输出十位数的段码
  P2=0xFB;                       //输出位码
  for(i=200;i>0;i--);            //延迟
  P2=0xFF;                       //关闭显示
```

```
    P0=dispcode[r_num%10];           //输出个位数的段码
    P2=0xF7;                         //输出位码
    for(i=200;i>0;i--);              //延迟
    P2=0xFF;                         //关闭显示
}
void delay10ms(void)                 //延时 10 ms
{
    uchar i,j;
    for(i=20;i>0;i--)
    for(j=250;j>0;j--);
}

void main(void)                      //主函数
{
    EX0=1;                           //允许 INT0 中断
    EX1=1;                           //允许 INT1 中断
    IT0=1;                           //INT0 下降沿触发中断
    IT1=1;                           //INT1 下降沿触发中断
    EA=1;                            //允许中断

    r_num=n=0;                       //转动圈数的显示初值为 0
    flag=0;                          //flag=0 为电动机停止
    while(1)
    {
      display();                     //调用动态显示,动态显示一次约 2.5 ms
    }
}

void int0()interrupt 0               //检测按键:启动/停止
{
    delay10ms();                     //消抖
    if(INT0==0)
    {
      flag=! flag;                   //启动 or 停止
      if(flag)
      {
      M1=0;//M2=1;                   //电动机正转
```

```
        //r_num=n=0;              //可清零,重新计数
        }
        else
        {
        M1=1;//M2=1;              //电动机停止
        }
    }                             //由于 INT0 已设为下降沿触发中断,所以按键未
                                  //松开保持低电平时不会重复执行
}
void int1()interrupt 2            //测量转动圈数
{
  n++;
  if(n>23)
  {
    n=0;
    r_num++;
    if(r_num>9999)r_num=0;
  }
}
```

## 三、Proteus 仿真

1. 打开 Proteus ISIS 软件，绘制 Proteus 仿真电路，如图 4—1—6 所示。仔细检查，保证线路连接无误。注意：晶体三极管的集电极与数码管的位控制端要增加一个下拉电阻，这是因为在 Proteus 中三极管是模拟器件模型，有穿透电流存在，而数码管是数字模型，只要有高低电平就会亮，其内阻相当于开路，所以会出现显示错误。将三极管改为数字电路的反相器也能解决这个问题。

在 Proteus 中，Motor - Encoder 元件是一个带转动输出脉冲的直流电动机模型。本任务中按表 4—1—3 设置其参数。

**表 4—1—3　　Motor - Encoder 的参数设置**

| 设置项 | 设定参数 | 说明 |
|---|---|---|
| Nominal Voltage | 12 V | 电动机正常工作电压 |
| Coil Resistance | 12 Ω | 电动机绕组电阻值 |
| Coil Inductance | 100 mH | 电动机绕组电感值 |
| Zero Load RPM | 360 | 空载转速 |
| Load/Max Torque% | 50 | 电动机负载系数 |
| Pulses per Revolution | 24 | 电动机每转输出脉冲数量 |

在仿真电路中，由于驱动电动机电流较大、电压较高，故在仿真时，采用 L298 做电动机的驱动电路。

2. 在 Keil 软件开发环境下，创建项目，编辑源程序，编译生成 HEX 文件，并装载到 Proteus 虚拟仿真硬件电路的 AT89C51 芯片中。

3. 运行 Proteus ISIS 软件，仔细观察运行结果，如果有不完全符合设计要求的情况，调整源程序并重复步骤 1、2，直至完全符合本项目提出的各项设计要求。

在仿真时，当按下按键电动机转动（电动机下面的数字代表其转速）后，测量系统检测到的转动圈数随之增加，并显示在数码管上。当再次按下按键时，电动机转速由高逐步降低，直到电动机停止。

如图 4—1—6 所示为电动机转动圈数测量仿真效果图。

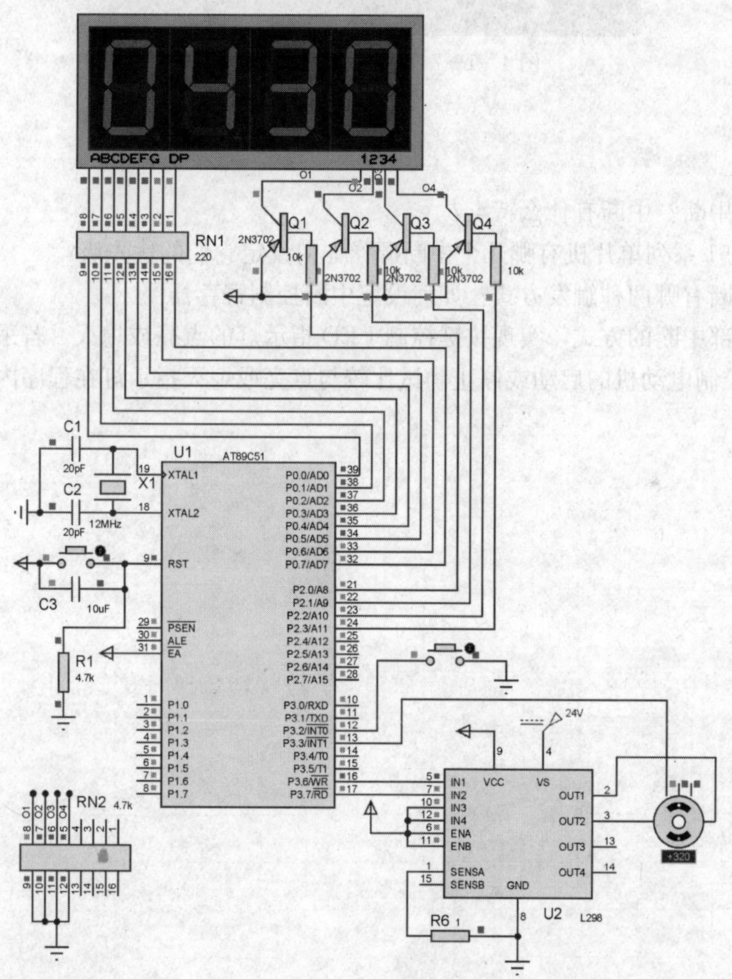


图 4—1—6　电动机转动圈数测量仿真效果图

## 四、电路板实验

1. 选用模块一所安装最小系统电路，安装电动机驱动电路并与电动机连接，将电动机与单片机连接，接好电源。

2. 编译程序并下载到单片机中。

3. 观察运行效果。电动机控制实验电路如图 4—1—7 所示。

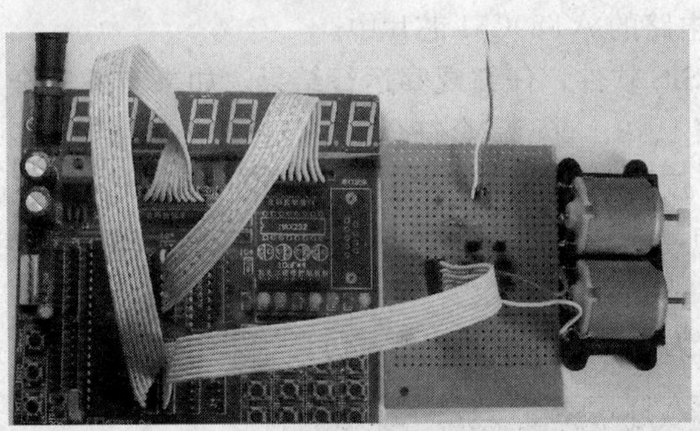

图 4—1—7 电动机控制实验电路

## 思考与练习

1. 什么叫中断？中断有什么特点？

2. MCS－51 系列单片机有哪几个中断源？如何设定它们的优先级？

3. 外部中断有哪两种触发方式？如何设定中断控制寄存器？

4. 采用外部中断的方式，实现按键控制 LED 指示灯的点亮或熄灭。若采用外部中断方式，并用键盘控制电动机的启动或停止，试比较与点亮或熄灭指示灯在程序内容上有什么不同。

# 定时器/计数器应用

MCS-51单片机内部有两个16位定时器/计数器。定时器/计数器是单片机内部的基本功能单元，通过它可以进行精确定时、延时控制，还可以实现对外部事件的计数和检测等。

## 任务1 延时控制

**知识点**

◎ 定时器/计数器的工作原理；
◎ 定时器/计数器中断相关寄存器的设置；
◎ T0、T1在不同方式下定时的初始值计算；
◎ 定时器/计数器中断服务程序的执行过程。

**技能点**

◎ 能编写定时器/计数器中断的初始化程序；
◎ 能编写定时器/计数器中断的服务程序；
◎ 能将定时器/计数器用于实现定时。

### 任务提出

在机电控制系统中，经常需要对时间进行精确控制。单片机系统常采用定时中断来实现精确定时，并可极大地提高工作效率。本任务是要使用AT89S51单片机实现阀门的延时关闭，具体控制要求为：按下按键后打开阀门并开始计时，定时3 s，时间到后再关闭阀门。

### 任务分析

根据任务目标，以单片机为控制核心并负责延时任务，按键作为系统输入，阀门及其驱动电路作为系统输出部分，整个系统的结构框图如图5—1—1所示。

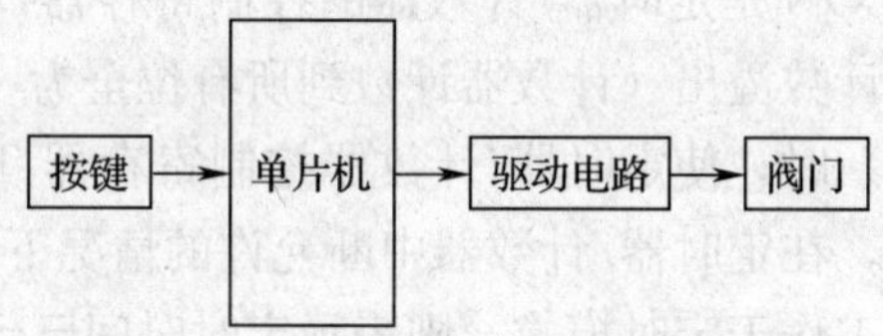


图5—1—1 阀门延时控制系统框图

系统的结构非常简单，但本任务功能的关键是要实现精确定时 3 s。要完成 3 s 的定时，可以采用循环指令延时的方式，但在这种方案中，单片机在定时期间，不能进行其他操作，利用率极低；也可以采用依靠执行其他任务来达到延时的方式，但这种方案中，执行任务的耗时与期望定时的时间不尽相同，因此不能实现精确定时。为了解决精确定时与执行其他任务之间的矛盾，常采用单片机“定时器/计数器”定时中断的方式来实现精确定时。

采用定时中断时，定时的任务是由定时器硬件单独完成的，而单片机就可以正常地执行其他程序，只有当定时时间到了，才中断正在执行的程序，转去执行中断服务程序，中断服务程序执行完成后，自动回到断点，继续执行被中断的程序。

## 相关知识

### 一、定时器/计数器简介

在 8051 系列单片机中有两个可编程的定时器/计数器，分别叫 T0 和 T1。在 8052 系列单片机中，除了上述两个定时器/计数器外，还有一个定时器/计数器 T2，它的功能更强大一些。它们既可以编程作为定时模式，也可以编程作为计数器使用。T2 和 T1 还可以作为串口的波特率发生器。

定时器/计数器实质上就是一个加 1 计数器，而且定时器也是以计数方式工作，只是它对固定频率的脉冲计数，由于脉冲周期固定，因此由计数值可以计算出定时时间。

当定时器/计数器工作于定时器方式时，它对具有固定时间间隔的内部机器周期进行计数，每个机器周期使寄存器的值加 1。每个机器周期等于 12 个系统石英晶体振荡器的振荡周期，故计数频率为振荡器频率的 1/12，当采用 12 MHz 的晶振时，计数频率为 1 MHz，计数周期为 1 $\mu$s。

当定时器/计数器工作于外部计数方式时，计数脉冲来自相应的外部输入引脚 T0（P3.4）或 T1（P3.5）。当输入信号产生 1 到 0 的跳变时，计数寄存器的值加 1。注意：识别 T0 或 T1 引脚上的跳变需要 1 个机器周期以上的时间，即识别 1 个外部脉冲需要最少 24 个振荡周期。当对外部输入脉冲进行计数时，最高能计数的外部频率为单片机的振荡频率（系统晶振频率）的 1/24，高于此频率时计数值不准确。

定时器/计数器的寄存器是一个 16 位的寄存器，由两个 8 位寄存器组成，高 8 位为 TH，低 8 位为 TL。对应 T0 的寄存器由 TL0 和 TH0 组成，其访问地址依次为 8AH 和 8CH。T1 由 TL1 和 TH1 组成，其访问地址依次为 8BH 和 8DH。定时器/计数器的初始值通过计数寄存器进行设置。

T0 和 T1 的定时/计数工作是由定时器/计数器的控制寄存器 TCON 的设置来控制的。TCON 是定时器/计数器的控制寄存器，用于控制 T0、T1 的启动、停止和设置溢出标志。当计数溢出（计数器计数到所有位全为“1”时，再来一个计数脉冲，使计数各位全部回到零）时，使定时器/计数器控制寄存器 TCON 的 TF0 或 TF1 位置 1，向 CPU 发出中断请求，在定时器/计数器中断允许的情况下，引起定时中断。当发生溢出时，如果定时器/计数器工作于定时模式，则表示定时时间已到；如果工作于计数模式，则表示外部脉冲个数已达到定时器/计数器设置的工作方式允许的最大计数值。

定时器/计数器的工作方式是由特殊功能寄存器 TMOD 控制的。定时器/计数器与 TMOD 和 TCON 的工作关系如图 5—1—2 所示，图中 TMOD 控制定时器/计数器的工作方式，TCON 控制定时器/计数器的启动、停止，当计数溢出时，启动中断。通过 TMOD 和 TCON 两个寄存器的设置，实现其对定时器/计数器的控制。图中以 T0 为例，T1 与 T0 的工作控制方式相同。

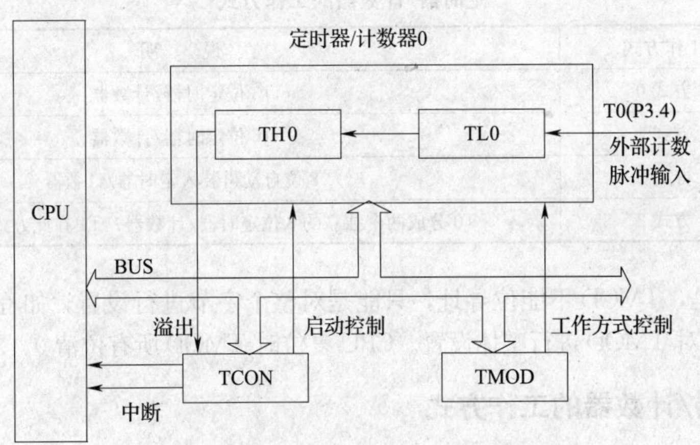


图 5—1—2　定时器/计数器的工作关系图

## 二、定时器/计数器的模式控制寄存器 TMOD

模式控制寄存器 TMOD 是对定时器 T0 和定时器 T1 的计数方式和计数器控制方式进行设置的寄存器，低 4 位用于 T0，高 4 位用于 T1。TMOD 位于内部特殊寄存器区的 89H 单元，TMOD 寄存器的 8 位控制功能如下所示：

| D7 | D6 | D5 | D4 | D3 | D2 | D1 | D0 |
|---|---|---|---|---|---|---|---|
| GATE | C/$\overline{T}$ | M1 | M0 | GATE | C/$\overline{T}$ | M1 | M0 |
| 定时器1控制位 | | | | 定时器0控制位 | | | |

1．GATE：定时器动作开关控制位，也称门控位

当 D3 位的 GATE＝1 时，T0 需要$\overline{INT0}$引脚为高电平，并且单片机内部的定时器中断控制寄存器 TCON 中的 TR0 控制位为 1 时，定时器/计数器 T0 才会开始工作。D7 位的 GATE 位为 1 时，$\overline{INT1}$和 TR1 共同控制 T1 是否工作。利用这个特性可以测量$\overline{INT0}$或$\overline{INT1}$引脚信号为高电平的宽度。

当 GATE＝0 时，只要将 TCON 寄存器的 TR0 或 TR1 控制位置为 1，就可以启动定时器/计数器 T0 或定时器/计数器 T1 工作。

2．C/$\overline{T}$：定时器/计数器模式选择位

当 C/$\overline{T}$＝1 时，为计数器模式，定时器/计数器对来自外部引脚 T0（P3.4）或 T1（P3.5）的外部输入脉冲进行计数。

当 C/$\overline{T}$＝0 时，为定时器模式，定时器/计数器的计数脉冲输入来自单片机内部系统时

钟提供的工作脉冲（系统晶振输出脉冲经 12 分频），计数值乘以机器周期就是定时的时间。

3．M1、M0：定时工作方式选择位

定时器/计数器有 4 种工作方式，由 M1、M0 位进行设置。其中，00 表示方式 0；01 表示方式 1；10 表示方式 2；11 表示方式 3。定时器/计数器的工作方式见表 5—1—1。

**表 5—1—1　　定时器/计数器的工作方式**

| M1、M0 | 工作方式 | 说　明 |
| --- | --- | --- |
| 00 | 方式 0 | 13 位定时器/计数器 |
| 01 | 方式 1 | 16 位定时器/计数器 |
| 10 | 方式 2 | 8 位自动再装入定时器/计数器 |
| 11 | 方式 3 | T0 分成两个独立的 8 位定时器/计数器；T1 在此方式下停止计数 |

需要注意的是，TMOD 不能位寻址，只能是对整个字节进行设置，如程序中“TMOD=0X01;”语句就是对 TMOD 进行整体设置。CPU 复位时 TMOD 所有位清 0。

## 三、定时器/计数器的工作方式

### 1．方式 0

工作于方式 0 的定时器/计数器是一个 13 位的定时器/计数器，其最大计数值为：$M=2^{13}=8\,192$。THx 的高 8 位和 TLx 的低 5 位构成 13 位定时器/计数器。图 5—1—3 所示是以定时器 0 为例的工作方式 0 的结构图。

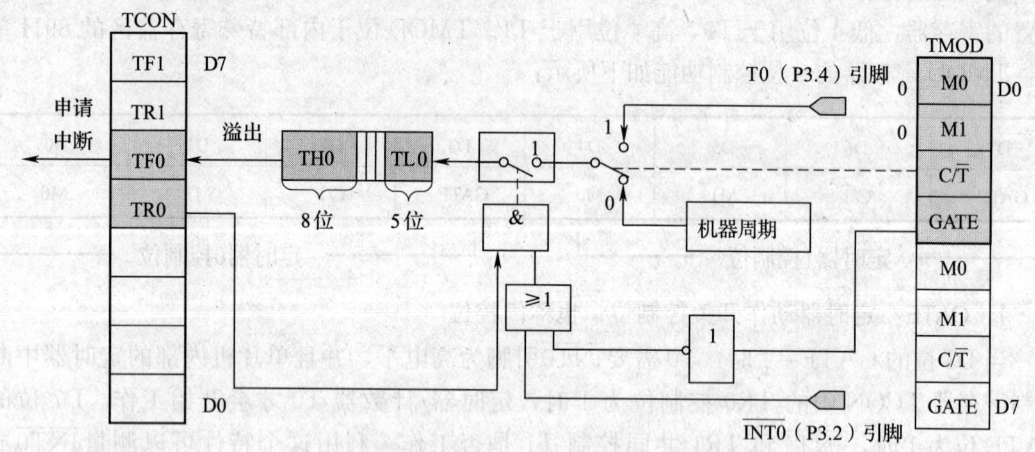

图 5—1—3　定时器/计数器工作方式 0 的结构图

对于不同的计数要求，T0、T1 计数器的初始值设置命令为：

$THx=(2^{13}-t\times f/12)/32=(8\,192-t\times f/12)/32$；

$TLx=(2^{13}-t\times f/12)\%32=(8\,192-t\times f/12)\%32$；

在表达式中，如果为定时方式，则 $t$ 为需要定时的时间，单位为 μs，$f$ 为单片机的工作频率，单位为 MHz；如果为计数方式，则 $t$ 为需要计数的次数，$f=12$。另外，x 为 0 或 1。

在编译程序时，编译程序自动将表达式进行计算，换算成对应的数值并赋值给 TH 和

TL，与手动计算出对应的数值给 TH、TL 赋值一样。

2. 方式 1

在方式 1 中，由 THx 的高 8 位和 TLx 的低 8 位构成全 16 位定时器/计数器，其最大计数值为：$M=2^{16}=65\,536$。图 5—1—4 所示是以定时器 T0 为例的工作方式 1 的结构图。

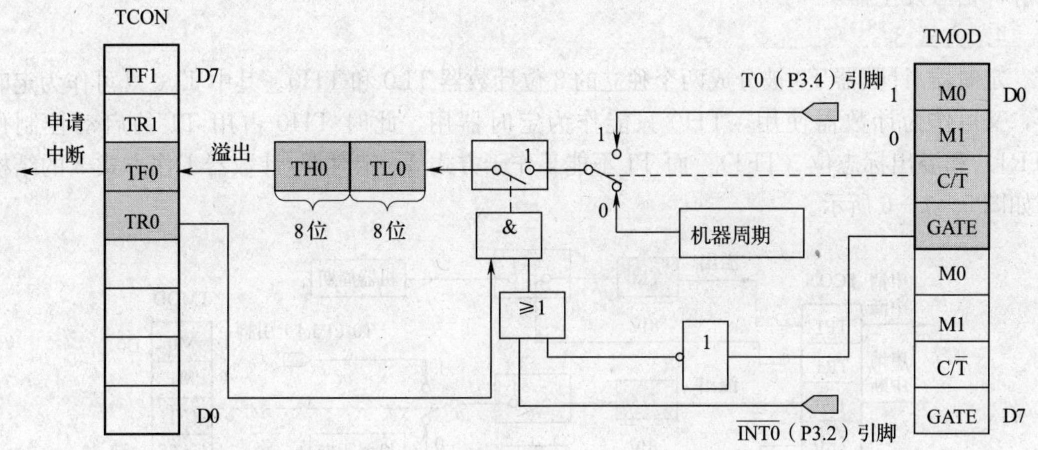


图 5—1—4　定时器/计数器工作方式 1 的结构图

其初始值设置命令为：

$THx=(2^{16}-t\times f/12)/256=(65\,536-t\times f/12)/256$；

$TLx=(2^{16}-t\times f/12)\%256=(65\,536-t\times f/12)\%256$；

式中 $t$ 和 $f$ 的说明与方式 0 相同。在实际中这种方式应用较多。

3. 方式 2

方式 2 的定时器/计数器为能自动重置初值连续工作的 8 位定时器/计数器，其最大计数值为 256。图 5—1—5 所示是以定时器 T0 为例的工作方式 2 的结构图。

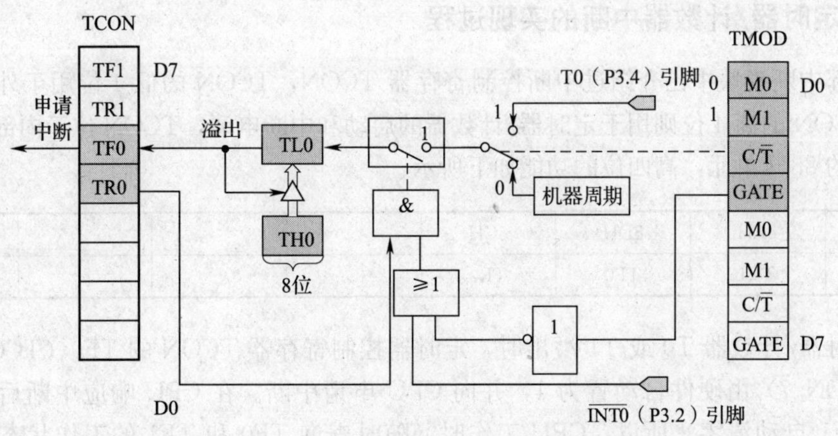


图 5—1—5　定时器/计数器工作方式 2 的结构图

其初始值设置命令为：

$THx=256-t\times f/12$；

TLx＝256－$t$×$f$/12；

式中的 $t$ 和 $f$ 的说明与方式 0 相同。

采用方式 2 时，在中断后，硬件自动把 THx 中的值装入 TLx 中，所以在初始化时，这两个单元的初始值是一样的。由于自动重装初值的特性，工作方式 2 特别适合于用做较精确的脉冲信号发生器。

4. 方式 3

定时器/计数器 T0 被分成两个独立的 8 位计数器 TL0 和 TH0。其中 TL0 既可作为定时器，又可作为计数器使用，TH0 只能作为定时器用，此时 TH0 占用 T1 的启动控制位（TR1）和溢出标志位（TF1）。而 T1 不能工作于方式 3。定时器/计数器工作方式 3 的结构图如图 5—1—6 所示。

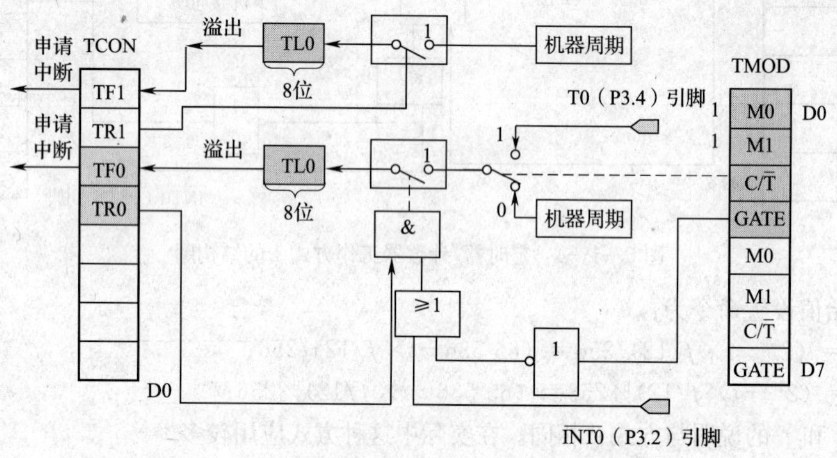


图 5—1—6　定时器/计数器 T0 工作方式 3 的结构图

方式 3 的初始化与方式 2 类似，不同的是在中断服务程序中，需要再次重装初始值。

## 四、定时器/计数器中断的实现过程

在外部中断模块中已介绍过中断控制寄存器 TCON，TCON 的低 4 位用于外部中断控制，而 TCON 的高 4 位则用于定时器/计数器的启动和中断申请，TCON 位于内部特殊功能寄存器区的 88H 单元，高四位的功能如下所示：

| 8FH | 8EH | 8DH | 8CH | | | | |
|---|---|---|---|---|---|---|---|
| TF1 | TR1 | TF0 | TR0 | | | | |

当定时器/计数器 T0 或 T1 溢出时，定时器控制寄存器 TCON 的 TF0（TCON. 5）或 TF1（TCON. 7）由硬件自动置为 1，并向 CPU 申请中断。在 CPU 响应中断后，硬件使 TF0 或 TF1 自动清零。所以，CPU 工作时，随时查询 TF0 和 TF1 的工作状态，TF0 和 TF1 是查询测试的标志。TF0 和 TF1 也可以用软件置“1”或清“0”，效果与硬件控制一样。

TR1（TCON. 6）和 TR0（TCON. 4）是定时器/计数器 T1、T0 的运行控制位。当

TR1（或 TR0）＝1 时，定时器/计数器开始工作，当 TR1（或 TR0）＝0 时，定时器/计数器停止工作。TR1、TR0 位可以用软件设置，所以用程序改变 TR1 或 TR0 的值，即可实现控制定时器/计数器的启动和停止。

程序中设置定时器/计数器中断时，设置中断允许寄存器 IE 中的 ET0＝1，启用定时器/计数器 T0 的中断，在 EA＝1 的情况下，T0 溢出时能使 TF0 标志置 1 且进入定时中断，而 ET0＝0 时，则 TF0 被置 1 将不会进入定时中断；设置 ET1（IE.3）＝1，启用定时器/计数器 T1 的中断，情况与 T0 相同。

同外部中断一样，定时器/计数器中断要对中断允许寄存器 IE 的最高位进行设置，若 EA（IE.7）＝0，所有中断禁用，EA＝1，设置所有中断允许，各中断的产生和控制由各自的启用位决定。

另外，要在中断优先级寄存器 IP 中进行优先顺序设置，用 PT0（IP.1）位来设定内部中断 T0 的优先顺序，PT0（IP.1）＝1，优先中断 TF0。同样，由 PT1（IP.3）位来设定外部中断 T1 的优先顺序。

为了说明定时器/计数器中断时各寄存器的设置和工作过程，图 5—1—7 给出了定时器/计数器 T0 中断设置和工作示意图。

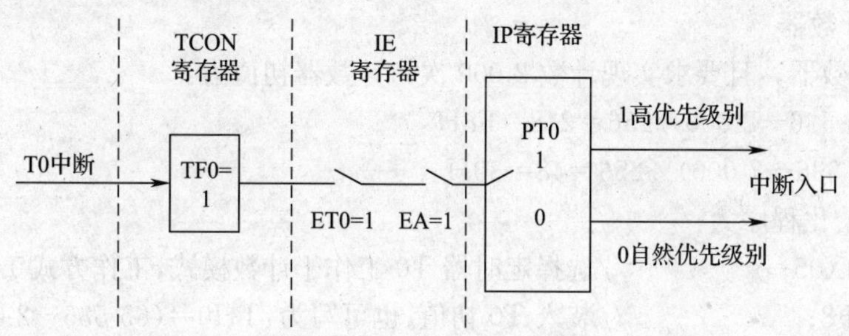


图 5—1—7　定时器/计数器中断设置和工作示意图

## 五、定时器/计数器的初始化设置

定时器/计数器的初始化是非常重要的，初始化编程格式如下所示：

```
TMOD=方式字；            //选择定时器的工作方式
THx=高八位初始值；       //装入 Tx 时间常数，x 为 0 或 1
TLx=低八位初始值；
ETx=1；                  //开 Tx 中断
EA=1；                   //总中断允许，如果有其他中断，可共用本条指令
TRx=1；                  //启动 Tx 定时器
```

具体举例说明如下。

**【例】** 设系统晶振频率为 6 MHz。若定时器 T0 工作于方式 1，要求定时 1 ms，试计算 TH0 和 TL0 的初值为多少？当作为计数器要求计数 2 000 次时，TH0 和 TL0 的初值为多少？并写出具体的初始化程序。

**解**：首先，当定时器工作于方式 1 时，T0 为 16 位计数器，要求计数个数为 1 个时，初

值应为 65 535，当要求计数个数为 65 536 时，初值应为 0，所以方式 1，计数器初值的可设范围为 65 535～0，计数有效范围为 1～65 536。

1. T0 作定时器

设定时器/计数器工作于方式 1，选用定时器/计数器 T0。由于题中给出晶振频率为 6 MHz，所以机器周期为 2 μs，要求定时 1 ms，计数器只需计数 500 次，定时器的初值为：

TH0＝(65 536－1 000×6/12)/256＝254＝FEH

TL0＝(65 536－1 000×6/12)%256＝12＝0CH

具体的初始化程序为：

```
TMOD＝0X01；          //选择定时器 T0 的工作方式 1
TH0＝0XFE；           //装入 T0 初始值，也可直接写为 TH0＝(65 536－1 000×
                      //6/12)/256
TL0＝0X0C；           //也可直接写为 TL0＝(65 536－1 000×6/12)%256；
ET0＝1；              //开 T0 中断
EA＝1；               //总中断允许
TR0＝1；              //启动 T0 定时器
```

2. T0 作计数器

T0 作为计数器，且要求实现计数 2 000 次，计数器初值为：

TH0＝(65 536－2 000)/256＝248＝F8H

TL0＝(65 536－2 000)%256＝48＝30H

具体的初始化程序为：

```
TMOD＝0X05；          //选择定时器 T0 工作于计数模式，工作方式 1
TH0＝0XF8；           //装入 T0 初值；也可写为：TH0＝(65 536－2 000)/256；
TL0＝0X30；           //也可写为：TL0＝(65 536－2 000)%256；
ET0＝1；
EA＝1；
TR0＝1；
```

## 六、定时器/计数器中断服务程序的编写

在对定时器/计数器初始化设置好后，当达到定时时间或计数次数时，CPU 会执行定时器/计数器的中断服务程序。因此在编写中断服务程序时，应该完成此时相应的操作处理，根据不同的任务，具体的操作处理也不相同，但通常情况下需要重置定时器/计数器的初值(工作方式 2 除外)，以完成下一轮定时或计数的任务。

# 任务实施

## 一、硬件设计

本任务主要实现阀门的延时关闭，单片机检测按键输入信号，当按下按键时打开阀门并开始计时，定时 3 s，时间到后再关闭阀门。故系统硬件电路由单片机最小系统、按键、阀

门及其驱动电路组成。

在本任务中选择 AT89S51 单片机芯片为系统控制芯片，其参数选择原则见模块一相关说明，选择系统晶振频率为 12 MHz。

系统控制按键仅有一个，作为打开阀门并开启定时的控制按键。本任务采用外部中断方式检测按键，因此将按键连接在 P3.2 即外部中断 0 的输入引脚上。单片机的外部中断可以由引脚上的低电平或下降沿引起中断，所以将按键的一端连接到地线，由于单片机的 P3 口内部有上拉电阻，按键的另一端直接接到单片机的 P3.2 即可，按键从 $\overline{\text{INT0}}$ 输入控制信号，控制打开阀门并开始定时。

定时任务交给集成在单片机内部的定时器硬件完成，因此不存在外部电路的连接。

本任务选择电磁继电器来驱动阀门的打开和关闭。电路中，单片机的 P2.0 作为控制信号的输出，因为单片机输出口的驱动能力有限，无法直接驱动继电器，所以在继电器输入端接一个 PNP 三极管来放大电流，驱动继电器工作。而为了保护此三极管的正常工作，在三极管的集电极用续流二极管来保护三极管。

本系统中阀门仅有开启和关闭两个状态，因此，系统使用一只 LED 指示阀门的开启和关闭状态，同样是使用 P2.0 引脚作为控制输出。

本任务中单片机应用系统的硬件电路如图 5—1—8 所示。

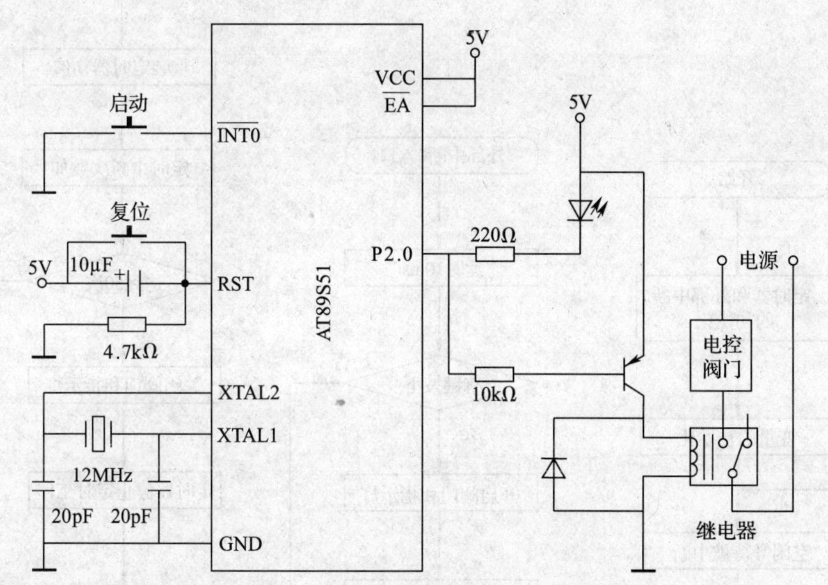


图 5—1—8　延时控制系统电路原理图

## 二、软件设计

根据任务分析和硬件电路原理，采用外部中断的方式检测按键，定时中断的任务是实现 3 s 定时，因此主程序只需要完成对外部中断和定时中断的初始化设置，主程序的流程图如图 5—1—9a 所示。

当检测到按键按下时，进入外部中断 0 的服务程序，此时，单片机输出信号，控制开启阀门和点亮 LED 指示灯，并且启动定时器定时。外部中断 0 的服务程序框图如图 5—1—9b 所示。

定时 3 s 的任务由单片机内部的定时器完成。在 MCS－51 单片机定时器的 4 种工作方式中，定时器最多只能计数 65 536 次，所以在晶振频率较高时，不能一次性产生 3 s 的定时中断。如晶振为 12 MHz 时，机器周期为 1 μs，最大定时时间为 65 536 μs＝65. 536 ms，远小于 3 s。

为了完成 3 s 的定时，可在硬件定时的基础上，增加一个存储单元，每次中断时使用该存储单元进行计数，当达到某个计数值时再执行对应的程序，这样就延长了定时的时间长度。在程序中用变量 n 来表示这个存储单元，用定时器/计数器完成 60 ms 定时，每隔60 ms 就进入定时中断的服务程序一次。在每次的定时中断服务程序中，利用变量 n 来对 60 ms 的定时中断进行计数，当变量 n 的计数达到 50 时，表示已经有 50 次 60 ms 定时了，即 3 s 定时的时间已到，此时应立即让单片机输出控制信号，关闭阀门和 LED 指示灯，并停止定时器定时以及让变量 n 清零，为下一次定时做好准备。定时中断服务程序的框图如图5—1—9c 所示。

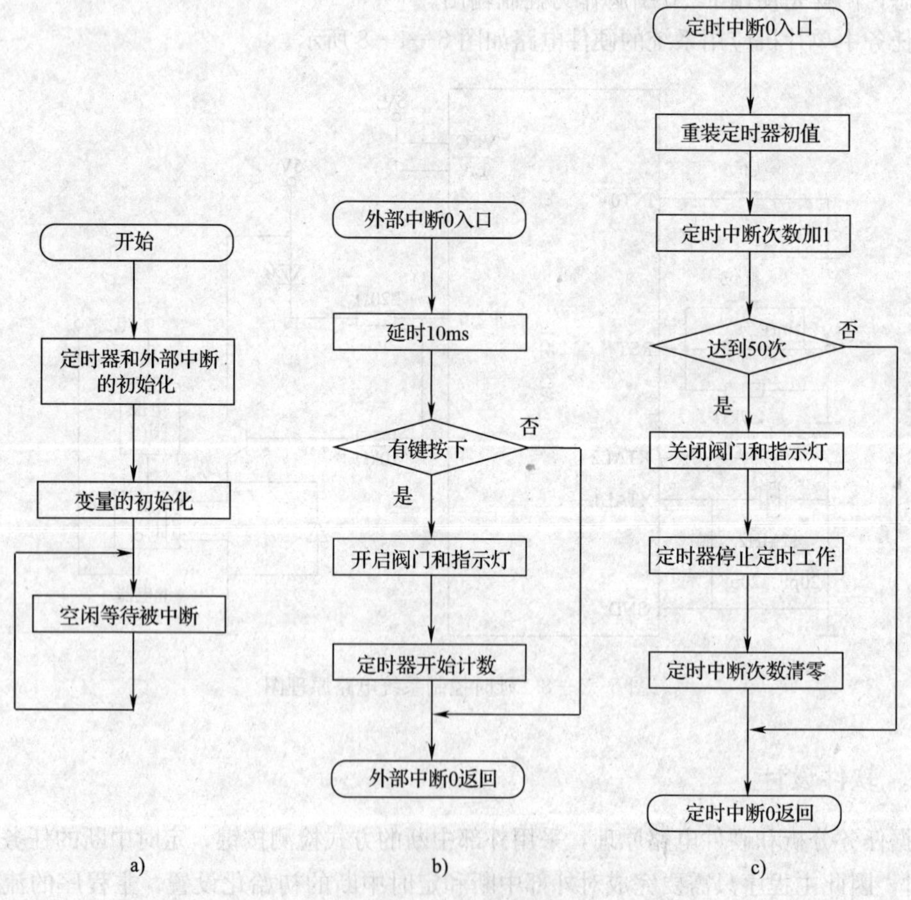


图 5—1—9　延时控制程序框图

a）主程序流程图　b）外部中断 0 服务程序流程图　c）定时中断 0 服务程序流程图

对应的源程序如下所示：

```
/ * 定时器定时系统采用 12 MHz 晶振  * /
#include <AT89X51.H>
#define uchar unsigned char

sbit light=P2^0;                   //定义 light 变量表示 P2 口的 P2.0 端
uchar  n;                          //定义定时器计数单元
void time_init()                   //定时器及外部中断初始化
{
  TMOD=0X01;                       //设置定时器 T0 工作在方式 1
  TH0=(65 536-60 000)/256;  //定时器 T0 定时 60 000 μs,高 8 位的初值
  TL0=(65 536-60 000)%256;  //定时器 T0 定时 60 000 μs,低 8 位的初值
  ET0=1;                           //允许定时器 T0 中断
  EA=1;                            //开中断

  EX0=1;                           //允许外部中断 0
  IT0=1;                           //外部中断 0 下降沿触发
}
void delay10ms(void)               //延时 10 ms
{
uchar i,j;
for(i=20;i>0;i--)
for(j=250;j>0;j--);
}

void main(void)                    //主函数
{
  time_init();                     //中断初始化
  while(1)
   {
     ;                             //主函数,什么也不做,也可以有其他程序
   }
}
void time0()interrupt 1            //每隔 60 ms 进入 time0 定时中断服务程序一次
{
  TH0=(65 536-60 000)/256;  //定时器 T0 定时 60 000 μs,重装高 8 位的初值
  TL0=(65 536-60 000)%256;  //定时器 T0 定时 60 000 μs,重装低 8 位的初值
```

```
    n++;                        //每次中断让变量 n 的值加 1,实现对中断的计数,
                                //因每次中断 60 ms
    if(n>=50)                   //如果中断 50 次,即 3 s 到了
    {
      light=1;                  //输出高电平,使继电器线圈断电和 LED 灭
      TR0=0;                    //定时器 T0 停止定时计数
      n=0;                      //让 n 重新从 0 开始计数
    }
}
void int0()interrupt 0          //检测按键:启动/停止
{
   delay10ms();                 //消抖
   if(INT0==0)
   {
     light=0;                   //输出低电平,使继电器线圈通电和 LED 亮
     TR0=1;                     //让定时器 T0 开始计数
   }
}
```

## 三、Proteus 仿真

参照前面任务介绍的方法和步骤进行 Proteus 仿真。注意：在 Proteus 中，RTE24005F 元件是一个绕组工作电压为 5 V 的电磁继电器模型。继电器控制的对象是 220 V 交流电驱动的电灯，用以替代阀门。

在仿真时，当按下启动按键后，电灯和 LED 指示灯点亮，保持 3 s 后，自动关闭，实现了任务要求。如图 5—1—10 所示是延时控制仿真效果图。

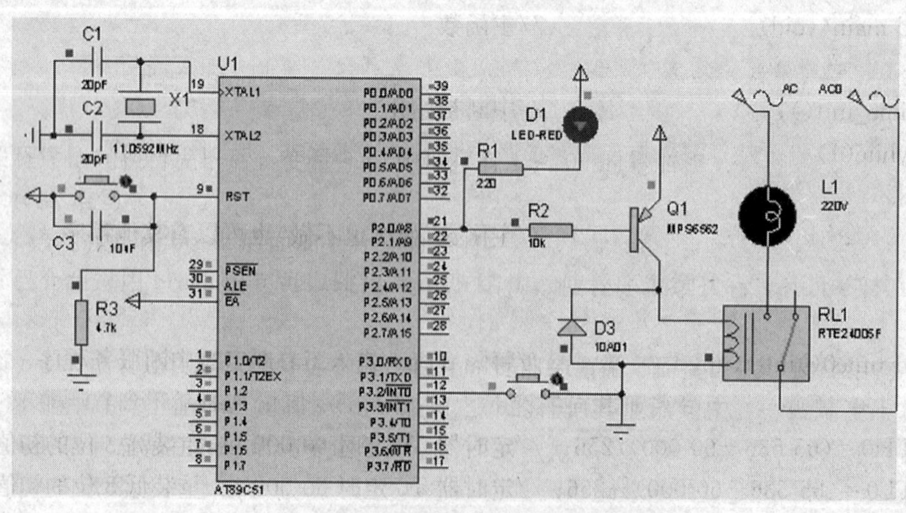


图 5—1—10　延时控制仿真效果图

# 任务 2　脉宽调制调速

**知识点**

◎ 脉宽调制的基本原理；

◎ 脉宽调制的用途和实现方法。

**技能点**

◎ 能熟练编写定时器/计数器中断的初始化程序；

◎ 能熟练编写定时器/计数器中断的服务程序；

◎ 能使用 PWM 控制外部设备。

## 任务提出

在机电控制系统中，广泛采用脉宽调制技术来驱动各类模拟器件，如电动机调速、照明调光等。要实现脉宽调制除了可采用专用的集成电路外，还可以采用程序控制单片机定时器及通用 IO 端口来实现。

本任务是使用 AT89S51 单片机通过脉宽调制技术控制直流电动机的转速。具体控制要求如下：

1. 用按键调节驱动直流电动机的脉冲宽度，以改变直流电动机的转速；
2. 电动机从静止到全速运行分为 11 个挡位（0～10 挡）。

## 任务分析

直流电动机是一个模拟元件，而单片机的输出是数字信号。要实现单片机对直流电动机转速的控制，可以采用数/模转换电路进行 D/A 转换；也可以采用无须进行数/模转换的脉宽调制方式实现。

根据任务目标，以单片机为控制核心并负责脉宽调制任务，按键作为系统输入，改变单片机输出脉冲的宽度实现对直流电动机速度的调节。

脉宽调制的输出就是不同宽度的脉冲，也就是单片机改变输出的高低电平的时间。单片机的引脚负载能力极弱，需要功率驱动电路对单片机的输出信号进行放大后，再驱动直流电动机。整个系统的硬件结构框图如图 5—2—1 所示。

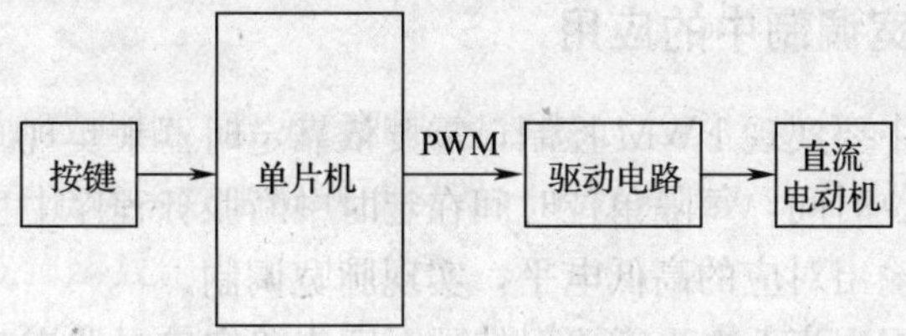


图 5—2—1　脉宽调制调速系统框图

## 相关知识

### 一、脉宽调制的基本原理

脉冲宽度调制（Pulse Width Modulation），简称脉宽调制（PWM），是利用数字信号输出对模拟电路进行控制的一种非常有效的技术。这种技术广泛应用于功率控制、测量和通信等领域。

脉宽调制就是输出一系列幅值相等而宽度不相等的脉冲，用这些脉冲来代替所需要的波形。按一定的规则对各脉冲的宽度进行调制，既可改变输出电压的大小，也可改变输出频率，这就是 PWM 控制技术。

PWM 信号是方波信号，在给定的任何时刻，满幅值的直流供电或有（ON）或无（OFF），电压或电流是以一种通或断的重复脉冲序列被加到负载上的。例如对一个白炽灯泡供电，如果将连接电源和灯泡的开关闭合 50 ms，灯泡在这段时间中将得到供电，如果在下一个 50 ms 中将开关断开，灯泡得到的供电将为 0 V。如果在 1 s 内将此过程重复 10 次，灯泡看起来是以 50%的亮度点亮。这种情况下，占空比为 50%，调制频率为 10 Hz。

大多数负载（无论是电感性负载还是电容性负载）需要的调制频率高于 10 Hz。设想一下如果灯泡先接通 5 s 再断开 5 s，然后再接通、再断开如此往复。占空比仍然是 50%，但灯泡在头 5 s 内将点亮，在下一个 5 s 内将熄灭。要让灯泡取得 50%亮度的效果，必须提高调制频率。在其他 PWM 应用场合也有同样的要求。通常调制频率为 1～200 kHz。

PWM 的优点之一是从处理器到被控系统信号都是数字形式的，无须进行数模转换。让信号保持为数字形式可将噪声影响降到最小。噪声只有在强到足以将逻辑 1 改变为逻辑 0 或将逻辑 0 改变为逻辑 1 时，才能对数字信号产生影响。对噪声抵抗能力的增强是 PWM 相对于模拟控制的另外一个优点，而且这也是会将 PWM 用于通信的主要原因。从模拟信号转向 PWM 可以极大地延长通信距离。在接收端，通过适当的 RC 或 LC 网络可以滤除调制高频方波并将信号还原为模拟形式。

随着电力电子技术、微电子技术和自动控制技术的发展以及各种新的理论方法，如现代控制理论、非线性系统控制理论的应用，PWM 控制技术获得了空前的发展。

目前许多单片机和 DSP 已经在芯片上包含了 PWM 功能模块，这使数字控制的实现变得更加容易。若芯片内没有集成 PWM 功能模块，也可以利用单片机定时器及通用 I/O 口通过编程来实现。

### 二、定时器在脉宽调制中的应用

在单片机应用系统中要实现 PWM 控制，需要依靠定时器来实现。具体的实现方式可以利用定时器定时一个单位时间，每隔单位时间在定时中断服务程序中去判断是否已达到电平需要保持的时间，从而输出对应的高低电平，实现脉宽调制。

另一种实现方式是根据高低电平需要保持的时间来确定定时器定时的时间，并在定时中断服务程序中将电平取反输出，两种方法实现的方式不同，但实际效果是一致的。

## 任务实施

### 一、硬件设计

本任务主要用脉宽调制的方式实现用按键控制直流电动机的转速，电动机从静止到全速运行分为多个挡位。整个系统硬件电路由单片机最小系统、按键、直流电动机及其驱动电路组成。

在本任务中选择 AT89S51 单片机芯片为系统控制芯片，其参数选择原则见模块一相关说明，选择系统晶振频率为 12 MHz。

系统控制按键只设一个，作为调节直流电动机转速的按键，每按下一次按键，控制直流电动机转速换一次挡。采用外部中断的方式检测按键，因此，将按键连接在 P3.2 即外部中断 0 的输入引脚上。单片机的外部中断可以由引脚上的低电平或下降沿引起中断，所以将按键的一端连接到地线，由于单片机的 P3 口内部有上拉电阻，按键的另一端直接接到单片机的 P3.2 即可，按键从$\overline{\text{INT0}}$输入控制信号，控制直流电动机调速。

在脉宽调制中，对高低电平保持时间进行定时的任务交给集成在单片机内部的定时器完成，因此不存在外部电路的连接。对于 PWM 输出，只需要单片机的通用 I/O 口实现，选择 PWM 的输出引脚为 P2.0。

单片机输出控制信号不能直接驱动电动机，需要外接 H 桥电路等驱动直流电动机。为了简化电动机驱动电路，在本任务中选择 3 V 直流电动机，且采用分立元件构成的 H 桥电路。在实际应用系统中可采用如 L298 等 H 桥集成电路，也可以根据需要采用由功率 MOS 管构成的 H 桥电路，来驱动高电压、大电流的直流电动机。

根据硬件电路和元器件的选择，本任务中单片机实现脉冲宽度调速的硬件电路如图 5—2—2 所示。

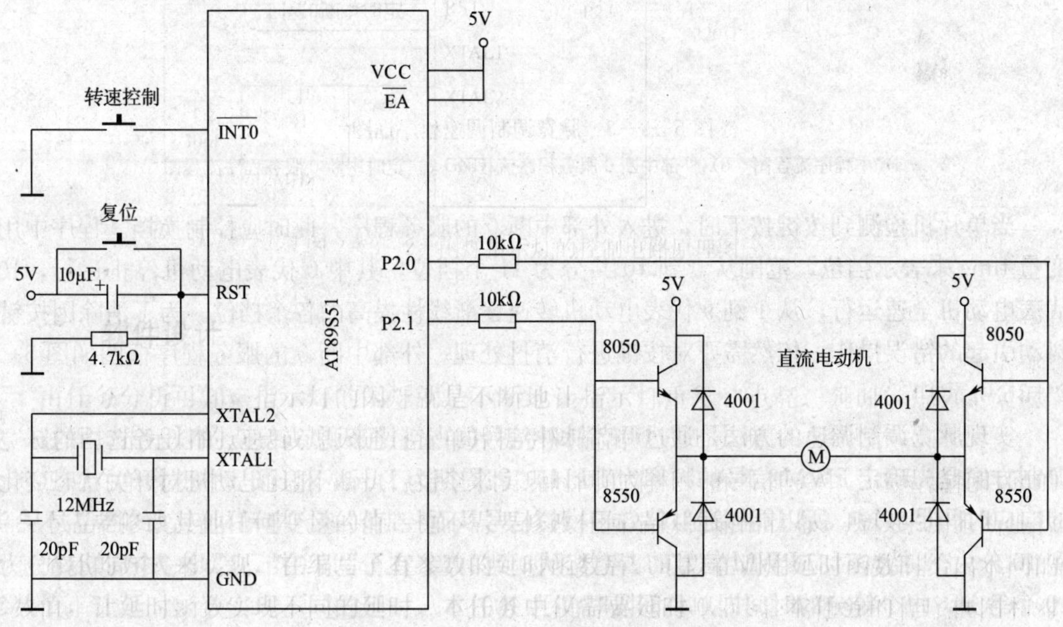


图 5—2—2 脉宽调制调速电路原理图

## 二、软件设计

本任务主要实现脉宽调制调速，采用外部中断的方式检测换挡按键，定时中断的方式用固定定时和软件计数实现脉宽控制，因此主程序只需要完成对外部中断和定时中断的初始化设置，主程序的流程图如图 5—2—3a 所示。

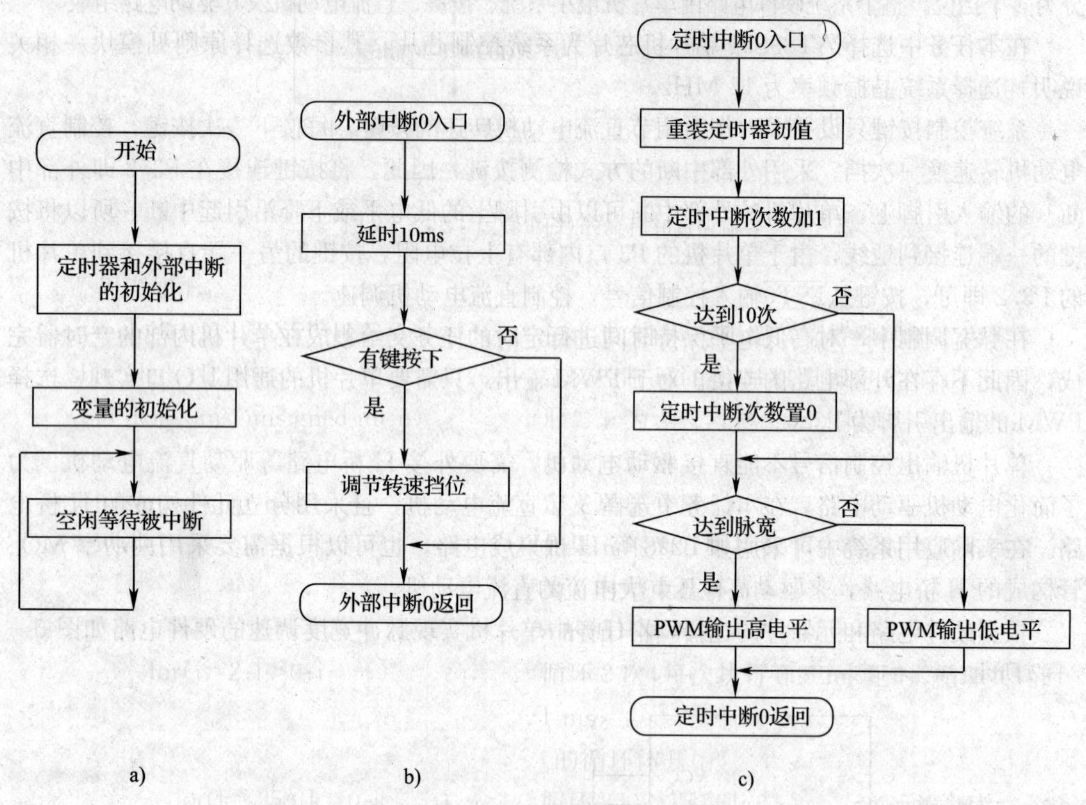


图 5—2—3　脉宽调制调速程序框图

a）主程序流程图　b）外部中断 0 服务程序流程图　c）定时中断 0 服务程序流程图

当单片机检测到按键按下时，进入外部中断 0 的服务程序，此时应控制换挡。程序中用变量 time 来表示挡位，范围从 0 到 10 共分为 11 个挡位，其中 0 代表电动机停止运行，10 代表电动机全速运行，从 1 到 9 代表电动机转速逐渐线性提高的各个挡位。为了消除因按键抖动引起的错误操作，依然需要对按键进行消抖处理。外部中断 0 的服务程序框图如图 5—2—3b 所示。

实现脉宽调制调速的方法是通过调节脉冲信号的占空比来调节转速。本任务选用的脉宽调制方案是先确定 PWM 信号的频率为 1 kHz，即周期为 1 ms，相比电动机对开关状态变化的响应时间足够短，所以能够近似等效于模拟信号从而控制转速。电动机转速的挡位是从 0 到 10 分为 11 挡，对应 PWM 信号的占空比从 0 到 100%也分为 11 挡，因此一个周期就分为 10 个等分，每个等分的时间即单位间隔时间为 100 μs。

利用定时器来定时这个单位时间，每 100 μs 时间一到就会进入定时中断服务程序，此时对定时中断次数计数（程序中变量 c100 us），即对脉冲宽度计时，并且根据变量 time 所指示的转速挡位去判断脉冲的宽度是否已达到对应的占空比，输出对应的高低电平，从而实现脉宽调制。当超过一个周期（1 ms）时，变量 c100 us 重置为 1，为下一个周期的脉宽定时做好准备。定时中断服务程序的框图如图 5—2—3c 所示。

在程序中，用定时器的工作方式 2 完成 100 μs 的定时，系统晶振为 12 MHz，机器周期为 1 μs，所以定时器在初始化时将计数次数设为 100 次。

注意本系统由于已将电动机的另一输入端置为高电平，所以是依靠 PWM 信号中的低电平驱动的。

对应的源程序如下所示：

```
#include <AT89X55.H>
#define uchar unsigned char

sbit pwm=P2^0;                      //PWM 输出引脚
uchar time;                         //转速挡位
void delaynms(int count)            //nms 延时函数
{
  int i;
  uchar j;
  for(i=0;i<count;i++)
  {
    for(j=250;j>0;j--);
    for(j=250;j>0;j--);
  }
}
void init_t0()
{
  TH0=256-100;                      //定时 100 μs 的初始值
  TL0=256-100;
}

void main()
{
  time=0;                           //转速挡位初始化为 0 挡,也就是电动
                                    //机处于停止状态
  TMOD=0X02;                        //将 T0 设为定时器模式工作方式 2
  init_t0();                        //定时器初始化
  ET0=1;                            //外部中断初始化
```

```
    EX0=1;
    IT0=1;
    EA=1;
    TR0=1;                                    //启动定时器
    while(1)
    {
    ;                                         //单片机什么也不做,处于等待状态。
                                              //也可以执行其他任务

    }
  }
/*不更改定时时间,只是与脉冲宽度时间比较*/
void time0()interrupt 1
{
static uchar c100us;                          //static 定义局部变量只被初始化一次,
                                              //对 100μs 定时中断计数
  c100us++; if(c100us==10)c100us=0;           //定时中断次数,0~9,用做 PWM 控制
                                              //依据,time=0
                                              //输出全高,time=10 输出全低,time 为
                                              //1~9 实现 PWM
  if(c100us<time)                             //比较挡位与计数次数,每 10 次中断时
                                              //间为 1 个脉冲周期
   pwm=0;                                     //如果计数次数小于挡位则输出低电平,
                                              //驱动电动机转动
  else pwm=1;                                 //计数次数不小于挡位则输出高电平,
                                              //形成脉冲
}
void int0()interrupt 0
{
  delaynms(10);
  if(INT0==0)
  {
    time++; if(time==11)time=0;               //0~10
  }
}
```

## 三、Proteus 仿真

1. 打开 Proteus ISIS 软件，绘制 Proteus 仿真电路，如图 5—2—4 所示。仔细检查，保证线路连接无误。

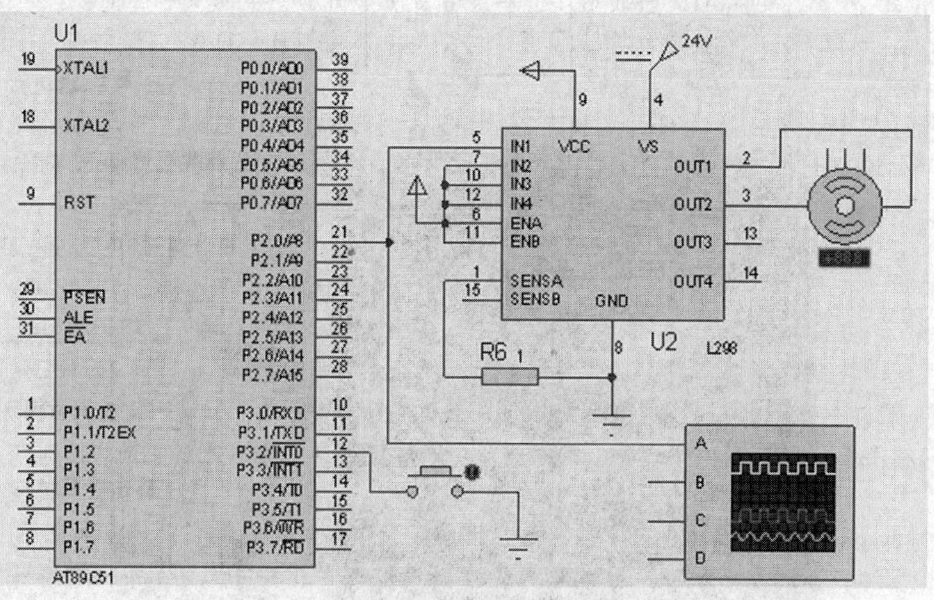


图 5—2—4　脉宽调制调速仿真电路图

在 Proteus 中，Motor－Encoder 元件是一个带转动输出脉冲的直流电动机模型，其参数设置参见表 4—1—3。

在仿真电路中，由于驱动直流电动机电流较大、电压较高，故在仿真时采用 L298 做直流电动机的驱动电路。若要求控制直流电动机正反转，L298 的 IN2 引脚应连接至单片机的输出引脚来进行控制，由于本任务未做要求，故将 IN2 直接接至高电平。

程序中设定 P2.0 为 PWM 负脉冲输出引脚，将 Proteus 虚拟仪器模型中的示波器任一通道连接至 P2.0 引脚，可观察到 PWM 波形。

2. 在 Keil 软件开发环境下，创建项目，编辑源程序，编译生成 HEX 文件，并装载到 Proteus 虚拟仿真硬件电路中 AT89C51 芯片中。

3. 运行 Proteus ISIS 软件，仔细观察运行结果，如果有不完全符合设计要求的情况，调整源程序并重复步骤 1、2，直至完全符合本项目提出的各项设计要求。

在仿真时，每按下一次按键，直流电动机转速（直流电动机下面的数字代表其转速）在 0～320 r/min 递增 10%，实现了 PWM 脉宽调制调速，在虚拟数字示波器中可观察单片机引脚的脉宽调制输出波形，PWM 信号幅值为 5 V，周期为 1 ms，占空比随按键调节。

图 5—2—5 到图 5—2—8 为直流电动机脉宽调制调速仿真效果图。

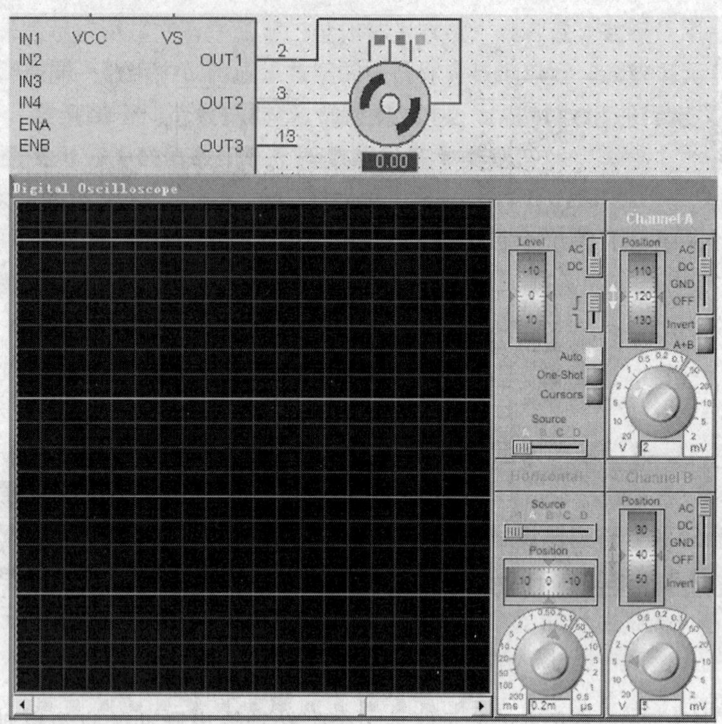


图 5—2—5　PWM 负脉冲占空比为 0%时，电动机静止

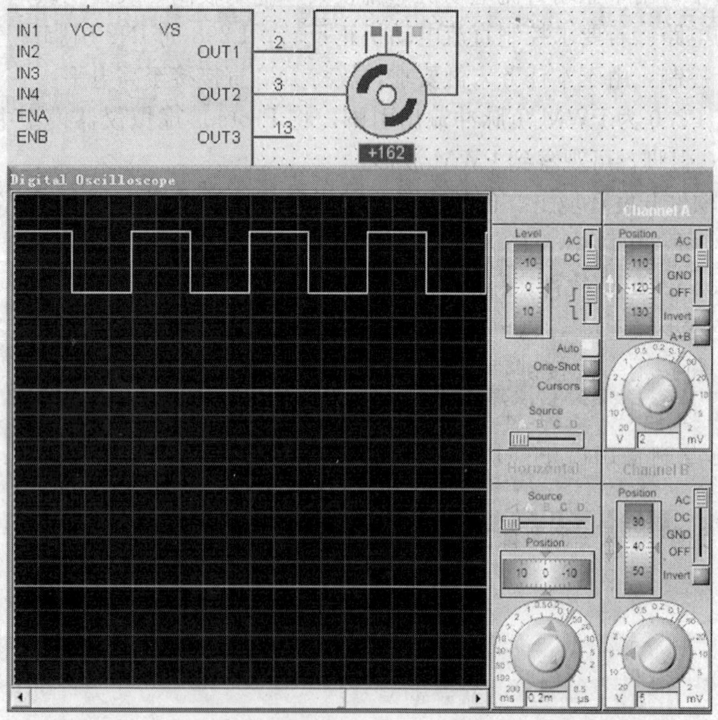


图 5—2—6　PWM 负脉冲占空比为 50%时，电动机转速达到 162 r/min

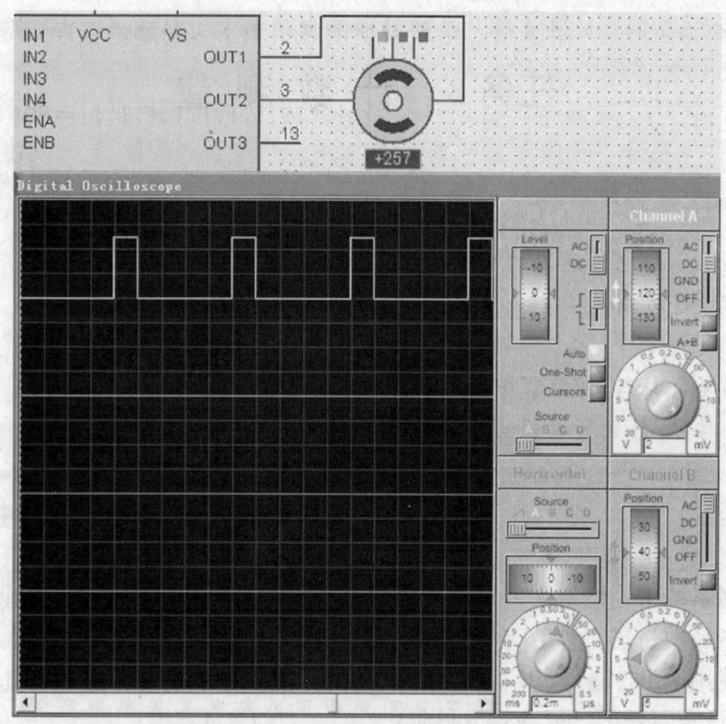


图 5—2—7　PWM 负脉冲占空比为 80%时，电动机转速达到 257 r/min

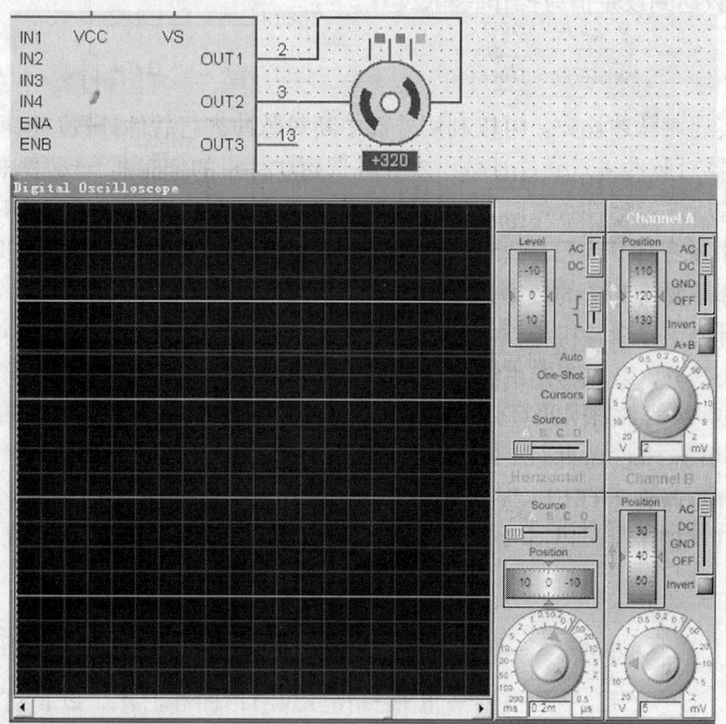


图 5—2—8　PWM 负脉冲占空比为 100%时，电动机转速达到 320 r/min

# 任务3 计 数 测 量

**知识点**

◎ 光电传感器、磁电传感器的测量原理；

◎ 计数值的设定方法。

**技能点**

◎ 能熟练编写定时器/计数器中断的初始化程序和服务程序；

◎ 能利用定时器/计数器编程实现计数。

## 任务提出

在机电控制系统中，经常需要对脉冲信号进行检测和计数，如对电动机转速或机械行程进行测量、对产品数量进行计数等。

本任务是使用AT89S51单片机实现对产品的计数、显示及装箱控制，具体控制要求为：

1. 用按键设定每箱的计件数量并显示；
2. 对产品数量进行计数并显示；
3. 当计件数达到设定值时操作装箱。

## 任务分析

用单片机实现对脉冲计数，可以利用外部中断对脉冲进行软件计数，也可以利用单片机的定时器/计数器对脉冲进行硬件计数。本任务选用单片机的定时器/计数器对产品计数，当计数值达到按键所设定计件数量时，进行装箱操作处理，并将计数值重置，开始再次重新计数。在开始计件数之前，首先需要对每箱的计件数量使用按键进行设定，在设定计件数量和计件状态时，都需要将对应的数据显示出来。

根据任务目标，以单片机为控制核心并负责计件任务，传感器及其产生的计数脉冲与按键作为系统输入部分，数码显示电路与装箱操作的驱动电路作为系统输出部分，整个系统的结构框图如图5—3—1所示。

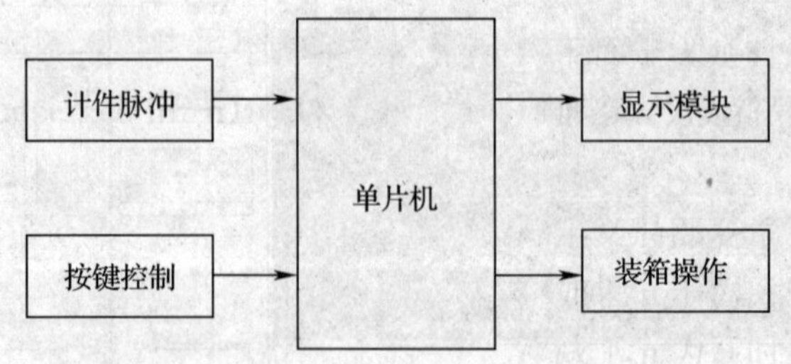


图5—3—1 计件装箱系统框图

## 相关知识

### 一、光电传感器、磁电传感器测量原理

计数脉冲的获取可以采用光电检测传感器、霍尔器件等方式。

在产品传送带的两侧可安装一个红外发光二极管和一个红外传感器。传送带上的产品会阻隔发光二极管发出的光线，因此另一边的传感器就接收到有无光的信号，经过整形放大形成电脉冲，实现光电检测。

霍尔传感器的磁场由磁钢提供，所以霍尔传感器和磁钢需要配对使用。在霍尔传感器检测转速的应用中，在非磁材料的圆盘边上粘贴一块磁钢，将霍尔传感器固定在圆盘外缘附近。圆盘每转动一圈，霍尔传感器便输出一个脉冲。通过单片机测量产生脉冲的频率就可以得出圆盘的转速。霍尔传感器具有体积小、响应速度快的特点，适合应用在高转速场合。

### 二、计数值设定方法

当定时器/计数器工作在计数状态时，对来自 P3.4 或 P3.5 引脚输入的脉冲信号进行计数。若单片机的工作频率 $f_{OSC}$=12 MHz，工作在计数状态下的 T0，最大计数值为 $f_{OSC}/24$，因此 T0 能计数的脉冲最大计数频率为 12 MHz/24=500 kHz。对于频率大于此值的脉冲，需要在计数前面加上分频器，分频后再进行计数。本任务中要求对传送带上的产品计数，其脉冲频率远小于 500 kHz，所以无须分频。

若应用中需要得到脉冲的计数值，可将定时器/计数器的初始值赋为 0。同时，由于定时器/计数器的最大计数值为 65 536，若需要计数的值很大，完全有可能产生溢出，对此，采用与定时 3 s 类似的方法，使用软件来记录计数器有几次溢出。若溢出了 A 次，最后一次的计数值为 B，则脉冲的计数值为：

$$count = A \times 65\,536 + B$$

若应用中需要对一个已知计数次数的脉冲计数，则可将定时器/计数器的初始值设定为这个已知计数次数，例如计数 2 000 次的计数器初始值设为：

TH0=（65 536－2 000）/256；

TL0=（65 536－2 000）%256；

## 任务实施

### 一、硬件设计

本任务主要用单片机的定时器/计数器对产品计数，当计数值达到按键所设定的计件数量时，进行装箱操作处理，按键对每箱的计件数量进行设定，将对应的数据显示出来。故整个系统硬件电路由单片机最小系统、功能按键、传感器检测及脉冲输出电路、显示电路和装箱操作驱动电路组成。

在本任务中选择 AT89S51 单片机芯片为系统控制芯片，其参数选择原则见模块一相关说明，选择系统晶振频率为 12 MHz。

1. 输入部分

系统控制按键设有两个，一个作为每箱的计件数量设定按键，每按下一次按键，计件数加 1，长按一定时间则清零。另一个按键作为启动按键，使系统切换到运行状态，开始计件。本任务采用外部中断的方式检测按键，因此将按键连接在 P3.2 和 P3.3 即外部中断 0 和外部中断 1 的输入引脚上。单片机的外部中断可以由引脚上的低电平或下降沿引起中断，所以将按键的一端连接到地线，由于单片机的 P3 口内部有上拉电阻，按键的另一端直接接到单片机的 P3.2 和 P3.3 即可。

对产品计件的任务交给单片机的定时器/计数器来完成，只需要将计件产生的脉冲信号连接至单片机的定时器/计数器输入引脚，本系统连接至 P3.4 即选用定时器/计数器 T0。计数脉冲可以采用光电检测传感器、霍尔器件等方式来获取。由于实际情况不同，所选择的器件与设计电路也不一致，这里不再介绍这部分电路。

2. 输出部分

显示模块可以采用数码管、液晶等多种显示形式和电路，在本任务中采用共阳数码管动态显示电路，其显示原理及驱动程序原理在模块三中已详细介绍。

装箱操作及其驱动电路以及传送带的运行控制电路应视具体对象而定，在此不再赘述。

根据硬件电路的连接和选择，本任务中单片机应用系统的硬件电路如图 5—3—2 所示。

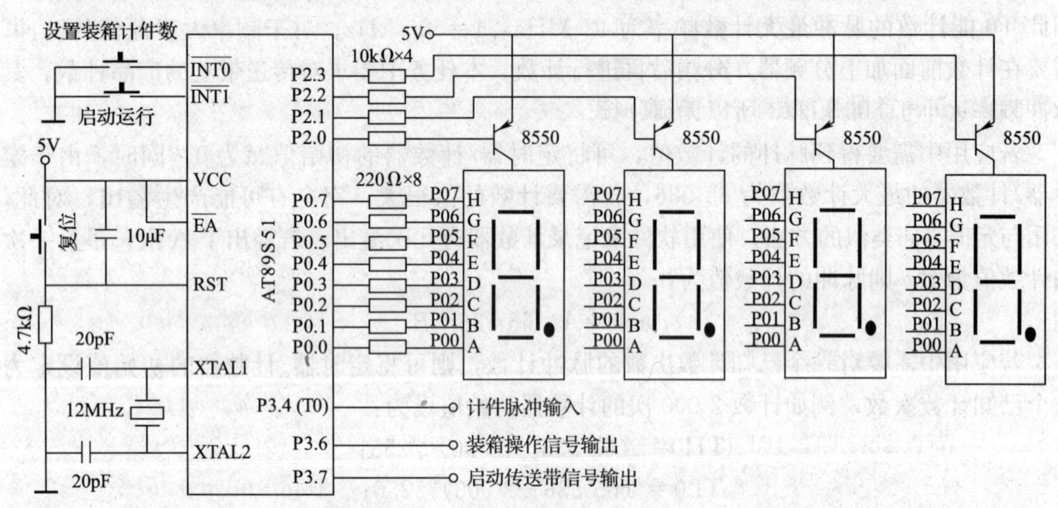


图 5—3—2　计件装箱系统电路原理图

## 二、软件设计

本任务主要实现计件装箱操作，根据任务分析和硬件电路原理，在系统的软件设计上，分为两个状态：

第一个是设置状态，在这个状态中，每箱需要装入的产品数量用前两位数码管显示，其值由按键设定，按键采用外部中断的方式检测，并在对应的中断服务程序中完成相应操作。

第二个是运行状态，在这个状态中，用单片机内部的定时器/计数器实现对计件脉冲的计数，这是定时器/计数器的硬件行为，在主程序中只需要对定时器/计数器的值进行判断，如果达到设定的装箱计件数量则进行装箱操作，并使装箱次数（程序中用变量 r _ num 表示）加 1，装箱次数的值显示在前两位数码管上，当超过设定的装箱计件数量时，则使定时器/计数器的值 TL0 置为 1，这样的处理方式类似 12 小时制（总是在 1 到 12 之间变化）。由于在动态显示程序中需要保持数码管点亮一段时间，在这段时间中很可能存在计数脉冲，如果在主程序中采用调用动态显示程序即抽样检测判断的方式，容易造成漏检，错过做出对应操作的时机。因此本系统采用定时中断的方式实现动态显示，这样主程序随时都在判断，不会漏检。

本系统用到了两个外部中断和两个定时器/计数器，因此主程序还需要完成对外部中断和定时中断的初始化设置，主程序的流程图如图 5—3—3 所示。

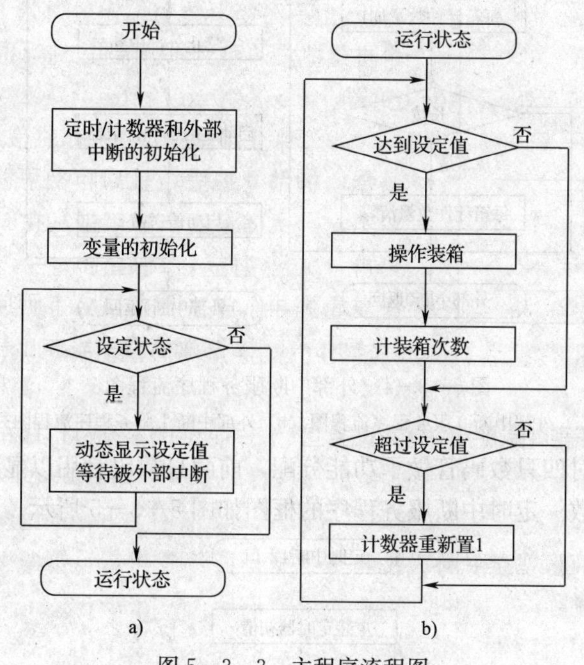


图 5—3—3　主程序流程图

连接至 P3.2 的按键功能是设置每箱的产品数量。当单片机检测到此按键按下时，进入外部中断 0 的服务程序。此时将设定值加 1，由于系统只用了两位数码管来显示设定值，所以将设定值的上限设为 99，若长按按键则清零，程序中为了便于仿真将长按的阈值时间设为 0.2 s 左右，实际应用中应设得更长。为了消除因按键抖动引起的错误操作，依然需要对按键进行消抖处理。外部中断 0 的服务程序框图如图 5—3—4a 所示。

连接至 P3.3 的按键功能是启动运行。当单片机检测到此按键按下时，进入外部中断 1 的服务程序。此时关闭外部中断 0 和外部中断 1，是为了禁止在运行过程中调节设定数量。启动定时器开始定时是为了要实现动态显示实时数据，启动计数器开始计数则进入了运行状态，因此在主程序中将 TR0 作为区分设置状态和运行状态的标志。最后输出一个启动传送带的信号。为了消除因按键抖动引起的错误操作，依然需要对按键进行消抖处理。外部中断 1 的服务程序框图如图 5—3—4b 所示。

进入运行状态后的动态显示是利用定时中断完成的，每 500 μs 时间到就会进入定时中断服务程序，此时重装定时器初值为下一次的定时做好准备。这 500 μs 的时间就是每只数码管保持点亮的时间。程序中用了开关分支 switch 语句实现根据定时中断的次数选择某一

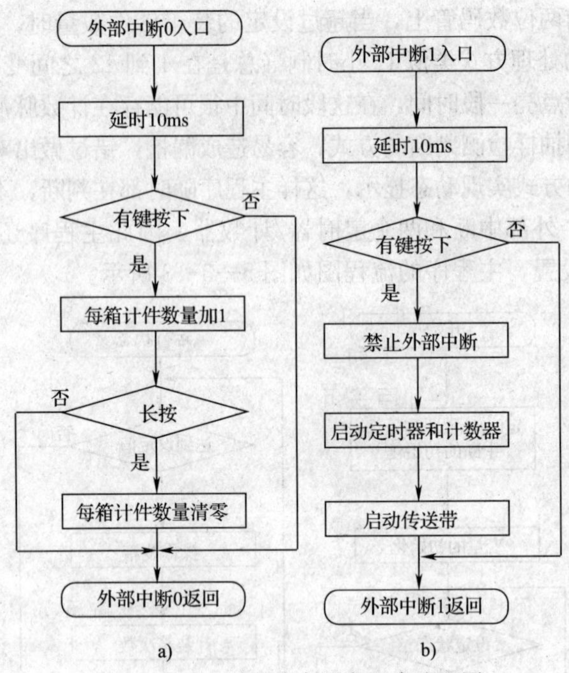


图 5—3—4 外部中断服务程序流程图

a）外部中断 0 服务程序流程图 b）外部中断 1 服务程序流程图

只数码管显示，这里对四只数码管做了功能分配，前两只数码管用以显示装箱次数，后两只数码管用以显示计件数。定时中断服务程序的框图如图 5—3—5 所示。

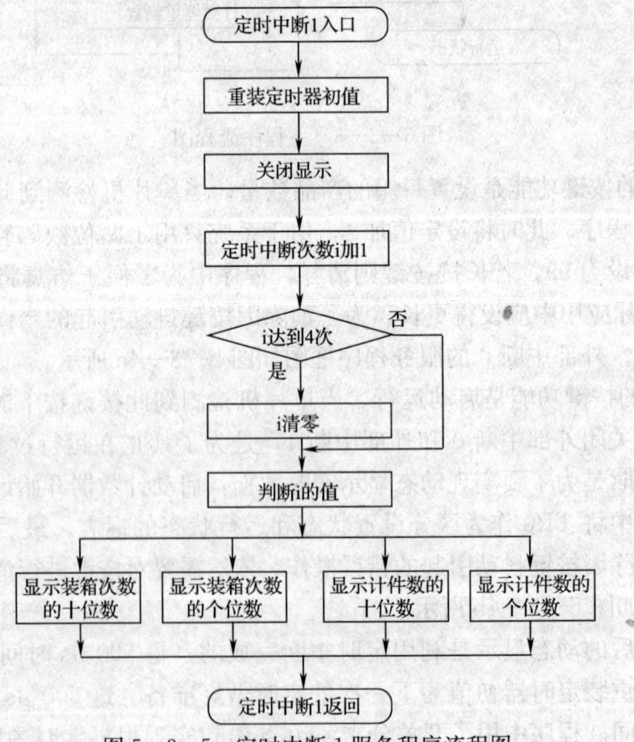


图 5—3—5 定时中断 1 服务程序流程图

程序中需要注意的是，定时器/计数器 T0 工作于计数器的工作方式 2，完成对计件脉冲的计数。在初始化时将初值设为 0，则 TL0 的值就是计件数。由于在主程序中对计数器 TL0 的值进行判断，当超过设定的每箱计件数量时，则使计数器 TL0 的值重新置为 1，而每箱计件数量的最大值系统设定为 99，因此计数器 0 不可能溢出和产生中断，所以不需要写出对应的中断服务程序。

对应的源程序如下所示：

```
/*计件装箱,系统晶振为12MHz */
#include "reg51.h"
#define uchar unsigned char
#define uint   unsigned int

sbit M1=P3^6;                          //控制输出引脚1
sbit M2=P3^7;                          //控制输出引脚2
uchar code dispcode[]={0xC0,0xF9,0xA4,0xB0,0x99,0x92,0x82,0xF8,0x80,
0x90};
uchar r_num;                           //装箱次数
uchar adj_n;                           //可设置的装箱计件数

void display_adj()                     //说明:程序用于P0口接数码管的段码,
                                       //P2口接数码管的位码
{
  uchar i;

  P0=dispcode[adj_n/10];               //输出十位数的段码
  P2=0xFE;                             //输出位码
  for(i=200;i>0;i--);                  //延迟
  P2=0xFF;                             //关闭显示

  P0=dispcode[adj_n%10];               //输出个位数的段码
  P2=0xFD;                             //输出位码
  for(i=200;i>0;i--);                  //延迟
  P2=0xFF;                             //关闭显示
}
void time1()interrupt 3                //用定时器1实现动态显示
{
  static uchar i;
```

```
    TH1=(65536-500)/256;
    TL1=(65536-500)%256;

    P2=0xFF;                          //关闭显示
    i++;if(i>=4)i=0;
    switch(i)
    {
    case 0:
      P0=dispcode[r_num/10];          //输出装箱次数的十位数的段码
      P2=0xFE;                        //输出位码
      break;
    case 1:
      P0=dispcode[r_num%10]&0X7F;     //输出装箱次数的个位数的段码
      P2=0xFD;                        //输出位码
      break;
    case 2:
      P0=dispcode[TL0/10];            //输出计件数十位数的段码
      P2=0xFB;                        //输出位码
      break;
    case 3:
      P0=dispcode[TL0%10];            //输出计件数个位数的段码
      P2=0xF7;                        //输出位码
      break;
    }
  }
  void delay10ms(void)                //延时 10 ms
  {
  uchar i,j;
  for(i=20;i>0;i--)
  for(j=250;j>0;j--);
  }
  void main(void)                     //主函数
  {
  adj_n=3;                            //将初始值设为 3,通过按键调节
  r_num=0;                            //n=0;

    TMOD=0X16;                        //设置定时器 T0 工作在计数模式方式 2,
                                      //定时器 T1 工作在定时模式方式 1
```

```
  TH0=0;                                //定时器 T0 的初值,用于计件
  TL0=0;                                //定时器 T0 的初值
  TH1=(65536-500)/256;                  //T1 用于动态显示
  TL1=(65536-500)%256;
  ET1=1;
  EX0=1;EX1=1;
  IT0=1;IT1=1;
  EA=1;                                 //开中断
  while(1)
  { /******* 设置状态 *******/
  while(TR0==0)                         //当处于设置状态
  {
    display_adj();                      //调用动态显示,动态显示一次约 2.5 ms
  }

  /******* 运行状态 *******/
  if(TL0==adj_n)
  {
    r_num++;if(r_num>99)r_num=0;        //计装箱次数
    M1=0;                               //输出脉冲控制电磁阀操作装箱
    M1=1;
    while(TL0==adj_n);                  //等待,防止重复执行
  }
  if(TL0>adj_n)TL0=1;                   //类似 12 小时制处理
  }
}

/* void time0()interrupt 1
                                        //由于计件数设为两位数,计数器 TL0
                                        //最多 100 就被主程序置为 1
                                        //所以在本程序模式 2 下不可能溢出产生
                                        //中断,自然就没有对应的中断服务程
                                        //序了
{
  ;
} */
void int0()interrupt 0                  //检测按键:设定装箱计件数量
{
```

```
    int i=0;
    delay10ms();                        //消抖
    if(INT0==0)
    {
    if(adj_n<99)adj_n++;                //设定上限
    while(INT0==0)
    {
      display_adj();                    //动态显示一次约1 ms
      i++;
      if(i>200)adj_n=0;                 //长按,按住0.2 s以上则清零,此参数
                                        //根据实际情况调整
    }
    }
}
void int1()interrupt 2                  //检测到按键:启动运行
{
    delay10ms();                        //消抖
    if(INT1==0)
    {
      EX0=0;                            //运行过程中禁止调节设定数量
      EX1=0;

      TR1=1;                            //启动定时器1
      TR0=1;                            //启动计数器0
      M2=0;                             //启动传送带传送产品,开始计件
    }
}
```

## 三、Proteus 仿真

参照前面任务介绍的方法和步骤进行 Proteus 仿真。注意：在仿真电路中，用 CLOCK 信号源产生脉冲，来模拟计件脉冲的输入。为了方便观察仿真效果，将 CLOCK 的频率设为 30 Hz。

设置状态：每箱需要装入的产品数量用前两位数码管显示，其值由按键设定，仿真效果如图 5—3—6 所示，此时表示每箱需装入 12 件产品即一打。

运行状态：后两位数码管显示计件数量，前两位数码管显示装箱的次数，用小数点隔开以示区分。仿真效果如图 5—3—7 所示，此时计件刚好达到 12 次，操作装箱，并将装箱次数加 1 从 4 变为 5。

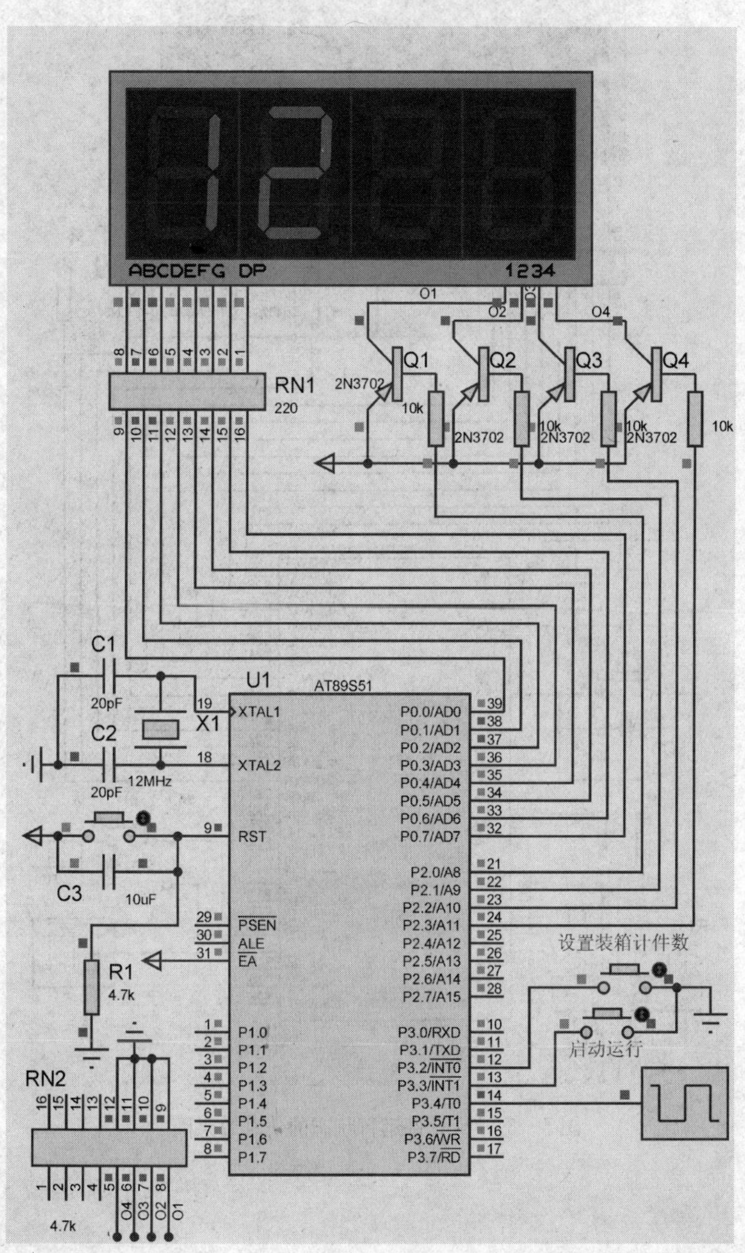


图 5—3—6　设置装箱计件数的状态仿真效果图

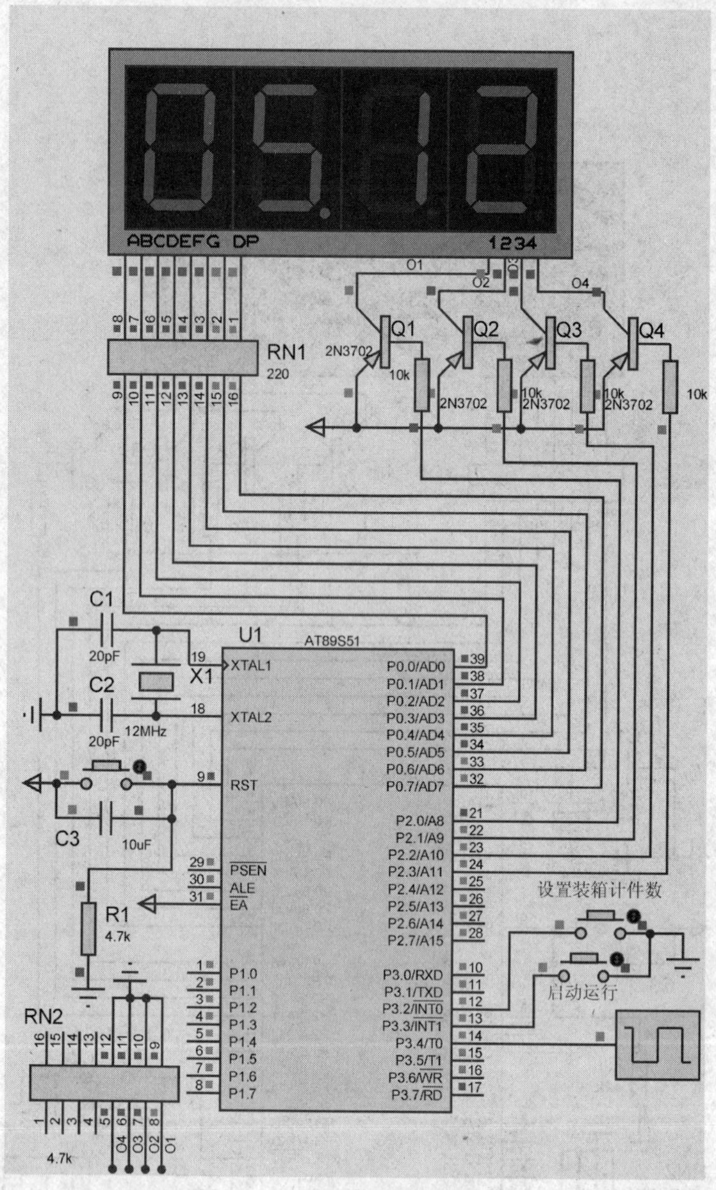


图 5—3—7　计件运行状态的仿真效果图

## 思考与练习

1. MCS－51 系列单片机定时器/计数器的定时功能和计数功能有什么区别？分别应用在什么场合？

2. 软件定时和硬件定时有何异同？

3. 若定时器/计数器工作于方式 1，晶振频率为 6 MHz，试计算最短定时时间和最长定时时间分别是多少？

4. 设系统晶振频率为 11.059 2 MHz。若定时器 T0 工作于方式 0，要求定时 2 ms，试计算 TH0 和 TL0 初值应为多少？当作为计数器要求计数 5 000 次时，TH0 和 TL0 初值又为多少？

5. 设置单片机的定时器，使单片机输出指定的频率（例如制作电子钢琴）。

6. 利用定时器/计数器和已学知识，实现能显示秒、分、小时的时钟设计。

7. 在工业生产过程中，常需要对流水生产线传送带上通过的工件进行计数。工件计数检测部分的原理是：当工件从光源和光敏电阻之间通过时，在光敏电阻所接晶体管的发射极上会产生工件的脉冲信号，此脉冲信号即可作为计数脉冲，接到单片机的中断输入端，对工件进行计数。当计数满 500 时，指示灯（LED）按 2 Hz 的频率连续闪烁 10 次，同时复位启动下一次计数过程。试选用合适的电子元器件，画出相应的控制电路，并编写程序。

# 模块六 串口通信

## 任务1 远程测量与数据传输

**知识点**

◎ 串行通信的基本概念；

◎ 串行通信总线标准及其接口；

◎ MCS-51的串口及相关特殊功能寄存器的使用；

◎ 串口工作方式。

**技能点**

◎ 能设置串口工作方式及波特率；

◎ 能编写串口中断的初始化程序及中断服务程序；

◎ 能实现电动机转速的测量并远程传送到显示系统。

### 任务提出

在机电控制系统中，常需要对分布在各处的各种数据进行收集并统一处理。MCS-51单片机具有一个全双工异步通信端口，使用MCS-51单片机的串行通信口进行数据收发，可以精简通信线路和通信协议，较为方便地实现远程数据通信的需要。

本任务的目的是实现电动机转速的测量并远程传送到显示系统。这是一个典型的双机通信系统，由转速测量系统、远程显示系统两个单片机应用电路和二者之间的通信线路组成。其中，转速测量系统的主要功能为：

1. 定义通信协议实现通信；
2. 利用定时器测量电动机的转速；
3. 将测量的转速数据通过串口用异步通信方式发送出去；
4. 在本地显示数据。

远程显示系统的主要功能为：

1. 接收测量端发送的数据；
2. 显示接收到的数据。

### 任务分析

根据任务功能可知，本任务需要两个单片机系统，其中一个为测量和数据发送单片机系统，另一个为接收并显示数据单片机系统。

在较远距离传送数据时，为了简化通信线路、降低系统成本，往往采用串行通信。在本任务中，根据 MCS-51 单片机的功能，采用单工异步通信方式来完成任务的数据传送要求，也就是只要一个信号通道就可以实现数据通信。

根据任务要求，在转速测量系统中需要测量电动机转速并将转速显示和发送，在远程显示系统需要接收和显示转速，故整个系统的框图如图 6—1—1 所示。

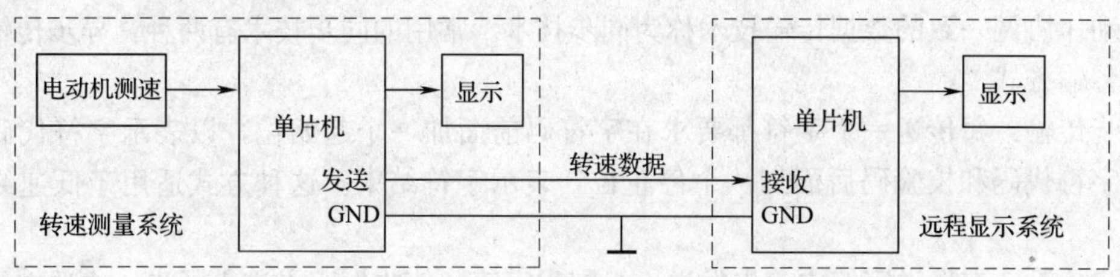


图 6—1—1 远程测量系统框图

## 相关知识

### 一、串行通信基础

数据通信就是两个电路系统之间的数据传送。数据可以是指令、符号、文字、数值等信息。通信的两个电路系统均可以是单片机应用系统、计算机、电子设备或各种数字电路系统，甚至也可以是集成电路。

按通信的数据码元和时间的关系把通信方式分为并行通信和串行通信两种。如图 6—1—2 所示为这两种通信方式的示意图。

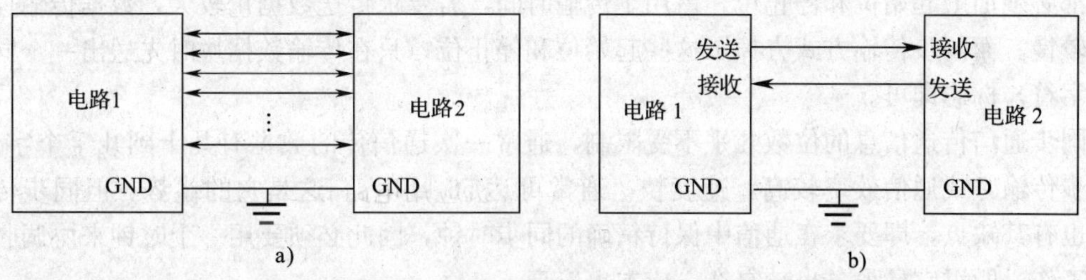


图 6—1—2 两种通信方式的示意图

a）并行通信 b）串行通信

并行通信是指在数据传输过程中，多个数据位使用多条数据线同时在两个设备间进行传送，如图 6—1—2a 所示。发送设备将这些数据位通过对应的数据线传送给接收设备，接收设备可同时接收到这些数据，不需要做任何变换就可直接使用。并行通信的特点是控制简单、传输速度快、传输线较多。并行方式主要用于近距离通信。

串行通信是指在数据传输过程中，多个数据位逐位通过同一条线路，在两个设备间依次进行传送，如图 6—1—2b 所示。发送设备将并行数据经过内部的并-串转换电路转换为串行数据后再从串行接口输出，经过串行通信线路传送到接收设备，接收设备把串行端口接收的串行数据经过其内部的串-并转换电路转换为并行数据后才能使用。串行通信的特点是传输线路少、通信系统成本低、比并行通信传送速度慢，通信控制电路比并行通信复杂。在较长距离的数据通信主要采用串行通信。

1. 串行通信的同步技术

串行通信为了保证数据正常接收，要求发送端与接收端以同一种速率在相同的起止时间内发送和接收数据，否则可能造成收发之间的失衡，使传输的数据出错。这种统一发送端和接收端动作协调一致的数据传输技术称为同步技术。常用的同步技术有两种：异步传输方式和同步传输方式。

异步传输：每传送一个字符都要求在字符码前面加一个起始位，以表示字符代码的开始，在字符代码和校验码后面加一个停止位，表示字符结束。这种方式适用于低速终端设备。

同步传输：在发送字符之前先发送一组同步字符，使收发双方进入同步。这种方式适用于高速传输数据的系统。

(1) 同步通信（Synchronous Communication)。在同步通信中，接收端对每一位数据都要和发送端保持同步。实现每位数据同步的方法可分为外同步法和自同步法两种。

在外同步法中，接收端的同步信号事先由发送端送来，而不是自己产生，也不是从信号中提取。即在发送数据之前，发送端先向接收端发出一串同步时钟脉冲，接收端按照这一时钟脉冲频率和时序锁定接收端的接收频率，以便在接收数据的过程中始终与发送端保持同步。外同步法常用于串行移位寄存器模式，如 MCS-51 串口工作方式 0。

自同步法是指能从数据信号波形中提取同步信号的方法，如曼彻斯特编码。自同步法常用于红外遥控等无线通信的信号调制中。

在同步通信格式中，发送器和接收器由同一个时钟源控制，在异步通信中，每传输一帧字符都必须加上起始位和停止位，占用了传输时间，若要求传送数据量较大，数据传输速度就比较慢。而同步传输方式去掉了这些起始位和停止位，只在传输数据块时先送出一个同步头（字符）标志即可。

同步通信传送信息的位数几乎不受限制，通常一次通信传的数据有几十到几千个字节，比异步传输方式通信效率较高，速度快，通常可达 56 kbit/s，这是它的优势。但同步传输方式也有其缺点，即要求在通信中保持精确的同步时钟，因此必须要用一个时钟来协调收发器的工作，所以它的设备也较复杂，成本也较高。

(2) 异步通信（Asynchronous Communication)。在异步通信中，数据通常是以字符为单位组成字符帧传送的。字符帧由发送端一帧一帧地发送，每一帧数据是低位在前，高位在后，通过传输线被接收端一帧一帧地接收。发送端和接收端可以由各自独立的时钟来控制数据的发送和接收，这两个时钟彼此独立，互不同步。

字符帧和波特率是异步通信的两个重要指标。在异步通信中，接收端是依靠字符帧格式来判断发送端是何时开始发送何时结束发送的。起始位指示字符的开始，并启动接收端对字符中的位同步；而停止位则是作为字符间的间隔位设置的，没有停止位，下一个字符的起始位下降沿便可能丢失而造成失步。

1）字符帧（Character Frame)。字符帧也叫数据帧，由起始位、数据位、奇偶校验位和停止位四部分组成，如图 6—1—3 所示。

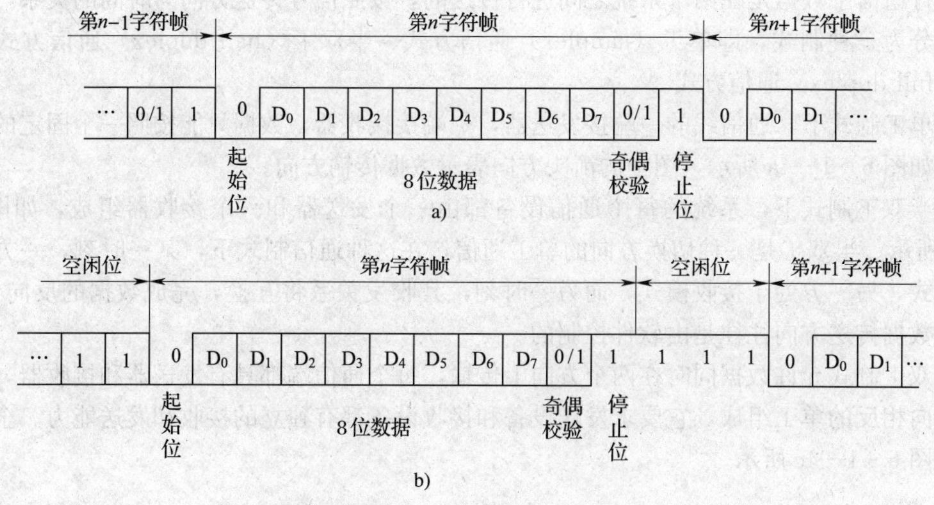


图 6—1—3　异步通信的字符帧格式

a）无空闲位字符帧　b）有空闲位字符帧

起始位：位于字符帧开头，只占一位，为逻辑 0 低电平，用于向接收设备表示发送端开始发送一帧信息。

数据位：紧跟起始位之后，用户根据情况可取 5 位、6 位、7 位或 8 位，低位在前，高位在后。

奇偶校验位：位于数据位之后，仅占一位，用来表征串行通信中采用奇校验还是偶校验，由用户决定。校验位为可选择位，可以有也可以没有。

停止位：位于字符帧最后，为逻辑 1 高电平。通常可取 1 位、1.5 位或 2 位，用于向接收端表示一帧字符信息已经发送完，也为发送下一帧做准备。

在串行通信中，两相邻字符帧之间可以没有空闲位，也可以有若干空闲位，为逻辑 1 高电平，这由用户来决定。图 6—1—3b 表示有 3 个空闲位的字符帧格式。

2）波特率（Baud Rate）。波特率为每秒钟传送二进制数码的位数，单位是 bps（bit per second），即位/秒（bit/s）。

波特率＝1÷（二进制位的持续时间）

例如，每位的传输时间为 0.417 ms，则波特率为＝1/（0.417×0.001）≈2 400 bps。

波特率用于表征数据传输的速度，波特率越高，数据传输速度越快。但波特率和字符的实际传输速率不同，字符的实际传输速率是每秒内所传送字符帧的帧数，与字符帧格式有关。例如，波特率为 2 400 bps 的通信系统，若采用 6—1—3a 所示的字符帧，则字符的实际传输速率为 2 400/11，即 218.2 帧/秒；若改用 6—1—3b 所示字符帧，则字符的实际传输速率为 2 400/14＝171.4 帧/秒。

异步通信的缺点是字符帧中因包含起始位和停止位而降低了有效数据的传输速率。但异步通信不需要传送同步时钟，字符帧长度不受限制，故设备简单，易于实现，广泛地应用于各种工业控制系统中。

2. 串行通信的制式

串行通信中数据是在两个系统之间进行传送的，按照信号传送方向与时间的关系，串行通信可分为三种制式，即单工（simplex）通信方式、半双工（half duplex）通信方式和全双工（full duplex）通信方式。

在单工制式下，通信线的一端接发送器，一端接接收器，数据只能按照一个固定的方向传送，如图 6—1—4a 所示，图中的箭头方向表示数据传输方向。

在半双工制式下，系统的每个通信设备都由一个发送器和一个接收器组成，如图 6—1—4b 所示。半双工是一种切换方向的单工通信，在这种通信制式下，某一时刻，一方处于发送模式，另一方处于接收模式，而另一时刻，其收发关系将互换，完成数据的反向传送。半双工数据传送方向往往是由软件控制的。

全双工制式允许数据同时在两个方向上传输，每个通信端都具有发送器和接收器，是由两个方向相反的单工组成，它要求发送设备和接收设备都有独立的接收和发送能力。全双工通信如图 6—1—4c 所示。

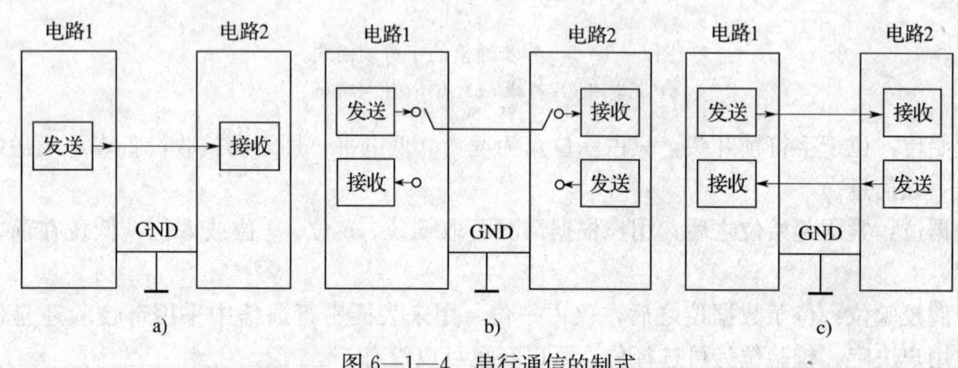


图 6—1—4　串行通信的制式

a）单工通信　b）半双工通信　c）全双工通信

3. 串行通信的接口电路

串行接口电路的种类和型号很多。其中，通用异步接收器/发送器（Universal Asynchronous Receiver/Transmitter，UART），是能够完成异步通信的硬件电路。通用同步串行接收/发送器（Universal Synchronous Receiver/Transmitter，USRT），是同步串行收发电路，可工作在主控时钟同步或从机时钟同步（根据同步信号控制时钟与主机的时钟完全同频同相）模式，两个同步收发器可以组成同步串行通信电路。通用同步/异步串行接收/发送器（Universal Synchronous/Asynchronous Receiver/Transmitter，USART），是一个全双工通用同步/异步串行收发电路，可灵活切换于同步和异步通信方式。

## 二、串行通信总线标准及其接口

在单片机应用系统中，数据通信主要采用异步串行通信。在异步通信中，直接使用导线连接通信双方，其有效传输距离往往小于 0.5 m，一般只在同一个电路系统内部使用。在不同的设备之间进行通信，需要选择相应的通信接口。

在设计通信接口时，必须根据需要选择标准接口，并考虑传输介质、电平转换等问题。采用标准接口后，能够方便地把单片机和外设、测量仪器等有机地连接起来，从而构成一个测控系统。例如，当需要单片机和PC通信时，通常采用RS-232接口进行电平转换。

异步串行通信接口主要有RS-232接口、RS-422接口、RS-485接口以及20 mA电流环。在实际使用中，根据成本、数据的传输距离、波特率及工作环境等因素综合考虑选择接口类型。

RS-232、RS-422与RS-485都是电子工业协会（EIA）制定并发布的串行数据接口标准。RS-232标准发布于1962年，RS-422标准由RS-232标准发展而来。为改进RS-232通信距离短、速率低的缺点，RS-422定义了一种平衡通信接口，将传输速率提高到10 Mbit/s，传输距离延长到1 000 m，并允许在一条平衡总线上连接最多10个接收器。RS-422是一种单机发送、多机接收的单向、平衡传输规范标准。为扩展应用范围，电子工业协会又于1983年在RS-422基础上制定了RS-485标准，增加了多点、双向通信能力，即允许多个发送器连接到同一条总线上，同时增加了发送器的驱动能力和冲突保护特性，扩展了总线共模范围。

RS-232、RS-422与RS-485标准只对接口的电气特性做出规定，而不涉及接插件、电缆或协议，在此基础上用户可以建立自己的高层通信协议。

## 三、MCS-51单片机的串行接口

在51系列单片机内部有两个用于串口工作控制的特殊功能寄存器：串口控制/状态寄存器SCON（内部地址98H）和电源控制寄存器PCON（内部地址为87H）。

1. 串口控制/状态寄存器SCON

SCON是可编程控制的，修改SCON的值，就可改变串口工作方式和工作状态，各位定义如下：

| SCON | 位 | $D_7$ | $D_6$ | $D_5$ | $D_4$ | $D_3$ | $D_2$ | $D_1$ | $D_0$ |
|---|---|---|---|---|---|---|---|---|---|
| | 名称 | SM0 | SM1 | SM2 | REN | TB8 | RB8 | TI | RI |

SM0、SM1：串口模式设定位。00为方式0；01为方式1；10为方式2；11为方式3。

方式0为同步移位寄存器工作方式。其波特率是固定的，为$f_{OSC}/12$，数据由RXD（P3.0）端发送或接收，同步脉冲由TXD（P3.1）端输出。发送或接收的8位数据是低位在前。

方式1为8位通用异步接收和发送（UART）工作方式。在这种工作方式下，一帧信息为10位，1位起始位（0），8位数据位（低位在前），1位停止位（1）。TXD为发送端，RXD为接收端。波特率是可变的，由定时器T1的溢出速率决定。

方式2和方式3为9位通用异步接收和发送工作方式。发送或接收一帧数据由11位组成。1位起始位（0），8位数据位，低位在前，1位可编程位（第9位数据），1位停止位（1）。方式2的波特率为$f_{OSC}/32$或$f_{OSC}/64$，而方式3的波特率是可变的。

SM2（SCON.5）：8051连接多重处理器通信的控制位，即在工作方式2、3中允许多机通信的控制位。

REN（SCON.4）：串行通信接收允许位。REN＝1时允许接收，REN＝0时禁止接收。该位可以由软件来设定。

TB8（SCON.3）：在串行通信方式 2 和方式 3 操作时的第 9 个传送数据位。

RB8（SCON.2）：在串行通信方式 2 和方式 3 操作时的第 9 个接收数据位。

TI（SCON.1）：串行通信传送的中断处理标志位。在方式 0 中，发送完第 8 位数据时，由硬件自动置位，其他方式中，在发送停止位之初，由硬件自动置位。TI＝1 时，申请中断，CPU 响应中断后，发送下一帧数据。注意在任何方式中，TI 都必须由软件先清零。

RI（SCON.0）：串行通信接收的中断处理标志位。

2. 电源控制寄存器 PCON

PCON 是不可位寻址的特殊功能寄存器，其最高位与串口相关，即 PCON 的 $D_7$ 位 SMOD 作为串行口的波特率控制位。

PCON 的各位定义如下：

| PCON | 位 | $D_7$ | $D_6$ | $D_5$ | $D_4$ | $D_3$ | $D_2$ | $D_1$ | $D_0$ |
|---|---|---|---|---|---|---|---|---|---|
| | 名称 | SMOD | … | … | … | GF1 | GF0 | PD | IDL |

当 SMOD＝1 时，对应的 C 指令为“PCON｜＝0x80;”，波特率加倍；当 SMOD＝0 时，对应的 C 指令为“PCON&＝～0x80;”，则波特率不加倍。

GF1 和 GF0 为通用标志位。

PD 为掉电模式控制位。PD＝1 时，单片机进入掉电模式工作。在掉电模式下，单片机维持 RAM 数据和端口电平，时钟振荡停止，不响应中断。只有外部复位信号才能使单片机脱离掉电模式。

IDL 为休眠模式控制位。IDL＝1 时，单片机进入空闲工作方式。在休眠模式下，单片机的 CPU 停止工作，但 RAM、定时器、串行口和中断系统维持其功能。休眠模式可以用中断唤醒。休眠模式在电池供电的系统中较为常用。

$D_4$～$D_6$ 为保留位，用户不能对其进行写操作。

3. 串口数据缓冲寄存器 SBUF

SBUF 是由发送数据缓冲寄存器和接收数据缓冲寄存器两个单元组成，在单片机中占用同一个字节地址（99H），可同时发送和接收数据。单片机在处理时，由读/写指令来区别两个单元，因而不会出现读写冲突和错误。

在程序中给 SBUF 赋值即可实现串行数据的输出，否则使用 SBUF 就是读取其中的数据，当然必须在 RI 标志被置为 1 时数据才会有效。

## 四、串口工作方式

1. 方式 0

方式 0 为同步移位寄存器方式，主要用于扩展并行 I/O 接口，也可用于单片机之间的数据传送。一帧数据共 8 位，无起始位和停止位。

RXD 作为数据输入/输出端，TXD 作为同步脉冲输出端，每个脉冲对应一个数据位。每个移位脉冲占一个机器周期，例如，$f_{OSC}$＝12 MHz，每位二进制数据占 1 $\mu$s。所以，方式 0 的波特率 $B=f_{OSC}/12$。

具体的发送过程是，写入 SBUF，启动发送，一帧发送结束，TI 标志被置 1。而接收过程则是，当 REN＝1 且 RI＝0 时，启动接收，一帧接收完毕，RI 被置 1。需要注意的是，字节输出的二进制位的顺序是低位在前，高位在后，时序如图 6—1—5 中“方式 0”所示。

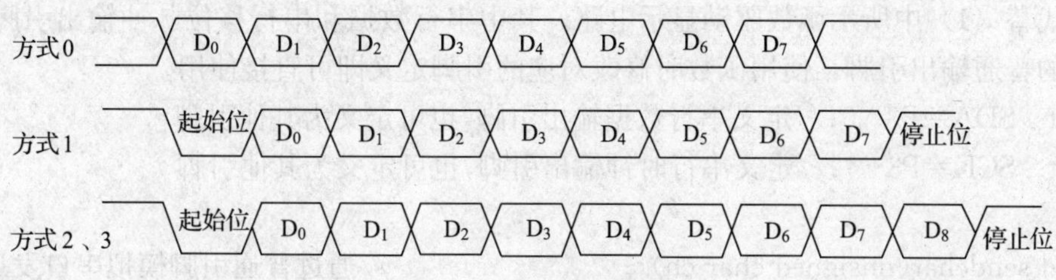


图 6—1—5　串口数据波形

方式 0 主要应用于同步移位寄存器方式。例如，利用 74164 这样的同步移位寄存器，单片机输出串行数据到 74164 中，在 74164 中将数据移位锁存并输出，最终实现数据的并行输出。也可以采用 74165 将并行数据转换为串行数据，通过方式 0 输入单片机，用于扩展单片机的并行输入。

图 6—1—6 所示是使用串行数据输出的静态显示电路，电路中采用 74164 将单片机输出的串行数据转换为并行数据，并送到数码管显示。需要注意的是，串口工作在方式 0 时，RXD 是串行数据输出端，TXD 是移位脉冲输出端。

由于该电路在单片机输出数据后，不需要重复输出数据，显示的数据会一直维持，因而属于静态显示电路，同时其后的 74164 还可以继续串接（注意：后一块 74164 的串行数据输入端是接在前一块 74164 的最后一个寄存器的输出端，所有 74164 的移位脉冲连接在一起接单片机的移位脉冲输出端），达到显示多位数据的目的。

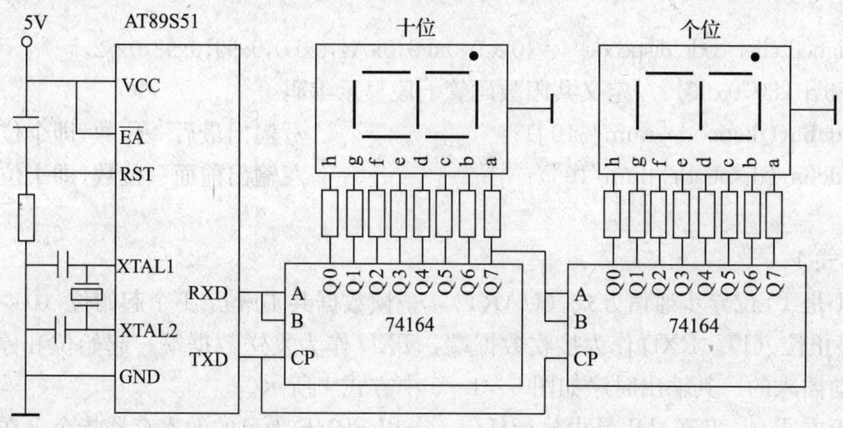


图 6—1—6　方式 0 输出应用示例电路

图 6—1—6 对应的驱动程序如下：

（1）发送一个字节数据的函数

```
void sendchar(unsigned char ch) {   //通过串口发送一个字节
  SBUF=ch;
  while(TI==0);
  TI=0;
```

```
}
```

（2）用普通引脚操作模拟方式 0 发送一个字节数据的函数，可以在串口不够时替代使用，即代替（1）中所示函数驱动显示电路。其中串行数据和串行移位脉冲输出引脚可以是单片机的普通输出引脚，使用函数时修改对应的引脚定义即可直接使用。

```
sbit   SDA=P3^0;//定义串行数据输出引脚,也可定义为其他引脚
sbit   SCK=P3^1;//定义串行时钟输出引脚,也可定义为其他引脚

void sendchar(unsigned char ch) {                    //通过普通引脚模拟串口发送一个
                                                     //字节
    unsigned char i;
    for(i=0;i<8;i++)
    {
    if(ch&0x01)      SDA=1; else SDA=0;              //输出最低位
    SCK=0;   SCK=1;                                  //产生移位脉冲
    ch=ch>>1;                                        //让下一位准备输出
    }
}
```

（3）显示数据示例

```
//要显示的数在参数中,例如使用命令"display(x);"将两位数 x 显示在两个数码管上。
void display(unsigned char   num)
{
   unsigned char code dispcode[]={0xC0,0xF9,0xA4,0xB0,0x99,0x92,0x82,
   0xF8,0x80,0x90};//定义共阳数码管七段显示编码
   sendchar(dispcode[num%10]);                       //输出最后一位数,即个位
   sendchar(dispcode[num/10]);                       //输出前面一位数,即十位
}
```

2. 方式 1

方式 1 是 10 位异步通信方式（UART），一帧数据共 10 位：1 个起始位（0），8 位数据位，1 个停止位（1）。RXD 作为接收数据端，TXD 作为发送数据端。起始位和停止位在发送时是自动插入的。其输出时序如图 6—1—5 中方式 1 所示。

类似于方式 0，发送过程是由执行任何一条以 SBUF 为目的的寄存器指令（在 C 程序中就是给 SBUF 赋值）引起的。发送条件是 TI=0，发送完成后 TI 位置 1。其发送程序与方式 0 的输出函数一致。

作为接收时，首先是使 SCON 中的 REN 位为 1，还要同时满足以下两个条件：

（1）RI=0，上一帧数据接收完成时发出的中断请求已被响应，SBUF 中的上一帧数据已被读取。

（2）SM2=0 和接收到停止位=1。

接收到的数据放入 SBUF，停止位装入 RB8，同时将 RI 置 1；否则丢弃接收数据，不置

位 RI。

方式 1 的波特率是可变的，取决于定时器 T1 或定时器 T2 的溢出速率。当 TCON 寄存器中的 RCLK 和 TCLK 置位时，用定时器作为接收和发送的波特率发生器；当此 2 位为 0 时，用定时器 T1 作波特率发生器。二者可交叉使用，即发送和接收采用不同的波特率。需要注意的是在 51 系列芯片中没有定时器 T2，在 52 和 55 等系列中才有定时器 T2。

当用定时器 T1 作为波特率发生器时，波特率的计算公式如下：

$$波特率\ B=(2^{SMOD}/32)\times T1\ 溢出速率$$

其中定时器/计数器 T1 的溢出速率取决于计数速率和定时器 T1 的预置值（SMOD)。

当用定时器 T2 作为波特率发生器时，波特率取决于定时器 T2 自身的溢出速率，与 SMOD 位的状态无关。当计数时钟来自内部（即设置为定时器，T2 对应的 $C/\overline{T}=0$）时，定时器/计数器 T2 产生的波特率为：

$$波特率=f_{OSC}/32/[2^{16}-(RCAP2H，RCAP2L)]$$

其中，(RCAP2H，RCAP2L）为定时器 T2 的 16 位寄存器的初值（定时常数)。

当计数时钟来自外部（即设置为计数器，T2 对应的 $C/\overline{T}=1$）时，波特率计算公式如下：

$$波特率=外部时钟频率/16/[2^{16}-(RCAP2H，RCAP2L)]$$

3. 方式 2

方式 2 是 11 位数据异步接收/发送方式。一帧数据共 11 位：1 个起始位（0)，8 位数据位，1 位可编程位（第 9 位数据）和 1 个停止位（1)。发送时，可编程位（第 9 位数据位）对应为 TB8，可用程序置 1 或清 0；接收时，接收到的可编程位自动存入 RB8 中。

发送过程由执行任何一条以 SBUF 为目的寄存器的指令而启动。具体操作时，先将第 9 位数据装入 TB8，然后将 8 位数据装入 SBUF，开始数据的发送。当数据发送完毕后，将 TI 置 1。

接收的前提是 REN=1。当第 9 位数据接收到后，RI=0 时，且当 SM2=0（或者接收到的第 9 位数据位=1）时，接收到的数据装入 SBUF 中，第 9 位数据装入 RB8 中，同时置位 RI。若这两个条件中任何一个不满足，则接收的数据被丢弃，不再恢复，RI 仍为 0。

方式 2 和方式 1 的不同之处就在于第 9 位数据。方式 1 中，RB8 装入的是停止位；而在方式 2 中，RB8 中装的是第 9 位数据。这一特点可以用在多处理机通信中。如可以把第 9 位数据作为奇偶校验位、数据与地址帧的区别位等。

在方式 2 中，RXD 作为接收数据端，TXD 作为发送数据端。方式 2 的波特率为：

$$B=(2^{SMOD}/64)\times f_{OSC}$$

即波特率取决于晶振频率和 SMOD 位的状态。

4. 方式 3

方式 3 也是 11 位异步串行接收/发送方式。它的工作方式与方式 2 一样，但方式 3 的波特率与方式 1 的波特率设置相同。

## 五、波特率设置

为了便于使用，表 6—1—1 给出了常见波特率设置参数（本表只列出了方式 1 和方式 3 使用定时器 T1 作为波特率发生器的情况)。

表 6—1—1　　　　定时器 T1 产生的常用波特率

| 串口模式 | 波特率 | $f_{OSC}$ | SMOD | 定时器 1 | | |
|---|---|---|---|---|---|---|
| | | | | $C/\overline{T}$ | 模式 | 重装载值 |
| 方式 0 | 1 Mbps | 12 MHz | × | × | × | × |
| 方式 2 | 375 kbps | 12 MHz | 1 | × | × | × |
| 方式 1 和方式 3 | 62.5 kbps | 12 MHz | 1 | 0 | 2 | FFH |
| | 57.6 kbps | 11.059 2 MHz | 1 | 0 | 2 | FFH |
| | 19.2 kbps | 11.059 2 MHz | 1 | 0 | 2 | FDH |
| | 9.6 kbps | 11.059 2 MHz | 0 | 0 | 2 | FDH |
| | 4.8 kbps | 11.059 2 MHz | 0 | 0 | 2 | FAH |
| | 2.4 kbps | 11.059 2 MHz | 0 | 0 | 2 | F4H |
| | 1.2 kbps | 11.059 2 MHz | 0 | 0 | 2 | E8H |
| | 600 bps | 11.059 2 MHz | 0 | 0 | 2 | D0H |
| | 300 bps | 11.059 2 MHz | 0 | 0 | 2 | A0H |
| | 110 bps | 6 MHz | 0 | 0 | 2 | 72H |
| | 110 bps | 12 MHz | 0 | 0 | 1 | FEEBH |

## 任务实施

### 一、硬件设计

根据任务分析，本任务分为转速测量系统和远程数据显示系统，分别由电动机转速测量显示发送电路系统和远程数据接收显示电路系统两个部分组成，使用通信线路将这两个电路系统进行连接以实现数据通信。

转速测量系统要完成测量电动机转速、本地显示转速、发送转速数据这三个功能；远程显示系统要完成数据接收和数据显示这两个功能。

要实现两个电路系统的通信和数据的可靠传输，就必须对双方的通信进行约定，保证双方按相同的协议工作。首先，要确定双方的数据是怎样表示的，即二进制位的电平、数据格式和时间长度。为简便起见，本任务采用单片机引脚电平标准，即 TTL 电平，数据格式使用单片机的串行端口进行异步通信，其波特率选择 9 600 bps。由于这两个单片机系统的电平和数据格式完全一致，故在电路中使用导线将两个单片机系统直接连接起来，实现这两个系统的数据通信。在实际的应用系统中，往往需要电平转换电路将 TTL 电平转换为 RS-485 等其他信号标准，再用通信导线进行连接，以保证数据的可靠传输和较高的波特率。

下面就这两个电路系统的硬件电路分别进行分析和设计。

1. 转速测量系统

在实际的电动机测速系统中，可以采用霍尔器件、光电检测传感器以及电动机内部或外部附加的发电绕组等方式得到与电动机转速相关的脉冲，由于实际情况不同，所选择的器件与设计电路也不一样，这里不再介绍这部分电路。本任务主要展示串行通信，因此可直接用信号发生器产生不同频率的脉冲来替代电动机检测脉冲。

电动机的转速一般在每分钟几十转到每分钟几千转不等，而电动机每转一周按传感器数量和检测方式的不同，检测到的脉冲个数由一个到多个不等，也就是常见的检测脉冲频率在十几赫兹到几千赫兹。对于这样频率的脉冲，单片机直接对脉冲计数的误差远大于对脉冲测量周期的误差。

在本任务中，将转速测量电路输出的电动机转速脉冲加在单片机的外部中断 0 引脚（$\overline{\text{INT0}}$）上，每个转速脉冲的下降沿将产生外部中断。两次外部中断的时间间隔就是一次转速脉冲的周期，这个周期可以使用单片机的定时器对机器周期计数来测量。

当启动定时器后，在外部中断服务程序中读定时器的计数值，可以得到前一个转速脉冲的周期。为了下一次中断时对转速脉冲周期的计数，需要将定时器清 0，使定时器再次从 0 开始计数。

作为显示电路，可以有数码管、液晶等多种显示形式及显示电路，本任务采用共阳数码管动态显示电路，其显示原理及驱动程序原理见前面相关模块。

数据发送按任务要求，采用串行异步通信方式。MCS－51 的串行异步数据输出引脚是 TXD（P3.1），所以该电路直接将该引脚作为输出。任务中为简化设计，两个电路系统采用 TTL 电平进行数据交换，电路使用导线直接连接。在实际的应用电路系统中，根据传送的距离长度和传送的波特率可以选择 RS－485、20 mA 电流环等接口转换电路进行电平转换，以保证通信质量。此外，为了保证数据的良好通信，在程序中要设置串口工作在相应的工作方式和相应的波特率上。同时，为了保证产生标准的波特率，单片机的晶振频率选择为 11.059 2 MHz。

根据系统分析和电路及元器件选择，整个电动机转速测量、显示、数据发送系统的硬件如图 6—1—7 所示。

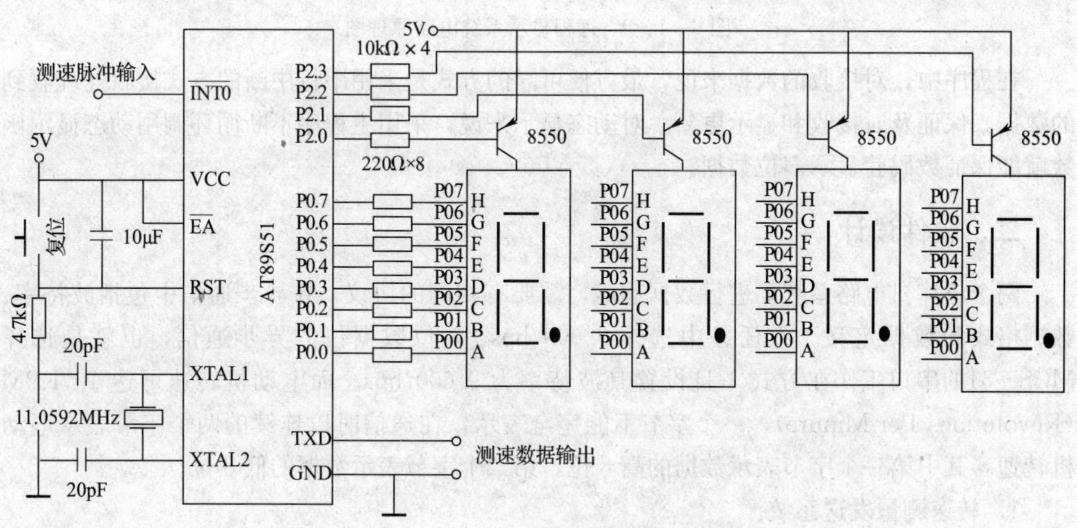


图 6—1—7　转速测量系统电路原理图

2. 远程显示系统

根据任务目标，远程显示系统的任务是接收异步通信的数据并显示出来。

显示电路与测速显示电路一样，有很多的选择，本任务也选择数码动态显示电路。

数据接收根据任务要求，采用异步通信方式，TTL 电平，MCS－51 单片机的串行异步数据输入引脚是 RXD（P3.0），所以在电路中将转速测量系统输出信号直接接到该引脚。如果在实际的电路中发送系统使用了电平转换电路，则接收系统也需要将其他各种传输电平转换回到 TTL 电平后再接 RXD 引脚。在程序中依然需要将串口设置在相应的工作方式和相应的波特率上。与数据发送系统一样，为了保证产生标准的波特率，单片机的晶振频率也选择为 11.059 2 MHz。

根据系统分析和电路及元器件选择，整个远程数据接收显示系统的硬件如图 6—1—8 所示。

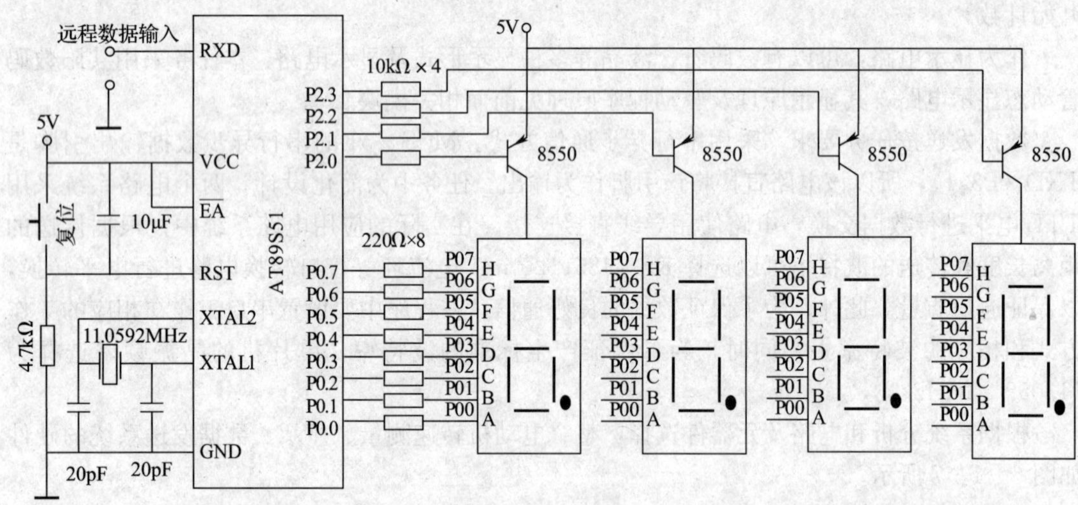


图 6—1—8　远程显示系统电路原理图

在程序中，对接收的数据来说，最方便可靠的方式是采用串行中断的方式接收处理收到的数据，保证及时接收和显示更新。对动态显示来说，采用主程序不断循环调用动态显示函数就能保证数码管显示多位数据。

## 二、软件设计

两个单片机电路系统要进行数据通信，需要有相同的协议，在异步通信中包括波特率、数据格式和数据定义。本任务中选择 9 600 bps、8 位数据位的异步通信，也就是选择 MCS－51的串口工作在方式 1 且设置其波特率为 9 600 bps。而电动机转速可达 $10^3$ RPM (Revolutions Per Minute)，一个字节不能完全表示，在通信时以连续的两个字节表示电动机转速，其中第一个字节表示数据的高 8 位，第二个字节表示数据的低 8 位。

1. 转速测量发送系统

根据任务分析，测量系统要实现的功能分别是测量电动机转速、显示电动机转速和发送转速数据。其中共阳数码管的动态显示原理及程序在这里不再赘述。

根据硬件电路，确定在程序中可以使用外部中断测量电动机转速。在每个电动机测速脉冲的下降沿，单片机进入外部中断。在外部中断服务程序中，得到定时器的定时数据，也就是上一个周期的时间，然后将定时器清零，开始进行下一次的计时。

为了便于快速更新显示数据，计算电动机转速的时间间距不能太长，同时要让人看清楚显示的数据，又不能更新数据太频繁，在本任务中选择每间隔约 0.2 s 计算一次转速数据并发送出去。

在这 0.2 s 时间内所有的周期时间在每次中断时累加，同时对脉冲个数进行计数，而计算时对所累计的脉冲周期取平均值，再根据电动机每转一周检测脉冲数量计算电动机的转速。如果发现所计脉冲数量为 0，则跳过速度的计算。

在任务中，假设电动机转动 1 周其转速测量电路输出 24 个脉冲，则电动机的转速与测量的周期数 $T$、测量的脉冲数量 $n$ 的关系为：

rpm ＝60/电动机每转一周时间

＝60/（1 个测量脉冲时间×24）

＝60/［（$T$×机器周期/$n$）×24］

＝60/［（$T$×（12/11 059 200）/$n$）×24］

因此，电动机转速计算语句为：rpm＝（60＊11 059 200/12/24）＊$n$/$T$；

整个电动机转速测量显示发送系统的程序框图如图 6—1—9 所示。

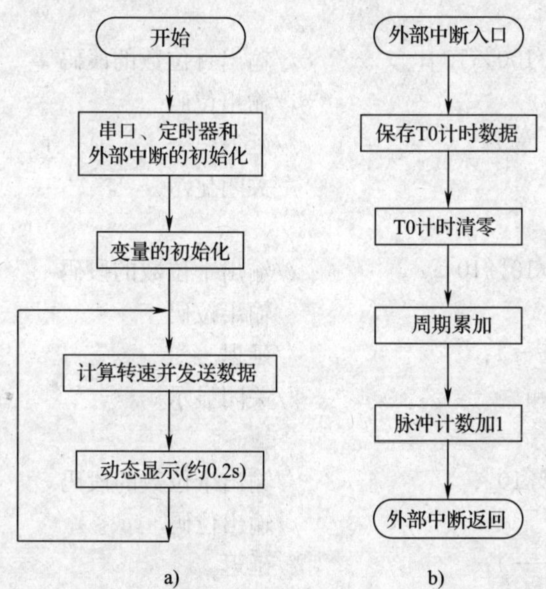


图 6—1—9　电动机转速测量显示发送系统的程序框图

a）主程序流程图　b）外部中断服务程序流程图

对应的源程序如下所示：

```
/＊电动机转速测量显示发送系统　＊/
#include "reg51.h"
#define uchar unsigned char
#define uint   unsigned int
```

```
#define ulong unsigned long

uint rpm;                           //转速的显示初值为 0
ulong T;                            //存储多个脉冲的周期数值
uchar n;                            //对应周期的脉冲数量
uchar t0;

void display()                      //说明:程序用于 P0 口接数码管的段码,P2
                                    //口接数码管的位码
{
uchar code dispcode[]={0xC0,0xF9,0xA4,0xB0,0x99,0x92,0x82,0xF8,0x80,0x90};
uchar i;

P0=dispcode[rpm/1000];              //输出千位数的段码
P2=0xFE;                            //输出位码
for(i=200;i>0;i--);                 //延迟
P2=0xFF;                            //关闭显示

P0=dispcode[rpm/100%10];            //输出百位数的段码
P2=0xFD;                            //输出位码
for(i=200;i>0;i--);                 //延迟
P2=0xFF;                            //关闭显示

P0=dispcode[rpm/10%10];             //输出十位数的段码
P2=0xFB;                            //输出位码
for(i=200;i>0;i--);                 //延迟
P2=0xFF;                            //关闭显示

P0=dispcode[rpm%10];                //输出个位数的段码
P2=0xF7;                            //输出位码
for(i=200;i>0;i--);                 //延迟
P2=0xFF;                            //关闭显示
}

void sendchar(uchar ch)             //通过串口发送一个字节
{
    SBUF=ch;
    while(TI==0);
```

```
  TI=0;
}

void send(uint rpm)                     //通过串口发送一个整型数据
{
    sendchar(rpm/256);                  //发送高八位
    sendchar(rpm%256);                  //发送低八位
}

void main(void)                         //主函数
{
  uchar i;

    SCON=0x40;                          //串口工作方式1,不允许接收

  TMOD=0x21;                            //定时器1工作在方式2,定时器0工作在方式1
  TH1=TL1=0xFD;                         //波特率为9 600 bps
  TR1=1;                                //定时器T1工作

  TR0=1;                                //定时器T0工作
  ET0=1;                                //允许定时器T0中断

  EX0=1;                                //允许INT0中断
  IT0=1;                                //INT0下降沿中断

  EA=1;                                 //允许中断

    T=0;
n=0;

    while(1)
    {
      if(n! =0)                         //如果有电动机转速脉冲,才进行计算
     {
   rpm=(60*11059200/12/24)*n/T;         //计算转速
    n=0;T=0;                            //为下次计算置初值
    send(rpm);                          //发送电动机转速
  }
```

```
    for(i=0;i<80;i++)                    //显示 80 次,约 0.2 s
      { display(); }                     //调用动态显示,动态显示一次约 2.5 ms
    }
}

void int0()interrupt 0
{
uchar t0s,th,tl;
    TR0=0;
    th=TH0;
    tl=TL0;
    t0s=t0;
    TR0=1;
    t0=TH0=TL0=0;
    T=T+t0s*65 536+th*256+tl;
    n++;
}
void time0()interrupt 1
{
   t0++;                                 //统计定时器 0 溢出次数,每次溢出就代表
                                         //65 536 个机器周期
}
```

2. 远程显示系统

根据任务分析，远程数据接收显示系统要实现的功能是串口接收数据和显示接收到的转速数据。显示电路及其驱动程序与电动机转速测量发送系统完全一致。

为了兼顾动态显示和数据接收，采用了主程序不断调用动态显示函数实现动态显示，使用中断方式实现数据的接收和显示数据的更新。

要使用中断方式接收数据，则在主程序中，首先要对串口进行设置，也就是所谓的初始化。按照任务的要求，将串口设置为工作方式 1，9 600 bps，允许接收，同时开中断。对应的初始指令为：

```
    SCON=0x50;                           //串口工作方式 1,允许接收
    TMOD=0x20;                           //定时器 T1 工作在方式 2
    TH1=TL1=0xFD;                        //波特率为 9 600 bps
    TR1=1;                               //定时器 T1 工作
    ES=1;                                //允许串口中断
    EA=1;                                //允许中断
```

按双方的通信协议，当测量到一个电动机数据时，发送其高 8 位后马上再发送转速的低

8 位。在串口接收到数据时，为了区分数据的高低 8 位，利用接收数据的时间间隔来判断。具体来说，按 9 600 bps 的速度发送或接收一个字节仅需要约 1.2 ms，而电动机转速测量一次所需要的时间约 0.2 s，动态显示一次约 2.5 ms，那么按每显示一次加 1 计数，连续发送的间隔的动态显示次数一定不会超过 2 次。在程序中增加一个计数变量 $n$ 作为时间计数，为了在长期未收到数据时不至于计数溢出，可进行一个计数上限判断，源程序中取上限为 200。

当 RI 或 TI 被置位时都会引起串口中断。在串口中断服务程序中，可以通过判断 RI 的值来识别是否接收到数据。在接收到数据时，往往先将接收到的数据转存到临时变量中，并清 RI 标志。然后再对转存的变量进行进一步的处理。

在本系统中主要是判断接收的数据的高低 8 位，在接收到高 8 位数据时并不改变显示数据，而在接收到低 8 位数据时将整个转速合成并修改显示数据。

综上所述，整个系统的程序流程图如图 6—1—10 所示。

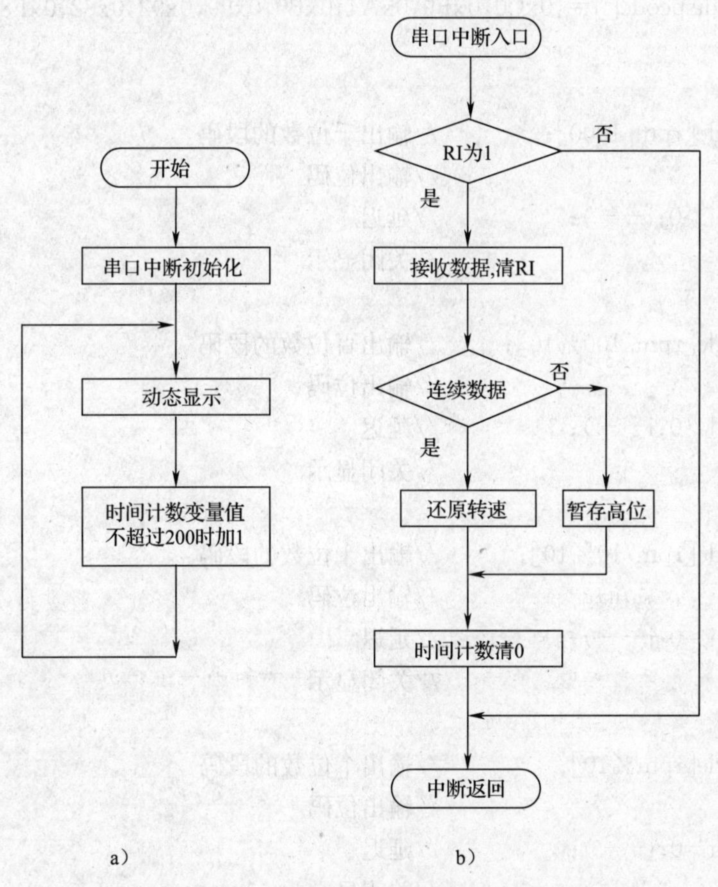


图 6—1—10　远程数据接收显示系统程序框图

a）主程序流程图　b）串口中断服务程序流程图

对应的源程序如下所示：

/＊远程数据接收显示系统　＊/

```
#include "reg51.h"
#define uchar unsigned char
#define uint  unsigned int

uint rpm;                               //接收的转速
uchar tmp;                              //接收的临时变量
uchar  n;                               //接收数据的间隔时间,在每次接收到数据时清 0
                                        //当超过 2 时表示再次重新接收数据

void display()                          //说明:程序用于 P0 口接数码管的段码,P2 接数
                                        //码管的位码
{
    uchar code dispcode[]={0xC0,0xF9,0xA4,0xB0,0x99,0x92,0x82,0xF8,0x80,0x90};
    uchar i;

    P0=dispcode[rpm/1000];              //输出千位数的段码
    P2=0xFE;                            //输出位码
    for(i=200;i>0;i--);                 //延迟
    P2=0xFF;                            //关闭显示

    P0=dispcode[rpm/100%10];            //输出百位数的段码
    P2=0xFD;                            //输出位码
    for(i=200;i>0;i--);                 //延迟
    P2=0xFF;                            //关闭显示

    P0=dispcode[rpm/10%10];             //输出十位数的段码
    P2=0xFB;                            //输出位码
    for(i=200;i>0;i--);                 //延迟
    P2=0xFF;                            //关闭显示

    P0=dispcode[rpm%10];                //输出个位数的段码
    P2=0xF7;                            //输出位码
    for(i=200;i>0;i--);                 //延迟
    P2=0xFF;                            //关闭显示
}

void main(void)                         //主函数
{
```

```
  SCON=0x50;                    //串口工作方式 1,允许接收
 TMOD=0x20;                     //定时器 T1 工作在方式 2
 TH1=TL1=0xFD;                  //波特率为 9 600 bps
 TR1=1;                         //定时器 T1 工作
 ES=1;                          //允许串口中断
 EA=1;                          //允许中断
  while(1)
   {
     display();                 //调用动态显示,动态显示一次约 2.5 ms
     if(n<200) n++;             //增加判断是为了不使变量 n 计数溢出
   }
}

void serial()interrupt 4
{
  uchar ch;
  if(RI)
  {
     ch=SBUF;                   //取得接收的数据
  RI=0;                         //清接收标志
    if(n>2)tmp=ch;              //接收到高位数据
  else
  {
    rpm=(tmp<<8)+ch;            //合成转速数据
  }
  n=0;                          //时间计数清 0
  }
}
```

## 三、Proteus 仿真

1. 打开 Proteus ISIS 软件，按照硬件原理图绘制 Proteus 仿真电路，并仔细检查电路，保证线路连接无误。注意：晶体三极管的集电极与数码管的位控制端要增加一个下拉电阻，这是因为在 Proteus 中三极管是模拟器件模型，有穿透电流存在，而数码管是数字模型，只要有高低电平就会亮，其内阻相当于开路，所以会出现显示错误。三极管改为数字电路的反相器也能解决这个问题。

在 Proteus 中，Motor - Encoder 元件是一个带转速检测的直流电动机模型，其参数设置参见表 4—1—3。

2. 在 Keil 软件开发环境下，创建项目，编辑源程序，编译生成 HEX 文件，并装载到

Proteus 虚拟仿真硬件电路的 AT89C51 芯片中。需要注意的是，在本任务中，两个系统的单片机芯片要分别装入对应的发送系统和接收系统的程序。

3. 运行 Proteus ISIS 软件，仔细观察运行结果，如果有不完全符合设计要求的情况，调整源程序并重复步骤 1、2，直至完全符合本项目提出的各项设计要求为止。

在仿真电路中，直流电动机供给电压为 24 V，并串接了一个 24 Ω 的可调电阻 RV1，调节 RV1 就可以调节电动机的转速。随着电动机转速（电动机下面的数字代表其转速）的改变，测量系统检测到的转速随之改变，同时，远程显示系统的数据也相应变化。图 6—1—11 所示是仿真效果图。图 6—1—12 所示是电动机转速显示示例。

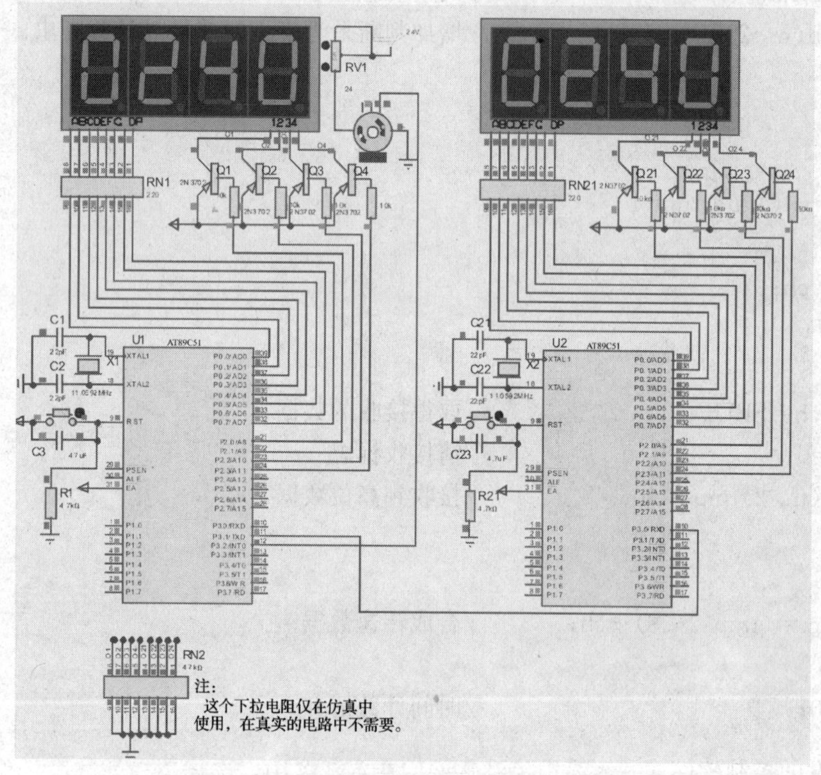


图 6—1—11　远程数据测量与数据传输系统仿真效果图

图 6—1—12　仿真局部效果图

# 任务2　远程控制

**知识点**

◎ 通信协议的概念与应用；

◎ RS-232C 串行通信接口；

◎ 多机通信原理。

**技能点**

◎ 能熟练编写串行口中断的初始化程序及中断服务程序；

◎ 能进行串行口通信调试；

◎ 能通过 RS-232C 控制远程单片机驱动直流电动机正反转并接收单片机测得的电动机转速。

## 任务提出

要对分布在各处的执行机构进行统一控制，就要通过串口、并口、网卡、USB 等接口实现计算机与外部设备的数据通信，在工业控制系统中多采用 RS-232C 协议。本任务是以计算机为控制核心，通过 RS-232C 控制远程的单片机驱动直流电动机正反转，并及时接收单片机测得的电动机转速。

## 任务分析

RS-232C 与单片机采用的 TTL 电平是不兼容的，需要进行电平转换才能相互通信，本任务中采用 MAX232 进行电平转换。

计算机要通过串行通信接口收发数据，则需要在操作系统中由相应的软件来实现，工业控制系统中往往把计算机作为系统控制的上位机，并配有相应的控制软件，如各种组态软件、VC 开发的控制软件或一些通用控制软件。在本任务中，选择串口调试助手作为计算机的上位机控制软件。

要控制电动机的正反转，硬件电路需要采用 H 桥驱动。单片机输出电平可直接控制 H 桥，当从串行端口得到控制信号时，直接改变对应的端口电平控制电动机的运行。同时，单片机检测电动机的运行速度，每隔一段时间就通过串口发送到计算机，计算机在上位机软件上显示电动机的运行速度。

整个远程控制系统框图如图 6—2—1 所示。

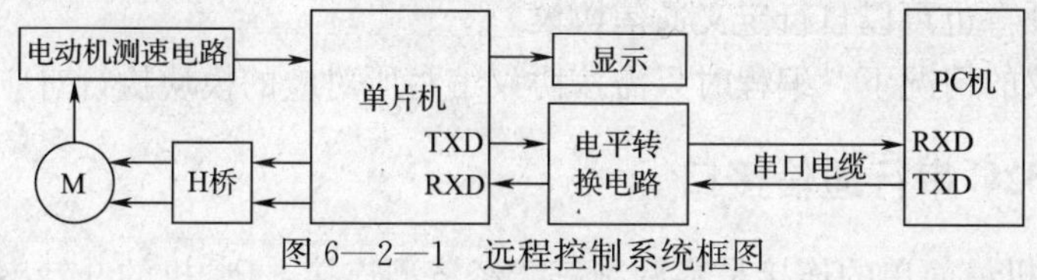


图 6—2—1　远程控制系统框图

作为系统通信设定：在 PC 机上通过串口发送字符控制电动机运行，其中，“S”（Stop）代表停，“G”（Go）代表正转，“B”（Back）代表反转；在单片机上直接发送数据的 ASCII 码表示数字的电动机转速，每次发送一个换行符（LF，0x0A）和一个回车符（CR，0x0D）作为结束标志。

## 相关知识

### 一、通信协议

通过通信信道和设备互连起来的多个不同地理位置的数据通信系统，要使其能协同工作实现信息交换和资源共享，它们之间必须具有共同的语言。交流什么、怎样交流及何时交流，都必须遵循某种互相都能接受的规则。

通信协议（communications protocol）是指双方实体完成通信或服务所必须遵循的规则和约定。约定包括对数据格式、同步方式、传送速度、传送步骤、检纠错方式以及控制字符定义等问题做出统一规定，通信双方必须共同遵守，因此，也叫做通信控制规程，或称传输控制规程。通信协议定义了数据单元使用的格式、信息单元应该包含的信息与含义、连接方式、信息发送和接收的时序，从而确保网络中数据顺利地传送到确定的地方。

通信协议包括语法、语义和定时三个要素。

1. 语法

即“如何讲”，指数据的格式、编码和信号等级（电平的高低）。语法是通信的基础，保证双方能够进行二进制数据的传送。二进制位传送的有效性，就是要求在发送方发送出一个逻辑电平时，在接收方必须能够接收到对应的逻辑电平。作为单片机的串行通信接口，一般采用异步通信。在较远的数据通信过程中，传输逻辑电平的具体电路在应用电路系统中可有多种选择，如采用光耦进行电气隔离，采用无线方式对高、低电平的二进制信号调制、解调实现无线通信等。对单片机输出的 TTL 数据进行信号调制或电平变换，使信号可靠地传输，在接收端对信号解调或电平变换，还原为 TTL 数据信号再送至接收端的单片机。

2. 语义

即“讲什么”，指数据内容、含义以及控制信息，规定传送数据的含义。如在任务 1 中电动机转速的传送中规定：连续两个字节为一个电动机转速数据，第一个字节数据为电动机转速数据的二进制位的高 8 位，第二个字节数据为电动机转速数据的二进制位的低 8 位。当然，一个实用系统的语义往往是比较复杂的，是整个通信协议的核心。

3. 定时

指速率匹配和排序，也就是规定传输的波特率和数据的先后次序。

通俗地说，通信协议就是通信双方进行协商而制定的具体通信标准。当然，除了可以采用一些标准协议外，也可以自行定义通信协议。

在有通信协议的情况下，编程时只需按协议编写所对应的模块执行对应的操作即可。

### 二、RS－232C 串行通信接口

PC 机和单片机最简单的连接是零调制三线经济型连接，PC 机的 9 针串口只连接其中的

3 根线：第 5 脚的 GND、第 2 脚的 RXD、第 3 脚的 TXD。这是进行全双工通信所必需的最少线路。

RS－232C 串行通信接口的主要特点是技术成熟、结构简单，只需 3 条普通导线就可以进行双向通信，传输距离较远，一般在 10 m 以上。现在流行的高级语言都支持对串口的直接操作，常用的单片机也把串行通信接口作为一个标准接口集成在单片机内，开发者在进行单片机应用系统设计时只要配以电平转换的驱动电路，增加 1 片 RS－232C 与 TTL 电平转换芯片就可以构成一个单片机与 PC 机之间的 RS－232C 串行通信接口。因此，RS－232C 串行通信接口的开发具有开发周期短，对开发者的软硬件水平要求不高等特点。

1. RS－232C 标准

RS－232C 标准（协议）的全称是 EIA－RS－232C 标准，其中 EIA（Electronic Industry Association）代表美国电子工业协会，RS（Recommended Standard）代表推荐标准，232 是标识号，C 代表 RS232 的最新一次修改（1969 年），在这之前，有 RS232B、RS232A。它规定连接电缆和机械、电气特性、信号功能及传送过程。目前在 IBM PC 机上的 COM1、COM2 接口，就是 RS－232C 接口。

RS－323C 标准适合于数据传输速率在 0～20 000 b/s 的通信。这个标准对串行通信接口的有关问题，如信号线功能、电气特性都做了明确规定。由于通信设备厂商都生产与 RS－232C 制式兼容的通信设备，因此，它作为一种标准，目前已在微机通信接口中广泛采用。

RS－232C 标准对逻辑电平的定义如下：逻辑“1”为－15～－3 V；逻辑“0”为＋3～＋15 V。即信号无效的电平低于 3 V，也就是当传输电平的绝对值大于 3 V 时，电路可以有效地检查出来，介于－3～＋3 V 的电压无意义，低于－15 V 或高于＋15 V 的电压也认为无意义，因此，实际工作时，应保证电平在±（3～15）V。可见，RS－232C 标准是用正负电压来表示逻辑电平的。

收、发端口的数据信号是相对于信号地的。典型的 RS－232C 信号在正负电平之间摆动，发送电平与接收电平的差仅为 2～3 V，其共模抑制能力差，再加上双绞线上的分布电容，使得传送距离最大约为 15 m，最高速率为 20 kbit/s。RS－232C 是为点对点（即只用一对收、发设备）通信而设计的，其驱动器负载为 3～7 kΩ。所以 RS－232C 适合本地设备之间的通信。

2. RS－232C 与 TTL 转换

RS－232C 是用正负电压来表示逻辑状态的，与 TTL 以高低电平表示逻辑状态的规定不同。因此，为了能够同计算机接口或终端的 TTL 器件连接，必须在 RS－232C 与 TTL 电路之间进行电平和逻辑关系的变换。实现这种变换的方法可用分立元件，也可用集成电路芯片。目前较为广泛地使用集成电路转换器件，如 MC1488、SN75150 芯片可完成 TTL 电平到 RS－232C 电平的转换，而 MC1489、SN75154 可实现 RS－232C 电平到 TTL 电平的转换。MAX232 芯片可完成 TTL——RS－232C 双向电平转换。

MC1488/MC1489/MAX232 引脚功能如图 6—2—2 所示。MC1488 的引脚 2、4（5）、9（10）和 12（13）接 TTL 输入，引脚 3、6、8、11 输出端接 RS－232C，如图 6—2—2a 所示。MC1489 的 1、4、10、13 脚接 RS－232C 输入，而 3、6、8、11 脚接 TTL 输出，如图

6—2—2b 所示。

MAX232 引脚如图 6—2—2c 所示，其中引脚 1、2、3、4、5、6 为其内部电压泵外接电容引脚，TTL 电平从 10、11 脚输入，从 7、14 脚输出 RS-232 电平，RS-232 电平从 8、13 脚输入，从 9、12 脚输出 TTL 电平。

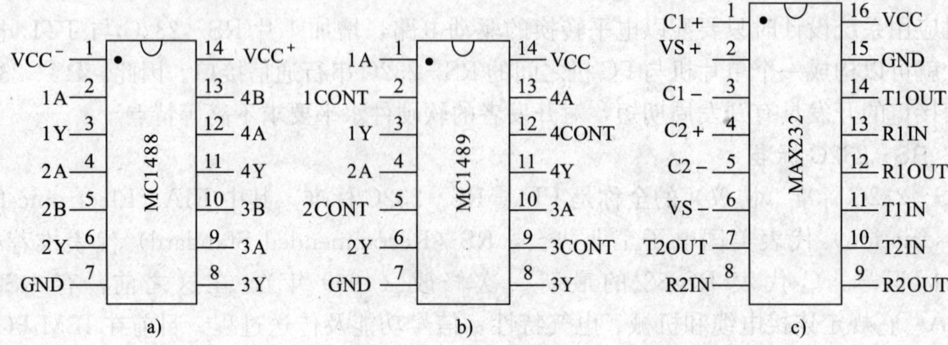


图 6—2—2　MC1488/MC1489/MAX232 引脚功能

RS-232C 所有的输出、输入信号都要分别经过 MC1488/MC1489 或 MAX232 构成的转换器，进行电平转换后才能与单片机应用系统的 TTL 电平信号进行数据通信。

3. USB 转串行接口

在计算机技术日新月异的今天，计算机的外部接口也在不断地改变。随着时间的变化，高速、方便的 USB 接口成为了计算机的标准配置，并有不断增多的趋势。与之对应的是，计算机上的并行端口和串行端口却逐渐减少，在部分计算机上并行端口和串行端口已经被取消。在没有串行接口的计算机上实现串行通信，采用 USB 转串口芯片或 USB 转串行接口线是较好的选择。

USB 转 UART 的芯片型号很多，如 CP2102、CH341、PL2303、FT2232C 等型号，这些芯片在本书中不作详细介绍，有兴趣的可查找相关资料。需要注意的是，这些芯片输出的 UART 数据是 TTL 电平，如果需要使用 RS-232 或 RS-485 等电平通信，要使用相应的电平转换电路。

在市场上有 USB 转串行的接口线，把接口线插入计算机 USB 接口，安装上该接口线对应的驱动程序，在计算机的设备管理器中可以看见增加了一个串行接口（如 COM3），该串行接口与计算机原有串口（COM1 或 COM2）功能相当。

## 三、多机通信原理

使用异步通信的多机通信系统，一般采用如图 6—2—3 所示电路框架，图中 RXD 是异步串行通信的接收端，TXD 是异步串行通信的发送端。

在图 6—2—3 中，上位机发送地址、指令和数据，可以传送到各下位机或指定下位机，各下位机发送的数据只能被上位机接收。下位机仅在上位机要求发送数据时才向上位机发送数据，保证各下位机发送的数据不出现时间冲突。

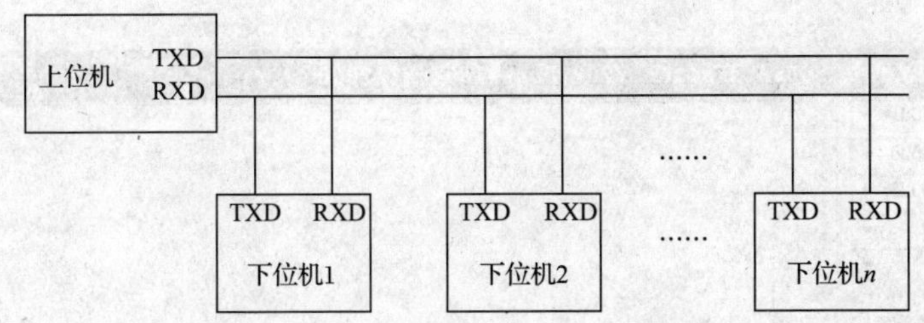


图 6—2—3　多机异步通信系统框图

MCS－51 单片机使用串口方式 2 或方式 3 进行数据通信，其中第 9 位数据确定上位机输出的是地址还是数据。当 TB8＝1 时为地址帧，即发送的字节数据代表下位机的地址；当 TB8＝0 时为数据帧，即发送的字节数据是向对应下位机传送的数据。

各下位机串行口与上位机工作在相同的方式下（方式 2 或方式 3）。标志 SM2（SCON. 5）设置为 1，这时下位机仅能接收第 9 位数据为 1 的内容，如果上位机发送的是数据帧，则下位机串口硬件自动将该数据丢弃，不能接收。

当上位机发送的是地址帧时，所有单片机都能接收到这个数据。而下位机每次接收到数据时，都要判断接收的第 9 位数据，第 9 位数据在 RB8（SCON. 2）中。当 RB8＝1 时，表示上位机传送过来的是地址帧，比较该地址是否与本机内置相符。若相符，则将该下位机的 SM2 清 0（即可以接收数据帧数据和地址帧数据），准备接收其后传送来的数据；否则将该下位机的 SM2 置 1（即只能接收地址帧数据），等待上位机再次发送地址帧。

至于具体的通信过程，是采用“依次查询/回答”，还是“上位机广播”等方式进行，要根据具体的情况制定相应的通信协议。

## 四、串口调试助手

当计算机作为通信的一端时，需要在计算机的操作系统里对通信接口接收到的数据进行处理。各应用系统的通信处理软件往往是特制的，需要针对性的编制，常见的有 VB、VC、组态软件等各种开发平台。

为了能够在计算机端看到单片机发出的数据，发送数据到单片机系统，可以借助各种 Windows 串口操作软件进行观察，这里介绍一个免费的计算机串口调试软件“串口调试助手”。该软件无须安装，可以直接在当前位置运行，其软件界面如图 6—2—4 所示。

使用“串口调试助手”软件，要根据计算机的配置、数据通信的约定设置软件所用串行口的参数，如图 6—2—4 所示。单片机应用系统的串口要和计算机的 COM1 连接，则软件上的“串口”选择为 COM1，如果使用了 USB 转串口电路，则应选择对应的 COM3 等其他串口。根据串行通信的约定，将“波特率”设置为 9 600，选择数据宽度为 8 位（“数据位”设置为 8）。校验位（也就是在 MCS－51 异步通信的第 9 位数据）要根据需要设置，在这里选择“NONE”表示没有第 9 位数据。

当需要从计算机发送数据到单片机应用系统时，在下面的发送区输入对应的内容，单击“手动发送”即可发送。

当单片机应用系统通过串口发送数据到计算机时，在串口调试助手软件的列表框内对应显示计算机接收到的数据。同时在软件最下方状态栏上的 RX 和 TX 处统计接收和发送的字节数。

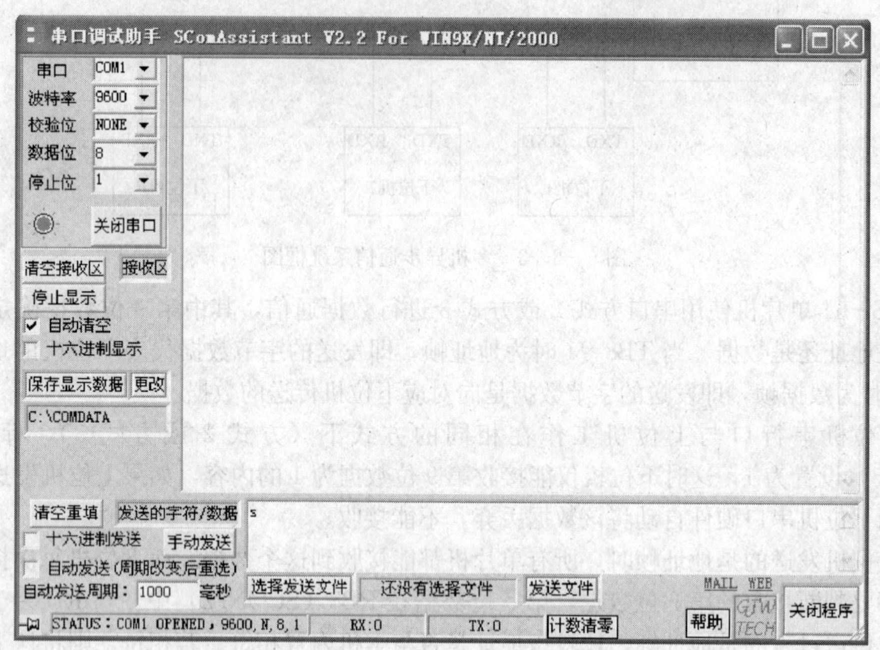


图 6—2—4　串口调试助手窗口

## 任务实施

### 一、硬件设计

根据任务分析，本任务主要实现单片机接收计算机发出的信号控制直流电动机正反转，测量电动机转速，将转速数据显示和发送到计算机等功能。

测量电动机转速、显示数据的原理和电路与任务 1 一致，这里不再赘述。

控制直流电动机正反转，通常采用 H 桥电路驱动直流电动机，为了简化电动机驱动电路，本任务选择 3 V 直流电动机，且采用分立元件构成的 H 桥电路。在实际应用系统中可采用如 L298 等 H 桥集成电路，或者采用由功率 MOS 管构成的 H 桥电路，来驱动高电压、大电流的直流电动机。

在本任务中，单片机应用系统要和 PC 机进行数据通信，形成控制环路，这里选择最简单的无 Modem 调整的三线制通信。

MCS－51 单片机输入、输出电平为 TTL 电平，而 PC 机串口采用 RS－232C 标准电平，二者的电气规范不同，因此在单片机应用电路增加由 MAX232 构成的电平转换电路，使单片机应用系统最终输入输出电平就是 RS－232C 的电平规范，可以直接和计算机进行数据通信。

单片机应用系统中使用标准的 DB9 插座，和计算机之间使用标准的串口连接线即可连接，实现单片机与计算机的硬件连接。RS－232C 的传输距离可达 10 m，如果要求通信的距离更远，可以增加 RS－485 接口模块。

根据硬件电路和元器件的选择，本任务中单片机应用系统的硬件电路如图 6—2—5 所示。

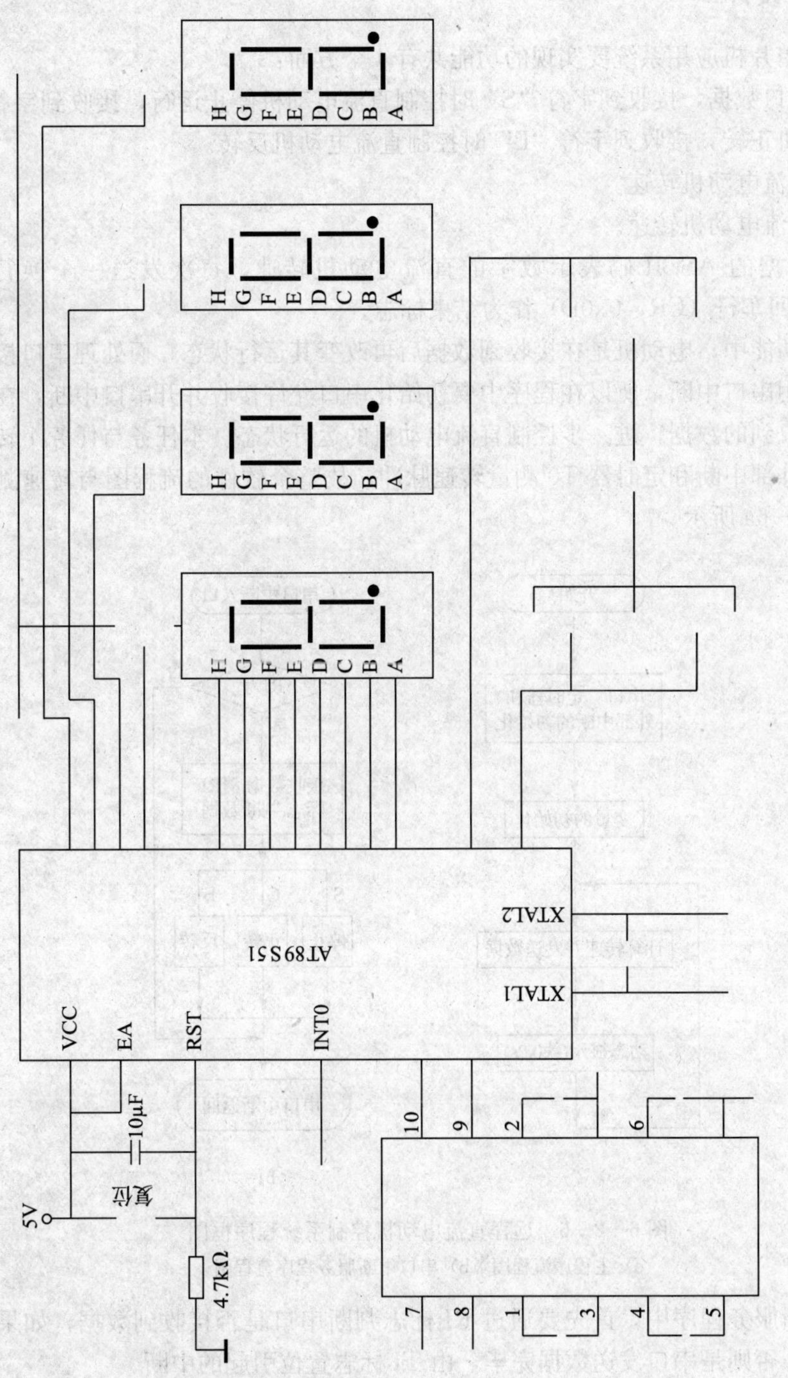


图 6—2—5　远程直流电动机控制系统电路原理图

## 二、软件设计

本任务中单片机应用系统要实现的功能共有 4 个方面：

1. 接收串口数据，接收到字符“S”时控制直流电动机停止运行，接收到字符“G”时控制直流电动机正转，接收到字符“B”时控制直流电动机反转。

2. 测量直流电动机转速。

3. 显示直流电动机转速。

4. 发送数据的 ASCII 码表示数字的直流电动机转速，每次发送一个换行符（LF，0x0A）和一个回车符（CR，0x0D）作为结束标志。

在这几个功能中，电动机是在接收到数据后再改变其运行状态，而处理串口接收数据最好的方法是使用串口中断，所以在程序中要初始化串口允许接收并开串口中断，在中断服务程序中判断接收到的数据，进一步控制直流电动机的运行状态。本任务与任务 1 转速测量原理一致，采用外部中断和定时器 T0 测量转速脉冲，故整个软件的流程图与转速测量系统相同，如图 6—2—6a 所示。

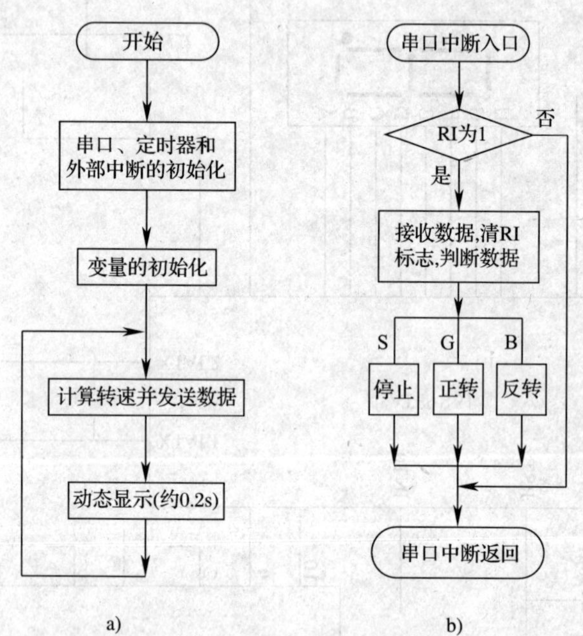


图 6—2—6　远程直流电动机控制系统程序框图

a）主程序流程图　b）串口中断服务程序流程图

在串口中断服务程序中，首先要通过 RI 标志判断串口是否接收到数据，如果 RI 为 1，则收到了数据，否则是串口发送数据完毕，由 TI 标志置位引起的中断。

当接收到数据时，将 SBUF 中的数据转存到临时变量后，要手动清 RI 标志。判断临时变量中的数据，如果是字符 S（s），则使 H 桥的两端都为高电平，直流电动机将停止运行；如果是字符 G（g），则使 H 桥的一端为高电平，另一端为低电平，直流电动机将正转；如果是字符 B（b），则使 H 桥的两端输出电平与正转相反，直流电动机将反转。如果直流电动机实际运行与控制方向相反，修改程序或更改电路控制引脚均可实现。整个串口中断服务程序框图如图 6—2—7b 所示。

发送数据依然在每次计算数据之后，但不再将数据拆分为两个字节，而是转换为转速所对应的十进制数据的 ASCII 码。要实现这个要求的程序很多，在本任务中采用模 10 的方法来得到数据的各十进制数码，图 6—2—7 所示是数据拆分流程图。

一个整数除以 10 的余数，是个十进制数字的值。而数字 0～9 对应的 ASCII 码是 0x30～0x39，所以在余数值上加上 0x30（字符 0），就能将数字转换为对应的 ASCII 码。

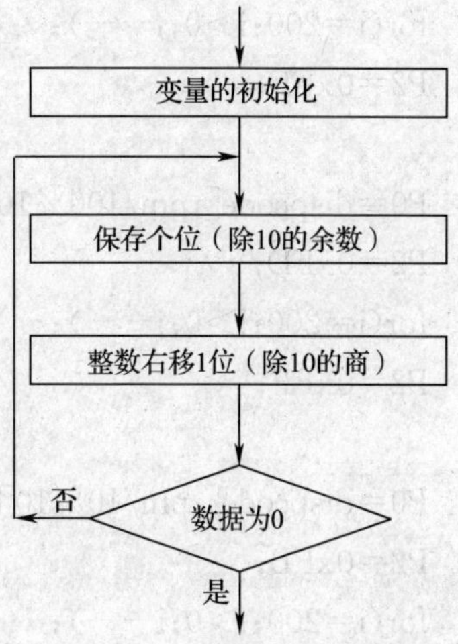


图 6—2—7　数据拆分流程图

当得到完整的转速字符串后，按照从高位开始逐个字符依次发送，就实现了任务中的数据发送要求。在计算机中，可以直接将接收到的数据显示出来，形成逐行显示的转速数据。

对应的源程序如下所示：

```
    /＊直流电动机远程控制系统　＊/
#include "reg51. h"
#define uchar unsigned char
#define uint   unsigned int
#define ulong unsigned long

sbit M1=P3^46;                              //直流电动机控制输出引脚 1
sbit M2=P3^7;                               //直流电动机控制输出引脚 2

uint rpm;                                   //转速的显示初值为 0
ulong T;                                    //存储多个脉冲的周期数值
uchar n;                                    //对应周期的脉冲数量
uchar t0;
uchar neg;                                  //保存方向,如果反转,其值则为'—'
void display()
{
    uchar code dispcode[]={0xC0,0xF9,0xA4,0xB0,0x99,0x92,0x82,0xF8,0x80,0x90};
    uchar i;

    P0=dispcode[rpm/1000];                  //输出千位数的段码
    P2=0xFE;                                //输出位码
```

```
    for(i=200;i>0;i--);                  //延迟
    P2=0xFF;                             //关闭显示

    P0=dispcode[rpm/100%10];             //输出百位数的段码
    P2=0xFD;                             //输出位码
    for(i=200;i>0;i--);                  //延迟
    P2=0xFF;                             //关闭显示

    P0=dispcode[rpm/10%10];              //输出十位数的段码
    P2=0xFB;                             //输出位码
    for(i=200;i>0;i--);                  //延迟
    P2=0xFF;                             //关闭显示

    P0=dispcode[rpm%10];                 //输出个位数的段码
    P2=0xF7;                             //输出位码
    for(i=200;i>0;i--);                  //延迟
    P2=0xFF;                             //关闭显示
}

void sendchar(uchar ch)                  //通过串口发送一个字节
{
      SBUF=ch;
      while(TI==0);
      TI=0;
}

void send(uint rpm)                      //通过串口发送一个整型数据
{
    uchar i,ch[8]={0x0D,0x0A};           //发送的最后两个字节是换行符和回车符
      i=2;
      do
      {
        ch[i]=rpm%10+'0';                //得到个位数据所对应的ASCII码
        rpm/=10;                         //将rpm除以10,相当于将整数右移一位
        i++;                             //记下数据位数
      }while(rpm);                       //如果不为0则继续取出数字
```

```
    if(neg)sendchar(neg);                         //如果反转则发送负号

    while(i)                                      //按数组逆序发出所有字符,对应直流电动
                                                  //机转速
    {
      i--;
      sendchar(ch[i]);                            //发送一个字符
    }
  }

void main(void)                                   //主函数
{
    uchar i;

    SCON=0x50;                                    //串口工作方式 1,允许接收

    TMOD=0x21;                                    //定时器 T1 工作在方式 2,定时器 T0 工作
                                                  //在方式 1
    TH1=TL1=0xFD;                                 //波特率为 9 600 bps
    TR1=1;                                        //定时器 T1 工作
    ES=1;                                         //开串口中断

    TR0=1;                                        //定时器 T0 工作
    ET0=1;                                        //允许定时器 T0 中断

    EX0=1;                                        //允许INT0中断
    IT0=1;                                        //INT0下降沿中断

    EA=1;                                         //允许中断

    T=0;
    n=0;

      while(1)
      {
```

```
        if(n! =0)                              //如果有直流电动机转速脉冲,才进行计算
      {
    rpm=(60*11059200/12/24)*n/T;               //计算转速
    n=0;T=0;                                   //为下次计算置初值
    send(rpm);                                 //发送直流电动机转速
      }

      for(i=0;i<80;i++)                        //显示 80 次,约 0.2 s
        { display(); }                         //调用动态显示,动态显示一次约 2.5 ms
       }
    }

    void int0()interrupt 0
    {
    uchar t0s,th,tl;
      TR0=0;
      th=TH0;
      tl=TL0;
      t0s=t0;
      TR0=1;
      t0=TH0=TL0=0;
      T=T+t0s*65536+th*256+tl;
      n++;
      if(INT1)neg=0;else neg='-';              //如果 INT1 引脚电平为高则表示正转,否
                                               //则反转
                                               //如果只有一个转速脉冲,这条语句不需要
    }
    void time0()interrupt 1
    {
      t0++;                                    //统计定时器 T0 溢出次数,每次溢出就代
                                               //表 65 536 个机器周期
    }
    void serial()interrupt 4
    {
      uchar ch;
      if(RI)
```

```
    {
      ch=SBUF;
    RI=0;
    switch(ch)
    {
      case 'S':
      case 's': M1=1;M2=1;break;          //直流电动机停止
      case 'G':
      case 'g': M1=0;M2=1;break;          //直流电动机正转
      case 'B':
      case 'b': M1=1;M2=0;break;          //直流电动机反转
    }
  }
}
```

## 三、Proteus 仿真

1. 打开 Proteus ISIS 软件，绘制 Proteus 仿真电路，如图 6—2—8 所示。仔细检查，保证线路连接无误。

**注意**：在 ISIS 软件中，使用虚拟串口终端来实现计算机与单片机的通信。虚拟终端的接口电平是 TTL 电平，所以仿真中不需要 MAX232 的电平转换电路。

在仿真中，直流电动机与任务 1 中的转速测量所使用的直流电动机模型、参数相同。由于其电流较大、电压较高，故在仿真时，采用 L298 做直流电动机的驱动电路。

Motor - Encoder 直流电动机模型有两个编码脉冲输出，二者相位相差 90°，即在测量脉冲的下降沿通过判断另一个脉冲的电平状态来判断直流电动机是正转还是反转。故在仿真中，增加了一个测量脉冲到 P3. 3 引脚上。在实际电路中，完全可以通过在直流电动机带动的同一转盘上相邻的位置安装光电检测传感器来得到这两个脉冲，转盘上的齿数（凹槽）数量决定直流电动机一转的脉冲数量。

2. 在 Keil 软件开发环境下，创建项目，编辑源程序，编译生成 HEX 文件，并装载到 Proteus 虚拟仿真硬件电路的 AT89C51 芯片中。

3. 运行 Proteus ISIS 软件，仔细观察运行结果，如果有不完全符合设计要求的情况，调整源程序并重复步骤 1、2，直至完全符合本项目提出的各项设计要求为止。图 6—2—9 所示为直流电动机控制系统仿真效果图。

在仿真时，打开虚拟终端对话框，从键盘上输入字符 G（或 g），直流电动机将正转，在直流电动机下方将显示正数，数码管和虚拟终端上将显示此时系统测量到的数据。

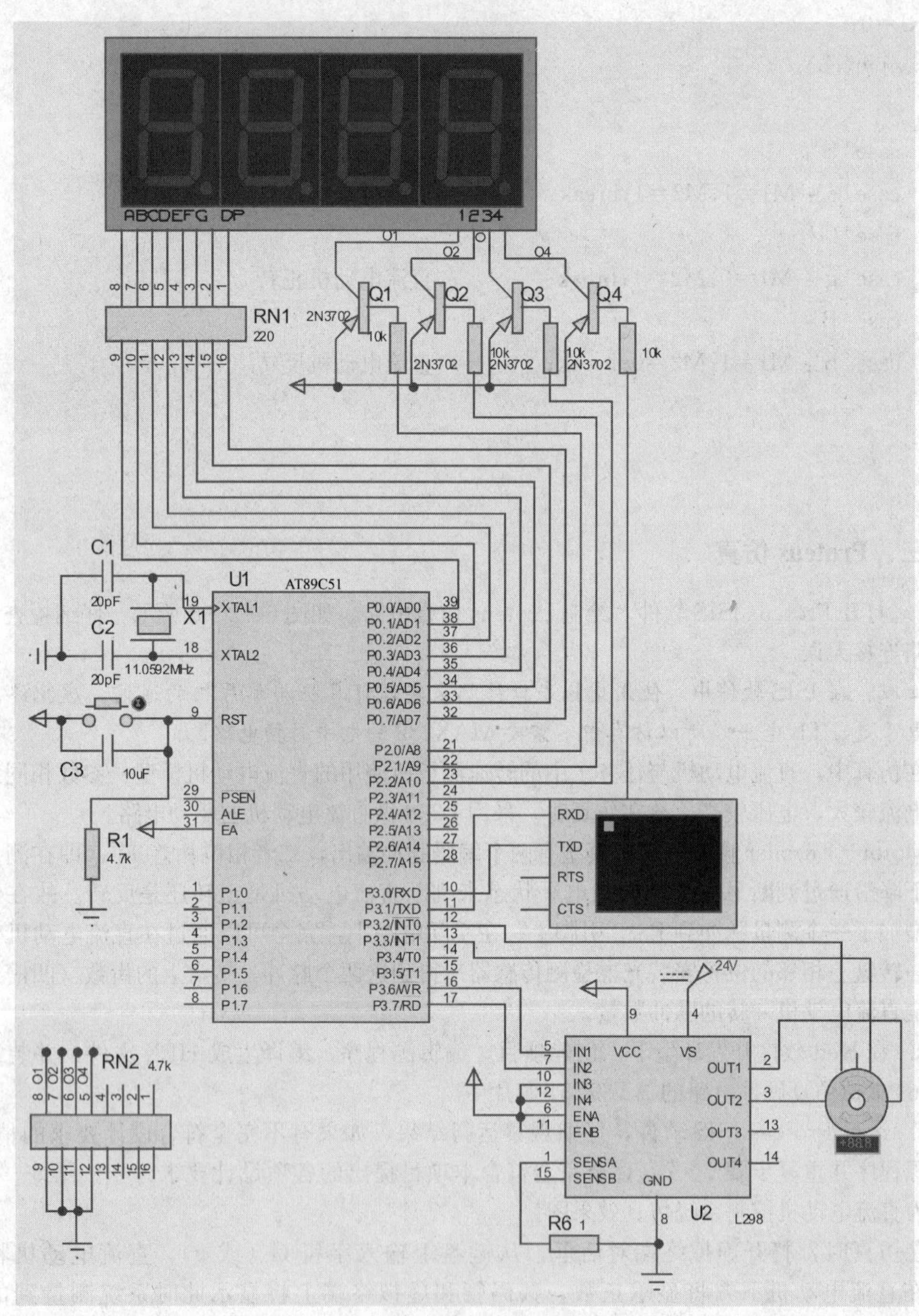


图 6—2—8　直流电动机控制系统仿真电路图

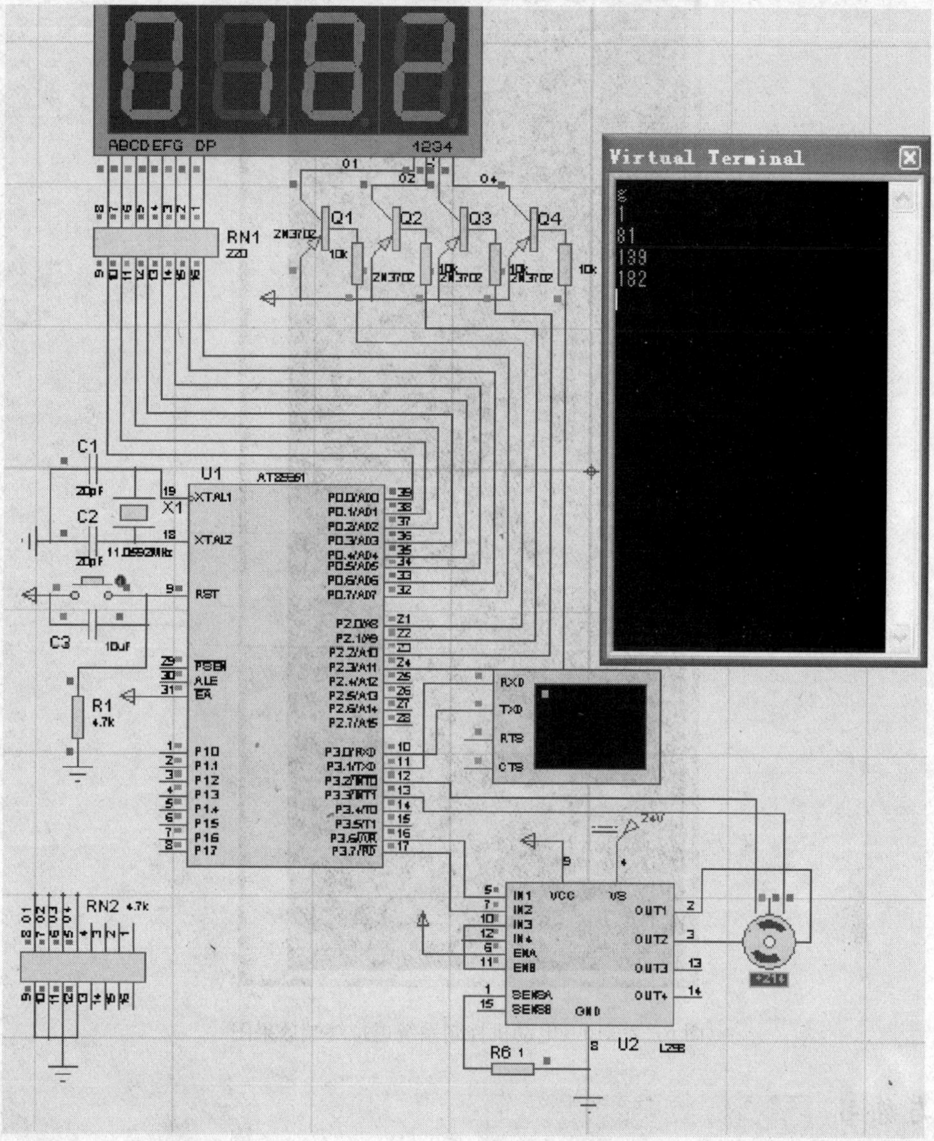

图 6—2—9　直流电动机控制系统仿真效果图

从键盘上输入字符 B（或 b），直流电动机将反转（如果之前是正转，则直流电动机转速迅速下降，并逐步加速反转，体现直流电动机反向制动和反向加速过程）。在直流电动机下方将显示负数，数码管和虚拟终端上将显示此时系统测量到的数据。

从键盘上输入字符 S（或字符 s），直流电动机转速由高逐步降低，直到直流电动机停止转动。

图 6—2—10 所示为一次控制过程的虚拟终端效果图。

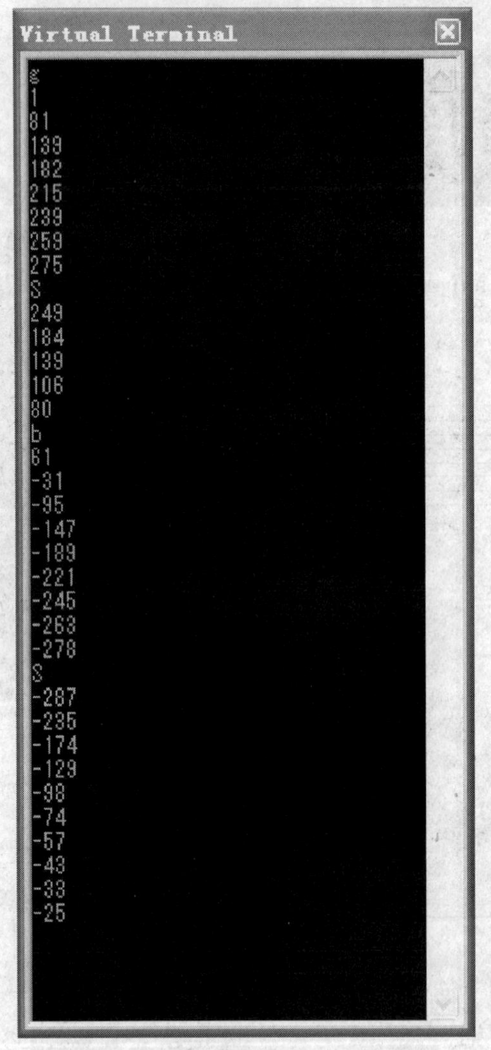


图 6—2—10　电动机控制系统虚拟终端效果图

## 思考与练习

1. 利用串行口设计 4 位静态数码管显示，画出电路图并编写程序，要求 4 位数码管每隔 1 s 交替显示“1234”和“5678”。

2. 编写程序，实现 A、B 两个单片机进行点对点通信。A 单片机每隔 2 s 发送一次“A”字符，B 单片机接收到以后，在 LCD1602 上显示出来。

3. 设计一个交通灯远程控制系统，实现 PC 机和单片机之间的通信。使用 PC 机作为控制主机，单片机控制交通灯作为从机的控制系统。

其中，PC 机与单片机之间的通信协议说明如下：

(1) 通过 PC 机键盘输入 01H 命令，发送给单片机；单片机收到 PC 机发来的命令后，进入紧急情况状态，将东西和南北两个方向的交通灯都变为红灯，再发送 01H 作为应答信号，PC 机收到应答信号并在屏幕上显示出来。

（2）通过 PC 机键盘输入 02H 命令，发送给单片机；单片机收到 PC 机发来的命令后，恢复正常交通灯指示状态，并回送 02H 作为应答信号，在 PC 机屏幕上显示 02H。

（3）设置主、从机的波特率均为 2 400 bit/s；帧格式为 10 位，包括 1 位起始位、8 位数据位、1 位停止位，无校验位。

试画出相应的控制电路，并编写程序。

4. 使用无线方式进行单信道数据单工传送，实现系统遥控。（提示：首先设计并制作红外遥控发射和接收部分，接收头可购买成品）

# 模块七 A/D 和 D/A 转换器的应用

单片机应用系统就是由单片机最小系统与各种外部电路、设备组成的一个综合控制系统。单片机外部电路的接口信号有数字信号和模拟信号两大类，对于模拟信号，单片机不能直接输入输出，需要 A/D 转换后才能实现数据输入，D/A 转换后才能输出。本模块以 ADC0809 测量温度为示例，说明单片机对模拟量的输入；以键盘控制 DAC0832 输出电压为示例，说明单片机对模拟量的输出。

## 任务 1　温度测量与报警

**知识点**

◎ 传感器在单片机测控系统中的作用；

◎ A/D 转换的基本知识；

◎ ADC0809 芯片的主要特性、引脚功能及基本应用；

◎ LM35 的主要特性。

**技能点**

◎ 能应用单片机通过传感器测量模拟量；

◎ 能正确应用单片机编程控制 A/D 转换器完成模数转换。

### 任务提出

在机电控制系统中，经常把声音、温度、湿度、压力、位移、气压等各种物理量作为控制系统的输入信号，根据这些物理量的变化值，通过单片机系统去实现某些功能控制。由于电气控制系统能够处理的信号均为电信号，所以要实现各种物理量的输入，就需要使用传感器将其他物理量转换为电量。传感器输出的信号是模拟信号。

单片机的输入信号和输出信号都是数字信号（数字量），因而还需要一种特殊的电路，将来自外部传感器的模拟量转换为单片机能够识别的数字信号。在单片机外部接口电路中，常采用模数（A/D）转换器来完成将模拟量转换为数字量。

本任务是利用模数（A/D）转换器将温度传感器输出的模拟电压信号转换为数字信号，并显示输出。该系统的主要指标为：

1. 温度测量范围：0～100℃；

2. 温度测量精度：<±0.5℃；

3. 超限报警：>120℃。

## 任务分析

本任务需要使用传感器将温度转换为电学量。温度传感器的种类有很多，如铂电阻、热电偶、热敏电阻以及各类半导体测温器件，这里选用精密温度传感器LM35作为系统的测温器件。

LM35内部集成了半导体测温传感器和信号处理电路，可将温度转为模拟信号，其输出信号为模拟电压信号。单片机不能直接将LM35输出的模拟电压作为输入信号，需要一个A/D转换器将模拟电压信号转换为数字信号，然后传输给单片机。

本任务以单片机为控制核心，输入A/D转换器输出的数字信号，将其转换为温度后在数码管上显示出来，判断是否超限报警。因此，需要在单片机最小系统的基础上增加A/D转换电路、显示器件及其驱动电路、报警电路，故整个系统的框图如图7—1—1所示。

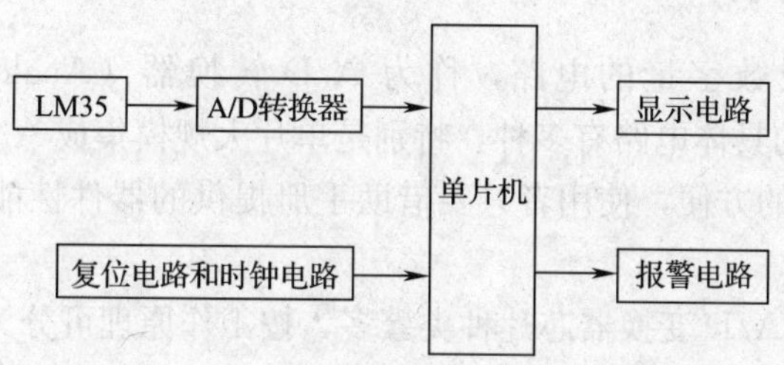


图7—1—1　温度测量硬件系统框图

## 相关知识

### 一、输入通道概述

在机电控制系统中，单片机往往需要对控制对象的过程参数进行监测。被监测的过程参数通常是一种非电量，如温度、压力、载荷、位移等，这些物理量不能被单片机直接读取。

传感器是敏感于待测非电量并可将它转换成与之对应的电信号的元器件或装置。从传感器输出的电信号类型有电压和电流类型，信号的幅度不一，往往需要对这些信号进行放大、滤波等处理，以便于单片机或模数转换电路的接收。按输出信号的性质可将传感器分为模拟传感器和数字传感器两大类。

由于被测物理量是连续变化的，如声音、压力等，传感器往往输出为模拟电信号。模拟信号需要进行模数转换后，才能送入单片机处理。数字量输出的传感器信号，经放大整形后可直接通过单片机引脚送入单片机。

在同一个测控系统中，被检测的参数有可能不止一个，考虑到单片机的工作速度快，物理量变化速度相对比较慢，可以使用一个A/D转换来轮流处理各个被测量，如图7—1—2所示。

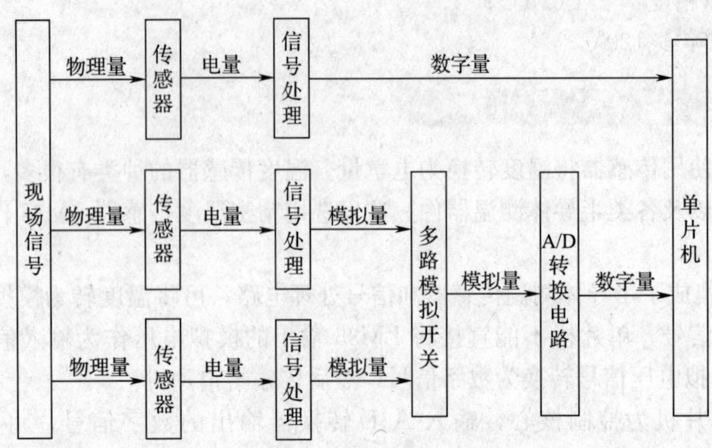


图 7—1—2　输入通道

## 二、A/D 转换器简介

能将模拟量转换成数字量的电路，称为 A/D 转换器（Analog - Digital Converter，ADC)。完成这种转换的具体电路有多种，特别是单片大规模集成 A/D 转换器的问世，为实现模数转换提供了极大的方便，使用者只要借助手册提供的器件性能指标及典型应用电路，即可正确使用这些器件。

目前市场上供应的 A/D 变换器芯片种类繁多，按工作原理可分为直接 A/D 转换器和间接 A/D 转换器两大类，按数码位数分为 8 位、10 位、12 位等，按照数据的传送方式还可分为串行 AD 和并行 AD。

1. 直接 A/D 转换器

直接 A/D 转换器通过一套基准电压与取样保持电压进行比较，从而直接转换成数字量。其特点是工作速度快，转换精度容易保证，使用也比较方便。

直接 A/D 转换器的模拟电压与数字输出之间的转换关系是：

$$D=\frac{U_{IN}}{U_{REF}}\times 2^N$$

其中，$N$ 为 A/D 转换器的位数，$D$ 为 A/D 转换器输出的数值，$U_{IN}$ 为 A/D 转换器输入的模拟电压，$U_{REF}$ 为 A/D 转换器的基准电压。

直接 A/D 转换器的电路有并联比较型和反馈比较型，而反馈比较型又分为计数型和逐次逼近型。其中，逐次逼近型 A/D 转换器是目前集成 A/D 转换器产品中用得最广泛的一种电路。

并联比较型 A/D 转换器的转换速度很快，其转换速度实际上取决于器件的速度和时钟脉冲的宽度。但电路复杂，其转换精度将受分压网络和电压比较器灵敏度的限制。这种转换器适用于高速、精度较低的场合。

2. 间接 A/D 转换器

间接 A/D 转换器是将取样后的模拟信号先转换成时间 $t$（即电压-时间变换型，简称

V－T变换型）或频率 $f$（电压-频率变换型，简称 V－F 变换型），然后再将 $t$ 或 $f$ 转换成数字量。

V－T 变换型 A/D 转换器中用得最多的是双积分型 A/D 转换器，如 CB7107、MC14433 等，这类转换器的成本低、速度慢、精度高。

V－F 变换型 A/D 电路由压控振荡器、计数器、时钟等组成。在单片机系统中，实际只需要外接一个压控电路就可以完成 A/D 转换，其余的计数、闸门时间控制等工作由单片机完成。同时，由压控电路传送到单片机的信号是一路脉冲信号，所以传送电路简单、要求低，特别适用于遥控测量等需要电气隔离的系统中。常见的压控集成电路有 LM331、AD650 等。

总体来说，间接 A/D 转换的特点是工作速度较低，但转换精度可以做得较高，且抗干扰能力强，在测试仪表中用得较多。

3. A/D 转换器的主要技术指标

(1) 分辨率和量化误差。分辨率是指 A/D 转换器对输入模拟信号的分辨能力，是衡量 A/D 转换器分辨输入模拟量最小变化程度的技术指标。A/D 转换器的分辨率取决于 A/D 转换器的位数，通常以输出二进制数或 BCD 码数的位数来表示。分辨率越高，转换时对输入模拟信号变化的反应就越灵敏。从理论上讲，一个 $N$ 位二进制数输出的 A/D 转换器应能区分输入模拟电压的 $2^N$ 个不同量级，能区分输入模拟电压的最小差异为满量程输入的 $1/2^N$。

例如，A/D 转换器的输出为 12 位二进制数，即表示该转换器可以用 $2^{12}$ 个二进制数对输入模拟量进行量化，其分辨力为 1 LSB，如用百分比表示时，其分辨率为（$1/2^{12}$）$\times 100\%=0.025\%$，若最大允许输入模拟信号为 10 V，则能分辨出输出模拟电压的最小变化量为 $1/2^{12}\times 10\ \text{V}=10\ \text{V}/4\ 096=2.44\ \text{mV}$。

量化误差是由于转换器有限字长对输入模拟量进行量化而引起的固有误差，其大小在理论上为一个单位分辨率，故量化误差和分辨率是统一的，即提高分辨率可以减小量化误差。

(2) 转换速度。转换速度是指 A/D 转换器在每秒钟内所能完成的转换次数，也可表述为转换时间，即完成一次 A/D 转换所需时间，两者互为倒数。转换时间是从接到转换启动信号开始，到输出端获得稳定的数字信号所经过的时间。若某 A/D 转换器的转换速度为 5 MHz，则其转换时间是 200 ns。A/D 转换器的转换速度主要取决于转换电路的类型，不同类型 A/D 转换器的转换速度相差很大。双积分型 A/D 转换器的转换速度最慢，需几百毫秒左右；逐次逼近式 A/D 转换器的转换速度较快，转换速度在几十微秒；并联型 A/D 转换器的转换速度最快，仅需几十纳秒时间。

(3) 转换精度。A/D 转换器的精度通常有两种表示形式：绝对精度和相对精度。绝对精度常用数字量的位数表示，如精度为最低位 LSB 的 $\pm 1/2$ 位，即（$\pm 1/2$）LSB。如果满量程为 10 V，则 10 位 A/D 转换器绝对精度为 $\pm 4.88$ mV。相对精度用相对于满量程的百分比表示，则 10 位 A/D 转换器相对精度为 0.1%。

精度和分辨率是两个不同的概念，不能混淆，精度是指转换后所得结果相对于实际值的准确度，而分辨率指的是能对转换结果产生影响的最小输入量。如满量程为 10 V 的 10 位 A/D 转换器的分辨率为 9.77 mV。但是，即使分辨率很高，也可能由于温度漂移、线性不良等原因造成其精度并不是很高。

## 三、ADC0809 简介

ADC0809 是美国国家半导体（National Semiconductor，NS）公司生产的单片 CMOS 8 路 8 位逐次逼近式 A/D 转换器，包括 8 位的 A/D 转换器、8 通道多路转换器、三态输出锁存缓冲器和与微处理器兼容的控制逻辑。8 通道多路转换器能直接连通 8 个单极性模拟信号中的任何一个。

ADC0809 片内带有锁存功能的 8 位模拟多路开关，可对 8 路 0～+5 V 的输入模拟电压信号分时进行转换，片内具有多路开关的地址译码和锁存电路、比较器、256 R 电阻 T 形网络、树状电子开关、逐次逼近寄存器 SAR、控制与时序电路等。输出具有 TTL 三态输出锁存缓冲器，可直接连接到单片机数据总线上。

### 1. ADC0809 的主要特性

（1）8 路输入通道，8 位 A/D 转换器，即分辨率为 8 位。线性误差为±1 LSB。

（2）单一+5 V 电源供电，模拟输入电压范围为 0～+5 V，不需零点和满刻度校准。

（3）转换速度取决于芯片时钟频率。时钟频率范围为 10～1 280 kHz。当时钟频率为 640 kHz 时，转换时间为 100 μs；当时钟频率为 500 kHz 时，转换时间为 130 μs。

### 2. ADC0809 芯片引脚功能

ADC0809 芯片的逻辑框图及引脚排列如图 7—1—3 所示，器件的核心部分是 8 位 A/D 转换器，它由比较器、逐次逼近寄存器、D/A 转换器及控制和定时 5 部分组成。

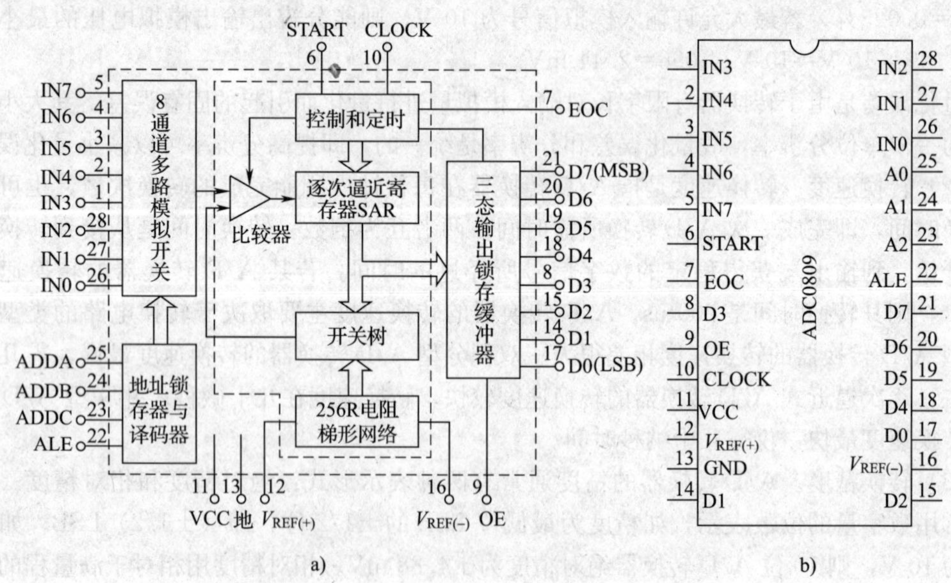


图 7—1—3　ADC0809 转换器逻辑框图及引脚排列

a）逻辑框图　b）引脚排列

ADC0809 的引脚功能说明如下：

（1）IN0～IN7：8 路模拟信号输入端。

(2) ADDC (A2)、ADDB (A1)、ADDA (A0)：地址输入端。选通8路模拟信号中的任何一路进行A/D转换，地址译码与模拟输入通道的选通关系见表7—1—1。例如，若直接将ADC0809芯片ADDC、ADDB、ADDA接地，则选通IN0。

**表7—1—1　　ADC0809模拟输入通道与地址译码的选通关系**

| 被选模拟通道 | | IN0 | IN1 | IN2 | IN3 | IN4 | IN5 | IN6 | IN7 |
|---|---|---|---|---|---|---|---|---|---|
| 地址 | ADDC | 0 | 0 | 0 | 0 | 1 | 1 | 1 | 1 |
| | ADDB | 0 | 0 | 1 | 1 | 0 | 0 | 1 | 1 |
| | ADDA | 0 | 1 | 0 | 1 | 0 | 1 | 0 | 1 |

(3) ALE：地址锁存允许输入信号，在此脚施加正脉冲，上升沿有效，此时锁存地址码，从而选通相应的模拟信号通道，以便进行A/D转换。

(4) START：启动信号输入端，应在此脚施加正脉冲，当上升沿到达时，内部逐次逼近寄存器复位，在下降沿到达后，开始A/D转换过程；在转换期间，应保持低电平。

(5) EOC：转换结束输出信号（转换结束标志），高电平有效。根据读入转换结果的方式，EOC信号和单片机有以下三种连接方式：

1）延时方式。EOC悬空，启动转换后，延时64个脉冲（CLK为640 kHz时为100 μs），直接读入转换结果。

2）查询方式。EOC接单片机端口线，单片机在EOC为低电平时等待，当EOC为高电平时读入转换结果。

3）中断方式。EOC经非门接单片机的外部中断引脚，转换结束时在外部中断引脚上形成下降沿，用于向单片机申请中断。在外部中断服务程序中读入转换结果。

(6) OE。输出允许信号，用于控制三态输出锁存器向单片机输出转换得到的数据。OE=1，输出转换得到的数据；OE=0，输出数据线呈高阻状态。

(7) CLOCK（CP、CLK）。时钟信号输入端，因ADC0809的内部没有时钟电路，所需时钟信号必须由外界提供，外接时钟频率典型值为640 kHz，极限值为1 280 kHz。

(8) VCC。+5 V单电源供电。

(9) $V_{REF}$（+）、$V_{REF}$（−）。基准电压的正极、负极。基准电压用来与输入的模拟信号进行比较，作为逐次逼近的基准。一般$V_{REF}$（+）接+5 V电源，$V_{REF}$（−）接地。

(10) D7～D0。数字信号输出端。

### 3. ADC0809工作时序

ADC0809工作时序如图7—1—4所示。在ALE出现脉冲后，ADC0809将地址输入端ADDC、ADDB、ADDA三个地址送入内部锁存器，并选择输入的模拟通道；在启动端(START)加启动脉冲（正脉冲），A/D开始转换，EOC控制输出为低电平，当转换完毕后，EOC端重新回到高电平；当在OE端加上高电平时，在数据输出端D7～D0输出A/D转换的结果。

### 4. 采用总线方式控制ADC0809的电路

在图7—1—5所示电路中，JK触发器构成一个二分频器，使ALE的输出频率降低为

1 MHz 后给 ADC0809 提供时钟信号。ADC0809 的地址信号由 74LS373 锁存后的 A0、A1、A2 控制，同时，其控制信号由 P2.0 和 $\overline{RD}$、$\overline{WR}$通过或非门后提供，这是一种总线控制方式。如果从地址角度来说，由于 P2.0 是采用线选法控制外围器件，因而八路模拟输入的地址依次为 FE00H～FE07H，在程序中只需要针对这 8 个地址进行写，就可以启动 AD0809 开始转换，针对这 8 个地址读操作就可以将转换的数据送到单片机中。

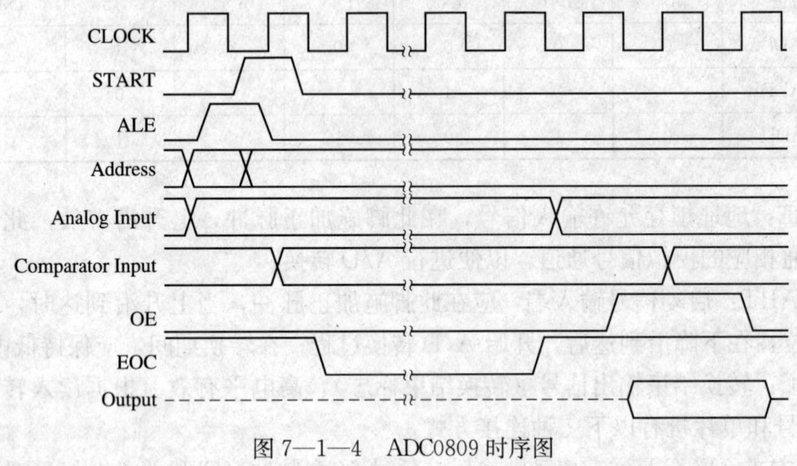


图 7—1—4　ADC0809 时序图

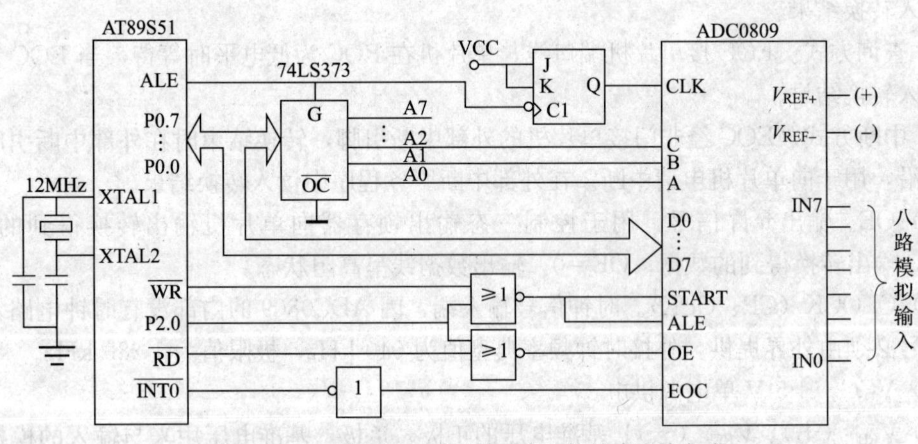


图 7—1—5　ADC0809 与 AT89S51 的总线连接方式

在电路中，将 EOC 的输出信号取反后送到$\overline{INT0}$上。当 ADC0809 转换完毕时，在 EOC 上出现高电平，对应在$\overline{INT0}$上出现下降沿，引起单片机中断，因而可以采用中断的方式处理 A/D 转换，节省了单片机的资源。

## 四、LM35 简介

LM35 是 NS 公司生产的集成电路温度传感器系列产品之一，它具有很高的工作精度和较宽的线性工作范围，该器件的输出电压与摄氏温度成线性比例关系。LM35 无须外部校准或微调，可以提供±1/4℃的常用室温精度。主要特性为：

- 工作电压：直流 4～30 V；

- 输出电压：−1.0～+6 V；
- 输出阻抗：1 mA 负载是 0.1 Ω；
- 精度：0.5℃精度（在+25℃时）；
- 比例因数：线性+10.0 mV/℃；
- 非线性值：±1/4℃；
- 使用温度范围：−55～+150℃额定范围。

## 任务实施

### 一、硬件设计

根据任务分析，本任务通过 LM35 采集温度信号，LM35 输出的模拟电压信号经由 A/D 转换后送显示模块。

任务中要求 0～100℃实现小于 0.5℃的识别，也就是要求 A/D 的分辨率小于 0.5%。为实现将模拟电压信号转换为单片机可以直接读入的数字信号，选择 8 位模数转换集成电路 ADC0809 作为系统的 A/D 转换器件。

在 0～120℃（报警温度上限）范围内，LM35 输出的模拟电压的范围为 0～1.2 V。为满足转换范围和转换精度，选择 NS 公司的串联精密基准电压源集成电路 LM385 作为 ADC0809 的基准电压提供器件。LM385 的输出电压是可调的，本任务中使用其最小基准电压 1.24 V。

因 ADC0809 内部带有输出锁存器，可以与 AT89S51 单片机直接相连。为了更直观地理解 ADC0809 的工作时序，本任务中采用普通 I/O 端口控制的方式进行连接，没有采用扩展总线的方式。

作为 ADC0809 的时钟，要求最大不超过 1 280 kHz，在单片机系统时钟不高的情况下，可以采用 ALE 作为其时钟来源（ALE 输出脉冲频率为单片机系统频率的 1/6），若系统时钟频率超过了 ADC0809 的时钟频率极限，可以使用硬件分频后作为 ADC0809 的时钟。为节省硬件，也可采用软件分频的方式提供合适的频率，也就是使用定时器来完成 ADC0809 的时钟脉冲。在本任务中，采用的程序延时读入数据，在延时的同时使用程序向 ADC0809 的 CLOCK 引脚提供脉冲。由于使用延时的方式等待 ADC0809 转换完毕，故 ADC0809 的 EOC 引脚就不需要连接到单片机。

温度的显示采用 LED 数码管作为显示器件。报警指示采用 LED 作为指示器件，在实际系统中可以使用其他声光报警电路，只要能够采用高低电平控制即可。

通过电路及元器件选择，整个温度显示与报警系统的硬件系统原理如图 7—1—6 所示，其中单片机最小系统电路及 7407、ADC0809 的电源等在图中没有画出来。

在图 7—1—6 中，数码管的段引脚和 ADC0809 的数据线、地址线都使用 P0 口驱动，为了保证电路工作正常，在程序中必须让显示和 A/D 转换分时进行。由于 P0 内部无上拉电阻，电路中接入 8 只 1 kΩ 的电阻作为 P0 的上拉电阻，P0 的高电平由这 8 只电阻提供。

由于单片机引脚的输出电流较小，系统中由缓冲放大器 7407 将单片机输出的控制信号进行放大，给数码管的公共端提供足够的电流，保证数码管能够正常点亮。

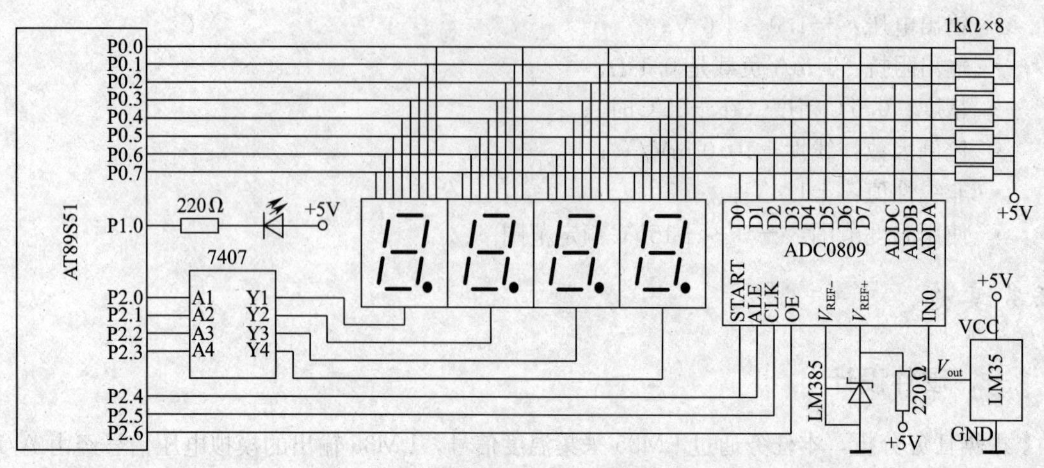


图 7—1—6　温度显示与报警硬件系统原理图

## 二、软件设计

图 7—1—6 所示电路要求单片机把显示输出和 ADC0809 的操作分时进行。由于温度信号变化缓慢，可以让数码管显示一段时间后再读入 ADC0809 的数据。系统的流程图如图 7—1—7a 所示。

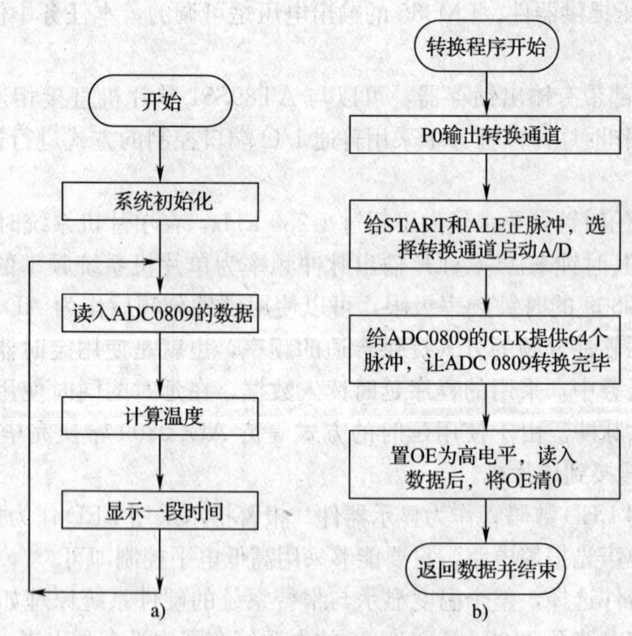


图 7—1—7　温度显示与报警软件流程图

a）主程序　b）ADC0809 数据读入程序

在图 7—1—6 所示电路中，ADC0809 的 START、ALE、OE 连接到单片机的普通引脚，只能按其时序依次控制这些单片机引脚实现 A/D 转换。同时，ADC0809 的时钟引脚 CLK 也连接到一个普通的单片机引脚，故可以由定时器通过控制输出脉冲，也可以由程序直接输出脉冲的方式给 ADC0809 提供 A/D 转换的工作脉冲。

根据ADC0809的时序，可以确定ADC0809的操作步骤如下：

(1) 初始化时，使START和OE信号全为低电平。

(2) 送要转换的通道地址到ADDA、ADDB、ADDC端口上，在ALE上加上锁存脉冲。

(3) 在START端给出一个至少有100 ns宽的正脉冲信号。

(4) 等待ADC0809转换完毕。可以根据EOC信号来判断，如果EOC为低，表示还在转换过程中；当EOC变为高电平时，表示转换完毕。也可以通过延时方式来等待ADC0809转换完毕，ADC0809启动A/D转换后，需要64个时钟脉冲就可以转换完毕。因此，在启动ADC0809转换后，再等待Clock端加的时钟信号的64个周期，就可以直接从ADC0809中读取数据。这种方式不需要关心EOC的电平情况。

(5) 使OE为高电平，ADC0809的数据端将输出转换后的有效数据，单片机可以从端口中读入数据。当数据传送完毕后，将OE设为低电平，使ADC0809输出为高阻状态，让出数据线，使数据线可以作为其他使用。

根据ADC0809的操作步骤和图7—1—6所示电路，可以得出ADC0809数据读入程序的设计思路，如图7—1—7b所示。

本任务中，使用了LM35实现温度到模拟电压的转换，其输出电压与温度之间的比例为线性+10.0 mV/℃。同时，使用LM385向ADC0809提供1.24 V的基准电压。因此，温度的计算按下面的公式实现：

$$T=\frac{U_{IN0}\ (\text{V})}{10\ (\text{mV/°C})}=100U_{IN0}\ (℃)=100\times D_{IN}\frac{U_{REF}}{2^8}\ (℃)=\frac{D_{IN}\times 124}{256}\ (℃)$$

为了保证温度的精度是小数点后面一位，因此将温度改为以0.1℃为单位。实现温度计算可使用语句“t=(long) d*1240/256;”实现。语句中变量d应存储从ADC0809中读入的数据。另外，语句中强制使用长整型作为计算类型，主要是防止用整型计算时的数据溢出。

当温度计算出来后，可以根据温度的值判断是否超过报警的上限。如果超限，则让报警指示灯亮，否则让报警指示灯不亮。

在动态显示时，将变量t显示在数码管上，由于变量t是0.1℃为单位，故在t的十位和个位之间显示小数点表示出温度的实际值。

对应的源程序如下所示：

```
#include<AT89X51.H>
#define uchar unsigned char
#define uint unsigned int
                                    //定义基准电压,以mV为单位
#define VREF 1 240
                                    //定义控制引脚
sbit alarm=P1^0;                    //报警指示LED接P1.0,输出0,LED灯亮
sbit start=P2^6;                    //ADC0809的START和ALE的控制引脚,正脉冲
sbit clk=P2^4;                      //ADC0809的Clock,可以用单片机的ALE输出脉
                                    //冲代替
```

```
sbit oe=P2^5;                  //ADC0809的输出允许控制引脚OE,高电平有效
                               //定义全局变量
uint t;                        //定义温度全局变量,以0.1度为单位
//动态显示函数,共阴数码管,显示变量t的值
void display()
{
  uchar code dispcode[]={0x3F,0x06,0x5B,0x4F,0x66,0x6D,0x7D,0x07,0x7F,
  0x6F};
  uchar j;
  if(t<1000)P0=0;              //如果温度小于100摄氏度,不显示百位
  else P0=dispcode[t/1000];    //输出温度的百位,即变量t的千位
  P2^=0x01;                    //将P2.0取反,显示在第1位数码管上
  for(j=250;j>0;j--);          //延时一段时间,使数码管有足够的亮度
  P2^=0x01;                    //将P2.0取反,关闭显示

  if(t<100)P0=0;               //如果温度小于10摄氏度,不显示十位
  else P0=dispcode[t/100%10]   //输出温度的十位,即变量t的百位
  P2^=0x02;                    //将P2.1取反,显示在第2位数码管上
  for(j=250;j>0;j--);          //延时一段时间,使数码管有足够的亮度
  P2^=0x02;                    //将P2.1取反,关闭显示

  P0=dispcode[t/10%10];        //输出温度的个位,即变量t的十位
  P0=P0|0x80;                  //显示小数点
  P2^=0x04;                    //将P2.2取反,显示在第3位数码管上
  for(j=250;j>0;j--);          //延时一段时间,使数码管有足够的亮度
  P2^=0x04;                    //将P2.2取反,关闭显示

  P0=dispcode[t%10];           //输出温度的小数,即变量t的个位
  P2^=0x08;                    //将P2.3取反,显示在第4位数码管上
  for(j=250;j>0;j--);          //延时一段时间,使数码管有足够的亮度
  P2^=0x08;                    //将P2.3取反,关闭显示
}
//ADC0809的读入函数,返回值就是读入数据。采
//用延时方式等待转换完毕
uchar adc0809()
{
  uchar d;
  P0=0;                        //输出ADC0809的通道。P0.0~P0.2分别接ADDA、
```

```
                                //ADDB、ADDC 三个地址端
    start=1;start=0;            //给 START 和 ALE 高脉冲,在锁存地址的同时启
                                //动 A/D 转换
    for(d=0;d<64;d++){clk=1;clk=0;}
                                //ADC0809 用 64 个脉冲完成转换
    P0=0xFF;                    //在输入前将所有引脚置 1,ADC0809 的数据输出
                                //接 P0 口
    oe=1;                       //允许 ADC0809 输出数据
    d=P0;                       //将 ADC0809 的输出数据保存到临时变量 d 中
    oe=0;                       //将 ADC0809 的输出端设置为高阻态
    return d;                   //返回 ADC0809 的转换结果
}

void main()
{
    uchar d;
    P2=0x0F;                    //硬件的初始化。让 ADC0809 的控制引脚为低电平
    while(1)
    {
      d=adc0809();              //读入 ADC0809 的数据到临时变量 d 中
     //因 LM35 的输出是 10 mV/℃,故每 mV 就是 0.1
     //摄氏度
      t=(long)d*VREF/256;       //计算出温度,以 0.1 度为单位取整
      if(t>1200)alarm=0;        //如果温度超过 120 摄氏度,则报警指示灯亮
      else alarm=1;             //没有超限,则报警指示灯不亮
      for(d=0;d<100;d++)        //连续显示一段时间
      {   display();}
    }
}
```

## 三、Proteus 仿真

1. 打开 Proteus ISIS 软件，按照硬件原理图绘制 Proteus 仿真电路，仔细检查，保证线路连接无误。需要说明的是，在 Proteus 中没有 ADC0809 的仿真模型，可选择与 ADC0809 功能兼容的 ADC0808 作为仿真器件。

在 Proteus 中，LM35 是一个可实时修改参数的温度转换器件，可以调节 LM35 的温度，也可以设置仿真的初始温度及温度调节的步进值，见表 7—1—2。

另外，在 LM35 的输出和 LM385 的输出均增加电压探针，以显示这两个集成电路的输出电压值。

表 7—1—2　　LM35 的参数设置

| 设置项 | 默认参数 | 设定参数 | 说明 |
|---|---|---|---|
| Temperature step (℃) | 1 | 0.5 | 温度调节步长 |
| Current Temperature (℃) | 27 | | 仿真的当前温度 |

2. 在 Keil 软件开发环境下，创建项目，编辑源程序，编译生成 HEX 文件，并装载到 Proteus 虚拟仿真硬件电路 AT89C51 芯片中。

3. 运行 Proteus ISIS 软件，仔细观察运行结果，如果有不完全符合设计要求的情况，调整源程序并重复步 1、2，直至完全符合本项目提出的各项设计要求为止。

图 7—1—8 所示是设置温度为 36℃的仿真效果图，LM35 输出电压为 0.361 972 V，显示温度为 35.8℃，误差为 0.2℃，满足了任务目标。高温超限报警 LED 未点亮。

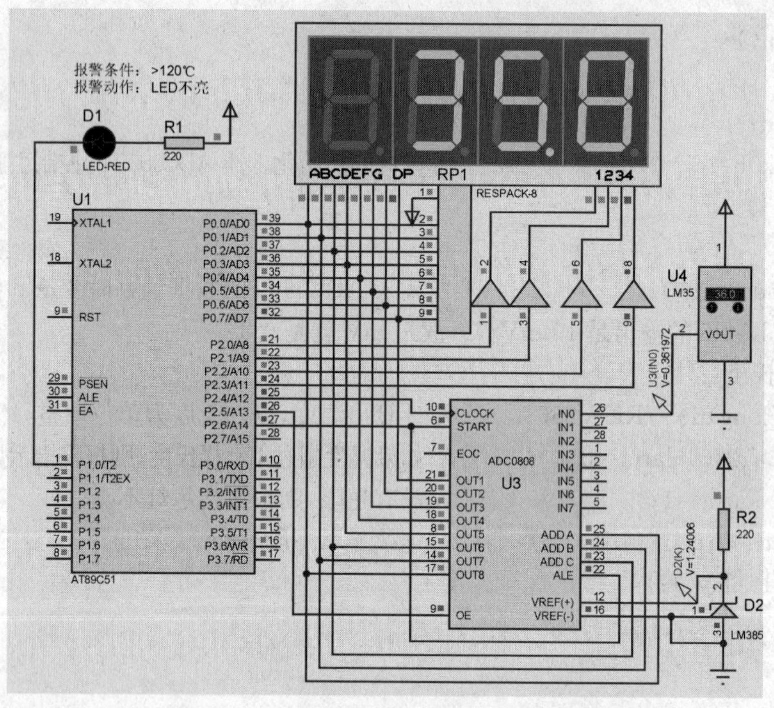


图 7—1—8　温度显示与报警系统仿真效果图

图 7—1—9 为设置温度为 120.5℃的仿真效果图，LM35 的输出电压为 1.208 96，显示的温度为 120.6℃，精度也满足任务目标要求。由于温度超过 120℃，高温超限报警指示 LED 被点亮。

要指出的一点是，由于 ADC0808 的基准电压由 LM385 提供，为 1.24 V，故 ADC0808 能够正确转换的最高电压小于 1.24 V，也就是系统能正确显示的温度小于 124℃，即 LM35 设置更高的工作温度时，系统将不能正确显示温度。要实现更大范围、更高精度的温度测量，需要更换位数更多的 ADC 和相应范围基准电压。

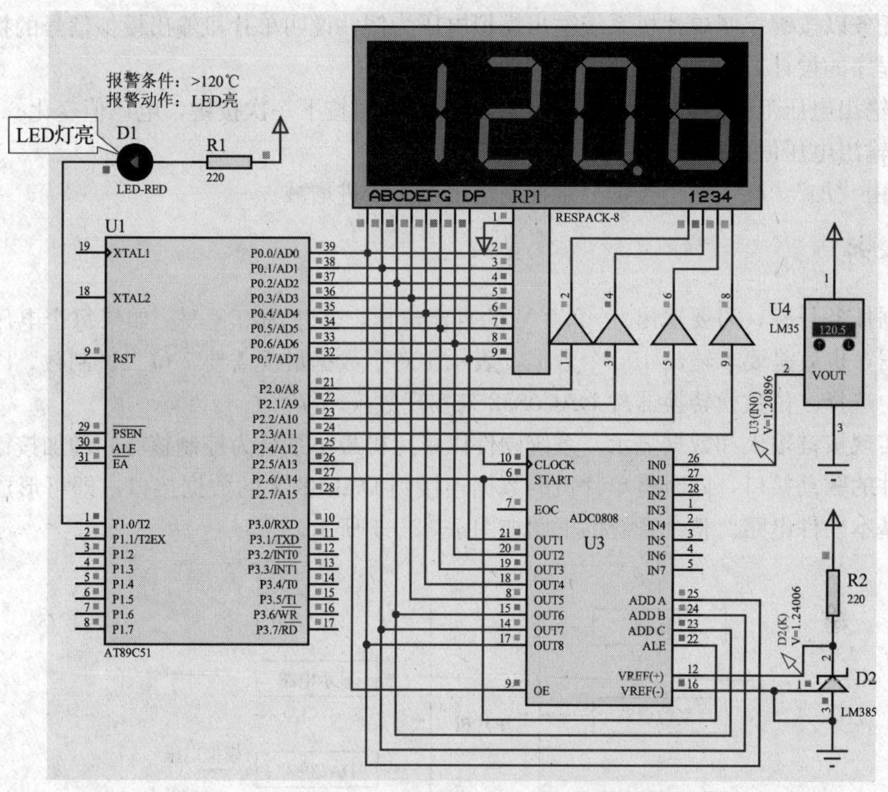


图 7—1—9　温度显示与报警系统仿真效果图

# 任务 2　数控电压源

**知识点**

◎ D/A 转换的基本知识；

◎ DAC0832 芯片的引脚功能及基本应用。

**技能点**

◎ 能实现单片机与 DAC0832 的硬件连接；

◎ 能编程控制 DAC0832 输出需要的模拟电压信号。

## 任务提出

在机电控制系统中，被采样的物理量经单片机运算处理后输出控制量，这些控制量再通过各种输出设备转换为机电控制系统所需要的非电量，如热量、压力、声音、位移等。单片机输出的是数字信号，若控制设备需要模拟信号输入，则必须使用 D/A 器件将数字信号转换为模拟信号后再送控制设备。

本任务以按键控制单片机系统输出模拟电压为例，说明单片机输出模拟信号的控制电路和控制程序的设计方法。本系统的具体功能要求为：

1. 输出电压范围：0～9.9 V，步进 0.1 V，即每按下一次按键，电压值变化 0.1 V；
2. 输出电压值由数码管显示；
3. 由“加”“减”两个按键分别控制输出电压步进增减。

## 任务分析

根据任务目标，需要输出 0～9.9 V 的直流电压，步进为 0.1 V。如果每个电压值对应一个数据，也就是要求输出 100 个数据，表示 100 个数据最少需要 7 位二进制数，因此，在本任务中选择 8 位数模转换器件 DAC0832 来实现数模转换。

要实现按键输入和数据显示，系统硬件以单片机最小系统为控制核心，增加按键接口和显示器件的驱动接口，同时将单片机的数据连接到 DAC0832 的数据接口，即可形成数控电压源的基本硬件电路。整个系统的框图如图 7—2—1 所示。

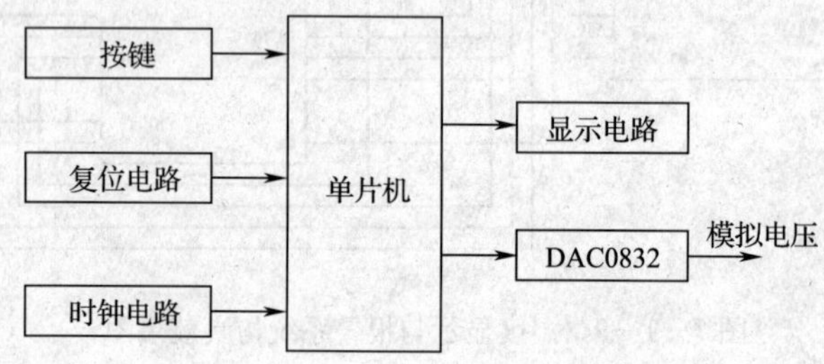


图 7—2—1　数控电压源硬件系统框图

由于单片机端口及 DAC0832 内部都有锁存器，在系统没有按键时，输出电压受锁存的数据控制，将一直维持设定数据。因此，在编写控制程序时，可以不断检测按键，在确认有键按下时修改输出数据即能够实现输出电压的修改。

## 相关知识

### 一、输出通道概述

在机电控制系统中，被采样的过程参数需要经单片机运算处理后输出控制量，从而驱动执行机构工作，如用输出量控制调节阀门的开度、电动机的启停、信号指示灯的亮灭、继电器的通断、步进电动机的运行等。

由模拟信号驱动的执行机构，如调节阀等，需先将经单片机运算处理后的数字量转换为执行机构能接收的模拟电压或模拟电流，以达到利用单片机实现控制的目的。

由开关量控制的执行机构，如低压电磁阀等，一般在单片机和执行机构之间需增加隔离电路和 OC 门或三极管、电磁继电器、晶闸管、固态继电器等驱动输出。

## 二、D/A 的基本概念

能将数字量转换成模拟量的电路，称为数/模转换器（Digital－Analog Converter，DAC）或 D/A 转换器。

完成 D/A 转换的具体电路有多种。目前市场上供应的 D/A 变换器芯片种类颇多，按数字位数分为 8 位、10 位、12 位等，按转换速度有低速、高速之分，按照数据的传送方式有串行和并行之分。

在线性 DAC 中，输出的模拟电压的公式为：

$$U_{OUT}=U_{REF}\times\frac{D}{2^N}$$

式中，$U_{OUT}$为 D/A 转换器输出的模拟量，$N$ 为 D/A 转换器的输入数据的二进制位数，$D$ 为 D/A 转换器输入的数字量，$U_{REF}$为 D/A 转换器的基准电压。

D/A 转换芯片所需的基准电压 $U_{REF}$一般由芯片外的基准电源提供。为了使 D/A 转换器能连续输出模拟信号，CPU 送给 D/A 转换器的二进制数值通过锁存保持，然后再与 D/A 转换器相连接。有的 D/A 转换器芯片内部带有锁存器，此种芯片可作为 CPU 的一个外部设备端口，挂在总线上。在需要进行 D/A 转换时，CPU 通过片选信号和写控制信号将数据写至 D/A 变换器。

## 三、D/A 的主要性能指标

1. 分辨率

指 D/A 能分辨的最小输出模拟增量，取决于输入数字量的二进制位数。

2. 建立时间

从数字信号输入 DAC 起，到输出电流（或电压）达到稳态值所需的时间为建立时间。建立时间的长短决定了模/数转换速度，是 DAC 最重要的指标之一。

3. 转换精度

指满量程时 DAC 的实际模拟输出值和理论值的接近程度。

4. 偏移量误差

偏移量误差是指输入数字量为零时，输出模拟量对零的偏移值。

5. 线性度

线性度是指 DAC 的实际转换特性曲线和理想直线之间的最大偏移差。

## 四、DAC0832 的简介

DAC0832 是采用 CMOS 工艺制成的单片电流输出型 8 位数模转换器。图 7—2—2 所示是 DAC0832 的逻辑框图及引脚排列，表 7—2—1 列出了 DAC0832 的引脚功能。

DAC0832 输出的是电流，须经过一个外接的运算放大器将电流输出转换为电压输出，基本的应用电路如图 7—2—3 所示。图中，DAC0832 工作于直通方式，DAC0832 的内部两级锁存组合起来还可工作于单缓冲工作方式和双缓冲工作方式。

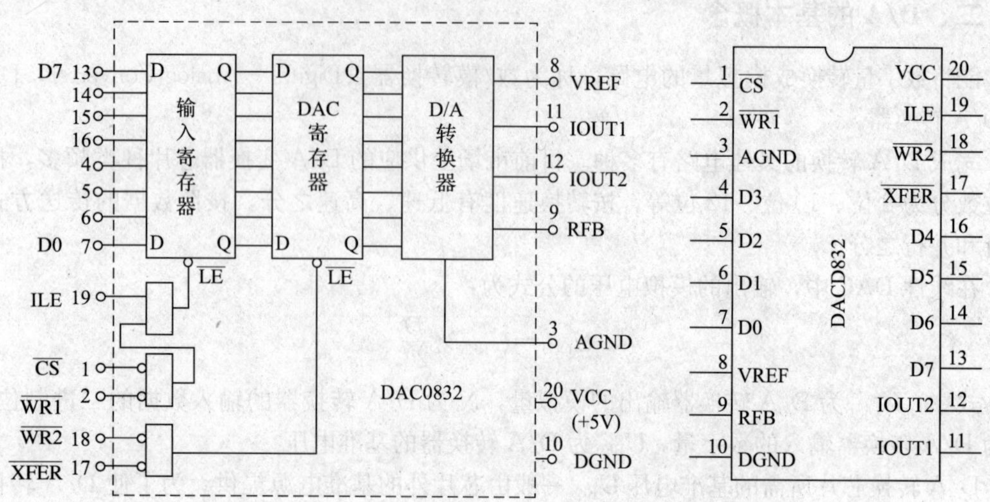


图 7—2—2　DAC0832 逻辑框图和引脚排列

**表 7—2—1　　DAC0832 的引脚功能**

| 引脚符号 | 功能说明 | |
|---|---|---|
| D0～D7 | 数字信号输入端 | |
| ILE | 输入寄存器允许，高电平有效 | |
| $\overline{CS}$ | 片选信号，低电平有效 | |
| $\overline{WR}1$ | 写信号 1，低电平有效 | |
| $\overline{XFER}$ | 传送控制信号，低电平有效 | |
| $\overline{WR}2$ | 写信号 2，低电平有效 | |
| IOUT1，IOUT2 | DAC 电流输出端 | |
| RFB | 反馈电阻，是集成在片内的外接运放的反馈电阻 | |
| VREF | 基准电压（－10～＋10）V | |
| VCC | 电源电压（＋5～＋15）V | |
| AGND | 模拟地 | 可接在一起使用 |
| NGND | 数字地 | |

图 7—2—3 中，如果输入的是以 D7～D0 组成的 8 位二进制数值 $D$，那么输出的模拟电压为：$U_{OUT}=-U_{REF}\times\frac{D}{2^N}=-5\times D\div256=-0.01953125\times D$（V）。

所以在需要输出某个具体的电压值时，通过上面的公式进行计算后对应输出相应的数值就可以达到要求。例如，需要输出－1.25 V，则需要输入的数值为 64。当然，如果需要输出正电压，则可以通过修改基准电压为负电压或将输出电压通过运算电路修改为正电压才行。

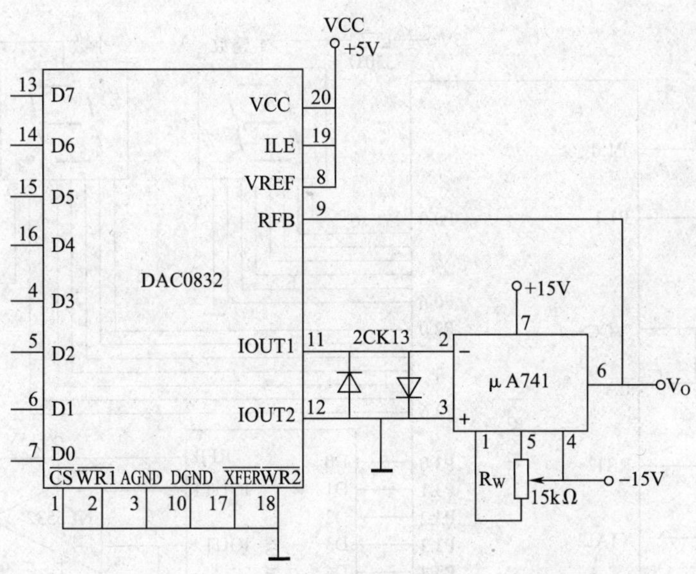


图 7—2—3　DAC0832 转换器应用电路

## 任务实施

### 一、硬件设计

本任务要输出 0～9.9 V 的模拟电压，可以采用 DAC0832 来实现数模转换。DAC0832 是典型的 R－2R 网络的 DAC 器件，按 DAC0832 的典型应用电路，其输出电压与基准电压的极性相反，且输出的幅度略小于基准电压。在本任务中选择 DAC0832 的基准电压为－10 V，用并联可调基准 TL431 实现基准电压的稳压。DAC0832 采用直通方式，数据端直接连接到单片机的 P3 口。DAC0832 的输出端采用运算放大器 NE5532 将输出电流转换为模拟电压，因最大输出电压约为 10 V，在电路中 NE5532 采用±15 V 供电。

本任务要求通过按键控制输出模拟电压，由于按键数量少，采用端口读取按键的方式检测按键是否按下，在电路中将按键一端直接接在单片机的引脚上，另一端直接接地。

任务目标中要求用两只数码管显示两位数据，因此采用端口直接驱动共阳数码管的静态显示电路。其中显示整数的数码管的小数点直接连接到地，使该数码管一直显示小数点。

通过硬件电路和元器件的选择，本任务中单片机应用系统的硬件电路如图 7—2—4 所示。

在图 7—2—4 中，TL431 的 1 脚与 2 脚之间的电压为 2.5 V，3 脚与 2 脚之间的电压为：

$\frac{2.5\ V}{10k}\times(10k+30k)=10\ V$。而 3 脚接地，故 2 脚电压为－10 V，即 DAC0832 的基准电压为－10 V。

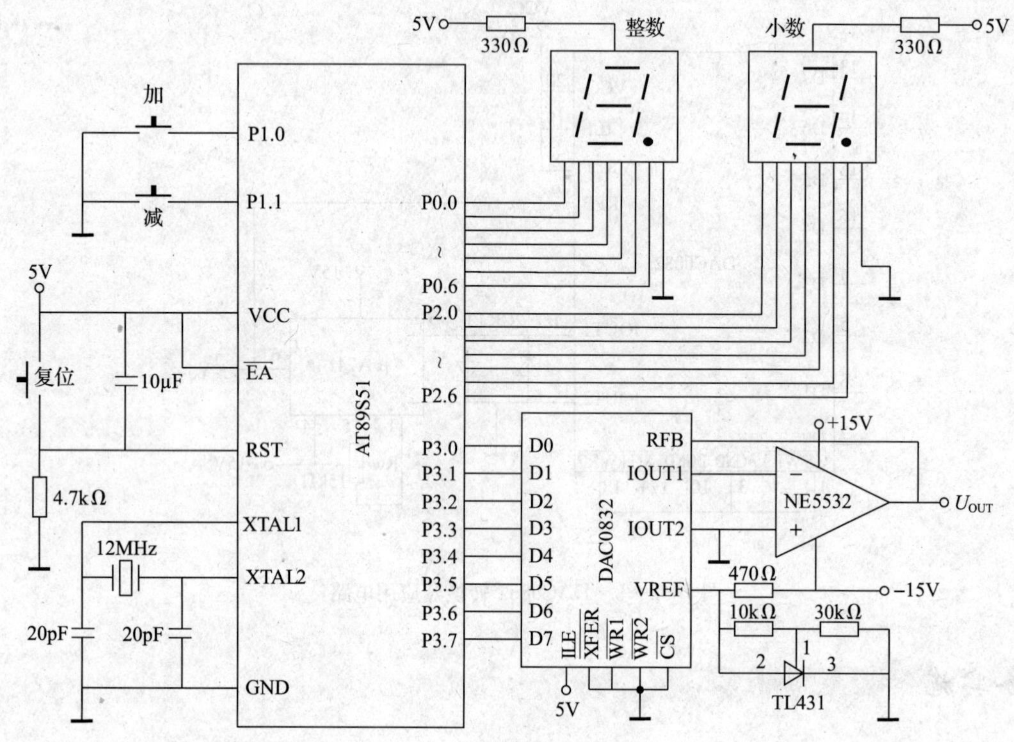


图 7—2—4　D/A 转换输出指定模拟电压原理图

## 二、软件设计

本系统中 DAC0832 采用直通工作方式，所以只需向单片机 P3 端口直接赋值，就能从 DAC0832 的电流输出端所接运算放大器 NE5532 的输出引脚得到所需要的模拟电压信号。

在图 7—2—4 中，运放 NE5532 的输出电压与 DAC0832 所选取的基准电压满足如下的关系：$U_{OUT}=-U_{REF}\times\frac{D}{256}$。需要得到输出电压 $U$，则需要向 DAC0832 的数据端口写入的数据为：$-U\times\frac{256}{U_{REF}}$。在本任务中，通过 TL431 得到的基准电压为－10 V，所以使用命令“P3＝u＊256/100；”可将单位为 0.1 V 的电压 u 在电路的 NE5532 的输出端输出。

由于两只数码管是直接连接到单片机端口的，只要将显示的段码通过端口输出之后，数码管将一直维持显示。同样，DAC0832 的数据在 P3 口一直锁存。因此，单片机的主要任务是检测按键，当有按键按下时，调整数据并输出一次数据即可更新显示和输出的模拟电压。

对应的系统程序框图如图 7—2—5a 所示。

对于每个按键，可以通过典型的软件消抖实现按键判断，如图 7—2—5b 所示。

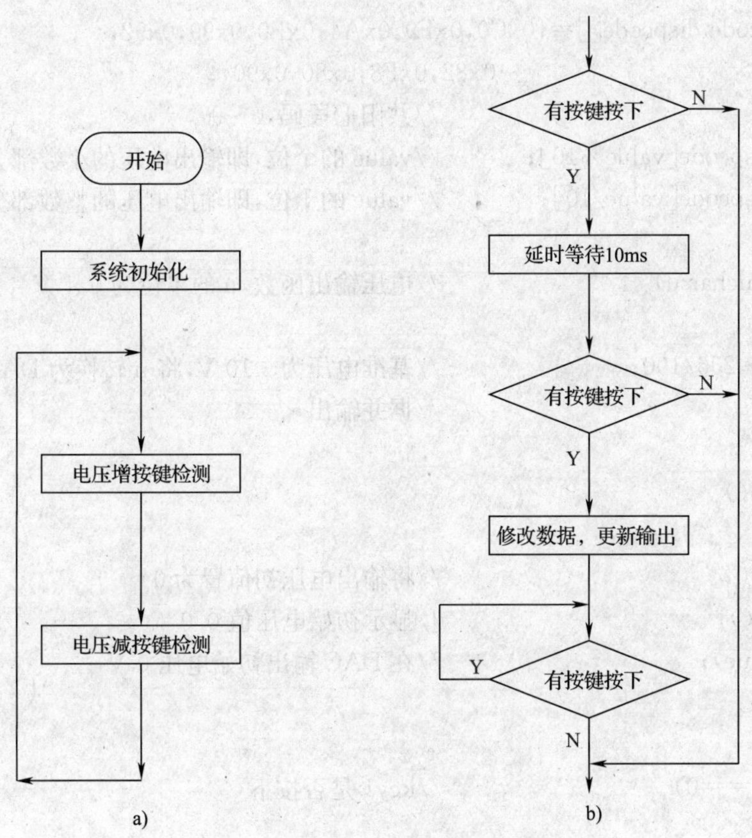


图 7—2—5　数控电压源系统程序框图
a）主程序　b）按键检测及处理函数

对应的源程序如下所示：

```
#include<AT89X51.H>
#define uchar unsigned char
sbit key1=P1^0;                 //定义按键 1 的引脚
sbit key2=P1^1;                 //定义按键 2 的引脚
uchar value;                    //定义输出电压的变量,单位为 0.1 V
void delay10ms()                //延时 10 ms 函数
{
  uchar i,k;
  for(i=20;i>0;i--)
  {
    for(k=250;k>0;k--);
  }
```

```
}
void display()                          //显示函数
{
  uchar code dispcode[]={0xC0,0xF9,0xA4,0xB0,0x99,0x92,
                         0x82,0xF8,0x80,0x90};
                                        //共阳七段码,0～9
  P2=dispcode[value%10];                //value 的个位,即输出电压的小数部分
  P0=dispcode[value/10];                //value 的十位,即输出电压的整数部分
}
void out(uchar u)                       //电压输出函数,u 的单位为 0.1 V
{
  P3=u*256/100;                         //基准电压为-10 V,将 u 转换为 DAC 所需要数
                                        //据并输出
}
void main()
{
  value=0;                              //将输出电压初值置为 0
  display();                            //显示初始电压值 0.0
  out(value);                           //在 DAC 输出初始电压 0 V
  while(1)
{
  if(key1==0)                           //key1 是否按下
  {
    delay10ms();                        //延时 10 ms,跳过按键抖动引起的引脚电平变化
                                        //的时间
   if(key1==0)                          //再次判断 key1 是否按下
   {                                    //如果 key1 确实按下,则实现输出电压增加
      if(value<99)value++;              //没有到最大值则加 1,相当于增加 0.1 V
      display();                        //显示调节后的数据
      out(value);                       //更新输出电压
      while(key1==0);                   //等待 key1 松开
   }
 }
if(key2==0)                             //判断 key2 是否按下
 {
   delay10ms();
   if(key2==0)
   {                                    //如果 key2 确实按下,则实现输出电压减小
```

```
        if(value>0)value--;        //不为0,则减1,相当于减小0.1 V
        display();                 //更新显示数据
        out(value);                //更新输出电压
        while(key2==0);
      }
    }
  }
}
```

## 三、Proteus 仿真

参照前面任务介绍的方法和步骤进行 Proteus 仿真。在仿真时，按下“加”按键，将使显示的数字增加，同时使运放输出的模拟电压上升；按下“减”按键，将使显示数字减小，同时使运放输出的模拟电压下降。图 7—2—6 为通过按键设置输出电压为 2.5 V 时的仿真效果图。

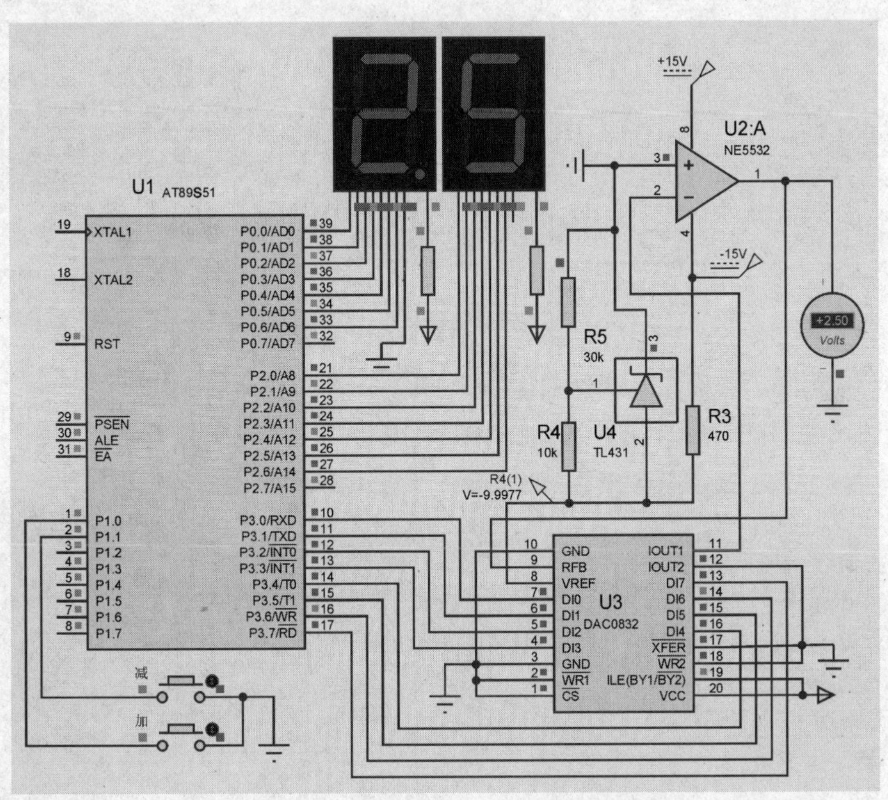


图 7—2—6　数控电压源仿真效果图

## 思考与练习

1. 什么是输入/输出通道？它们在工业控制系统中的作用分别是什么？

2. 使用 ADC0809 进行转换的主要步骤有哪些?

3. ADC0809 与 MCS-51 系列单片机连接时有哪些控制信号? 作用分别是什么?

4. 使用 DAC0832 时，单缓冲方式是如何工作的? 双缓冲方式又是如何工作的?

5. DAC0832 与 MCS-51 系列单片机连接时有哪些控制信号? 作用分别是什么?

6. 结合 PC 机与单片机串口通信的知识，在本模块任务 1 的基础上设计一个远程温度监测系统。

7. 设计一简易的波形发生器(要求能产生锯齿波、三角波、方波，并能实现对各种波形的调幅和调频，调整方波的占空比)。

# 单片机典型应用实例

步进电动机作为电力拖动与控制的执行器件，是机电一体化设备的关键部件之一，广泛应用在各种自动化控制系统和精密机械等领域，例如，工业生产中各种机床、生产线上的传送带的动力控制等。步进电动机控制器已被广泛应用在各种自动化控制系统中。随着单片机技术的发展，步进电动机的需求量与日俱增，利用单片机接口技术，对步进电动机控制软硬件进行设计和开发，将为机电设备步入自动化和智能化提供可靠的技术保证。因此，步进电动机控制是单片机应用系统中的一个典型工业实用案例。

## 任务 1　步进电动机的正反转控制

**知识点**

◎ 步进电动机的结构和工作原理；

◎ 步进电动机的控制原理；

◎ 常见的步进电动机驱动电路。

**技能点**

◎ 能识别步进电动机驱动器及常见驱动硬件电路；

◎ 能利用单片机控制步进电动机的正反转。

### 任务提出

本任务以四相步进电动机为例，设计一个基于单片机的简易步进电动机控制器，在其控制和管理下实现以下功能：

1. 控制步进电动机的运行与停止；
2. 控制步进电动机的正转和反转。

### 任务分析

常用的步进电动机有三相、四相、五相等，每一相都需要高电压、大电流才能正常工作。在实践中，可以选择相应的步进电动机驱动器作为步进电动机的驱动电路。成品的步进电动机驱动器中有脉冲分配功能，设置细分后，根据步进角度和细分数计算步进电动机的脉冲数量，单片机只需要提供方向电平和脉冲数量给步进电动机驱动器，即可实现控制步进电动机定向转动指定角度。

在本任务中，选择 ULN2003 作为电动机的功率驱动器件。ULN2003 仅实现功率放大，没有脉冲分配和细分功能，需要由单片机提供各相的驱动信号来控制步进电动机的转动角度、方向和速度。单片机选择 AT89S51 芯片，为了实现控制和操作，还需要对步进电动机工作进行控制的按键电路、输出控制步进电动机的功率驱动电路和步进电动机以及必要的工作指示电路，故整个单片机控制步进电动机的硬件系统结构图如图 8—1—1 所示。

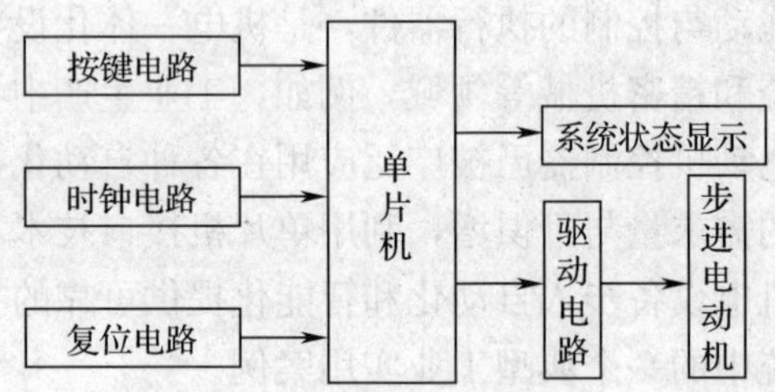


图 8—1—1　步进电动机控制器的系统结构图

## 相关知识

### 一、步进电动机结构和工作原理

步进电动机是一种可以自由旋转的电磁铁，工作原理是依靠气隙磁导的变化来产生电磁转矩。步进电动机主要由定子和转子构成。

定子的主要结构是绕组，按绕组数量可分为两相、三相、四相、五相步进电动机，其分别有两个、三个、四个、五个绕组，其他以此类推。绕组按一定的通电顺序工作着，这个通电顺序被称为步进电动机的“相序”。

转子的主要结构是磁性转轴，当定子中的绕组在相序信号作用下，有规律地通电、断电工作时，转子周围就会有一个按此规律变化的电磁场，因此一个按规律变化的电磁力就会作用在转子上，使转子发生转动。如图 8—1—2 所示为四相电动机单四拍逆时针转动四拍的示意图。

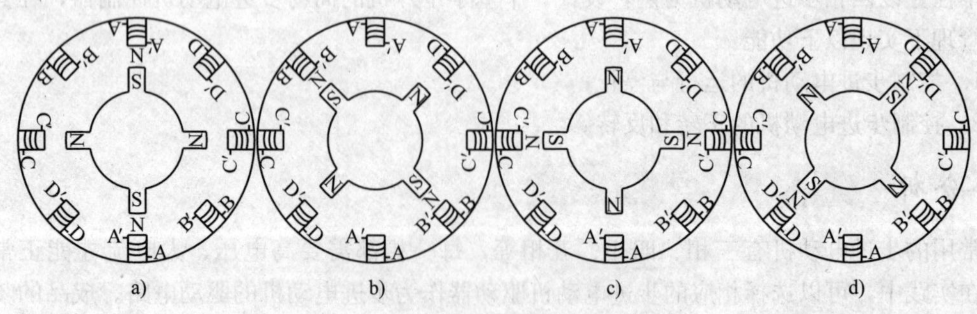


图 8—1—2　步进电动机转动相序示意图

a) A—A′通电　b) B—B′通电　c) C—C′通电　d) D—D′通电

步进电动机除了从相数上划分外，从每个相序控制的转动步距角上划分有 0.9°/1.8°、0.36°/0.72°等，从规格上划分有 $\phi$42～$\phi$130 等，从静力矩上划分有 0.1～40 N·m 等。

从控制效果来看，步进电动机是将电脉冲信号转变为角位移或线位移的开环控制元件。在非超载的情况下，电动机的转速、停止的位置只取决于脉冲信号的频率和脉冲数，而不受负载变化的影响，即给电动机加一个脉冲信号，电动机按设定的方向转动一个固定的角度（即步距角）。通过控制脉冲个数来控制角位移量，从而达到准确定位的目的；同时也可以通过改变脉冲输入频率来控制电动机转动的速度。改变通电顺序，即改变定子磁场旋转的方向，就可以达到控制步进电动机的正反转目的。

步进电动机具有无累积误差、成本低、控制简单的特点。随着单片机技术的发展，步进电动机的需求量与日俱增，利用微型单片机接口技术，对步进电动机控制软件进行设计和开发，将为这些机电设备步入自动化和智能化提供可靠的技术保证。

## 二、单片机步进电动机的控制原理

步进电动机的转动是通过改变其绕组的通电次序来控制的，二相、三相、四相、五相电动机都有各自不同的相序。其中，四相电动机的工作模式有单四拍、双四拍和四相八拍。将电动机的四个绕组依次称为 A 相、B 相、C 相和 D 相，四相步进电动机电源通电时序与波形如图 8—1—3 所示。

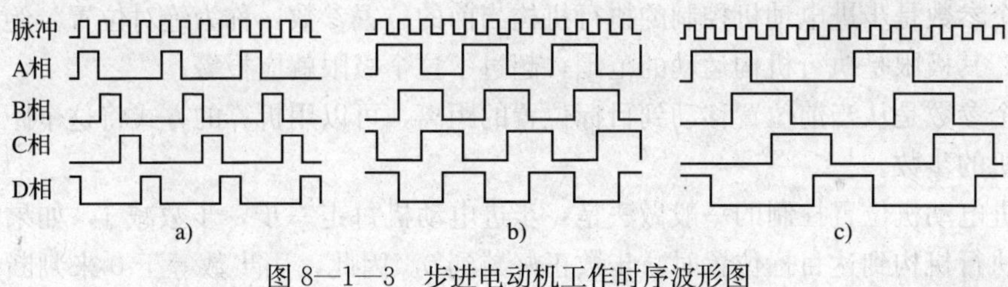


图 8—1—3　步进电动机工作时序波形图

a）单四拍　b）双四拍　c）四相八拍

1．单相四拍方式（按单相绕组施加电流脉冲）

—A—B—C—D—正转；

—A—D—C—B—反转。

2．双相四拍方式（按双相绕组施加电流脉冲）

—AB—BC—CD—DA—正转；

—AD—DC—CB—BA—反转。

3．四相八拍方式（单相绕组和双相绕组交替施加电流脉冲）

—A—AB—B—BC—C—CD—D—DA—正转；

—A—AD—D—DC—C—CB—B—BA—反转。

四相八拍方式比单四拍和双四拍多一倍的控制时序才能实现一个相序重复，其步进角度比后者要小一半。例如 1.5°/3.0°的四相电动机，在单相四拍方式和双相四拍方式的每一拍步进角为 3.0°，而在四相八拍方式下每拍的步进角则为 1.5°。因此，在四相八拍下，步进电动机的运行反而平稳柔和，但在同样的运行角度与速度下，四相八拍驱动脉冲的频率需提高 1 倍，对驱动电动机的开关管性能要求更高。

其他相数的步进电动机的时序与四相电动机的相序类似，如三相步进电动机有单三拍、双三拍和三相六拍，其控制原理不再赘述。

相序脉冲的产生，可采用专用硬件电路实现，也可采用软件实现。硬件电路除了早期的分立元件和中小规模数字电路构成的相序电路外，现在多数采用专用的脉冲分配芯片，来进行通电换相控制。脉冲分配芯片是一种输入脉冲和方向电平后，就能按照相序输出脉冲的集成电路，这些集成电路一般还具有细分功能。脉冲分配器有很多种，如 8713 集成电路芯片、三洋公司生产的 PMM8713、富士通公司生产的 MB8713、国产的 GB8713 等，它们的功能一样，可以互换。由于采用了脉冲分配器，单片机只需要提供步进脉冲，进行速度控制和转向控制，脉冲分配的工作交给脉冲分配器来自动完成，CPU 的负担减轻了许多。

另外，也可完全用软件的方式，按照给定的通电换相顺序，通过单片机的 I/O 口向驱动电路发出控制相序。软件法在电动机运行过程中，要不停地产生相序控制脉冲，会占用了大量的 CPU 时间。相对来说，软件产生相序脉冲的成本较低，在中低端产品中有较广泛的应用。

不管采用何种方式实现相序脉冲，都要求控制步进电动机带动执行机构从一个位置精确地运行到另一个位置，或者说要求精确的相序节拍数量。步进电动机的位置控制是步进电动机的一大优点，它可以不用借助位置传感器而只需要简单的开环相序节拍控制就能达到足够的位置精度，因此应用很广。

步进电动机的位置控制需要两个参数。

第一个参数是步进电动机控制的执行机构当前的位置参数，称为绝对位置。绝对位置是有极限的，其极限是执行机构运动的范围，超过了这个极限就应报警。

第二个参数是从当前位置移动到目标位置的距离，可以用折算的方式将这个距离折算成步进电动机的步数。

对步进电动机位置控制的一般做法是：步进电动机每走一步，步数减 1，如果没有失步存在，当执行机构到达目标位置时，步数正好减到 0。因此，用步数等于 0 来判断是否移动到目标位，作为步进电动机停止运行的信号。绝对位置参数可作为人机对话的显示参数，或作为其他控制目的的重要参数（例如下面作为越界报警参数），因此也是必须要给出的参数。它与步进电动机的转向有关，当步进电动机正转时，步进电动机每走一步，绝对位置加 1。当步进电动机反转时，绝对位置随每次步进减 1。在实践中，可用行程开关等限位措施来保证起始位置或机构边界。

## 三、常见的步进电动机驱动电路

步进电动机绕组的接线方式有两类，一类是绕组中电流有固定方向，如图 8—1—4a 所示，共 ABCD 四组绕组，电流从 ABCD 四个接线端流出，可采用 OC（集电极开路）或 OD（漏极开路）电路来驱动。另一类如图 8—1—4b 所示，AC 为一组绕组，BD 为一组绕组，绕组中电流双向流动，在 ABCD 四个接线端都有流入和流出的情况，常采用 H 桥驱动，这种接法绕组电阻较大，需要的驱动电压大，绕组电流较小。

H 桥驱动电路与直流电动机的驱动电路是一致的，常见的集成电路有 L298、L6203 等型号，也可以用大功率管制作的分立元件 H 桥。

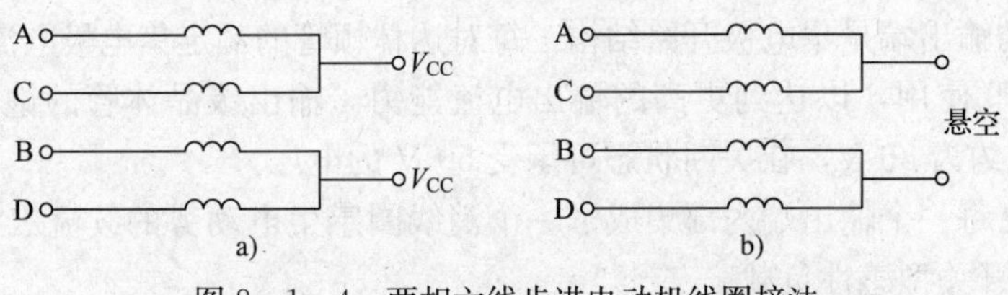


图 8—1—4　两相六线步进电动机线圈接法

常见的 OC 输出的集成电路有很多，如 7407、SN75468、ULN20××等，这里仅对 ULN2003 进行介绍，其他驱动元器件请查阅相关器件手册。

ULN2003 是高耐压、大电流、内部由 7 个硅 NPN 达林顿管组成的驱动芯片。它属于高压大电流达林顿晶体管阵列系列产品，具有电流增益高、工作电压高、温度范围宽、带负载能力强等特点，适应于高速大功率驱动的系统。多用于单片机、PLC 等控制电路，实现显示驱动、继电器驱动、照明灯驱动、电磁阀驱动、伺服电动机驱动、步进电动机驱动等功能。

ULN2003 采用 DIP-16 或 SOP-16 塑料封装，该芯片有 16 个引脚，如图 8—1—5 所示。

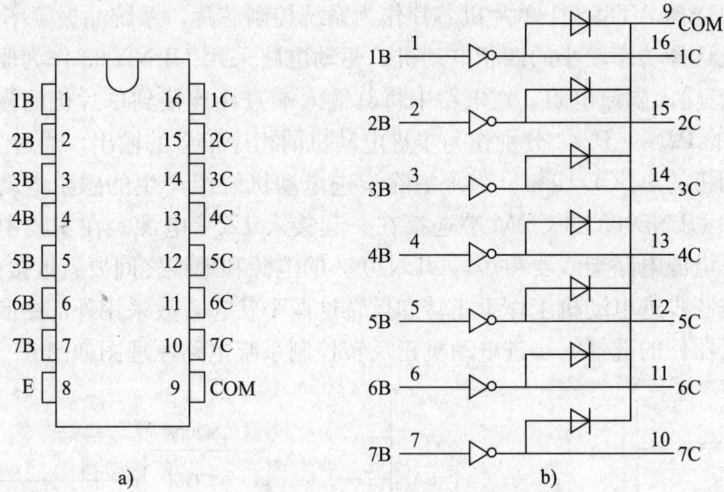


图 8—1—5　ULN2003 引脚图

a）引脚排列　b）内部逻辑结构图

1～7 脚：信号输入端，各端口对应一个信号输出端。

8 脚：接地。

9 脚：该脚是内部 7 个续流二极管负极的公共端，各二极管的正极分别接各达林顿管的集电极。用于感性负载时，该脚接负载电源正极，实现续流作用。

10～16 脚：信号输出端，对应 7 脚～1 脚的信号输入端。

ULN2003 的每一个反相器的内部结构如图 8—1—6 所示。

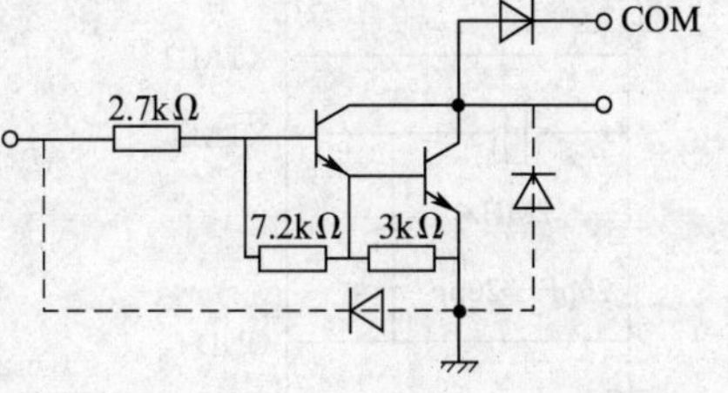


图 8—1—6　ULN2003 的内部结构

ULN2003 的每一对达林顿管都串联一个 2.7 kΩ 的基极电阻，在 5 V 的工作电压下它能与 TTL 和 CMOS 电路直接相连，可以直接处理标准逻辑数据。

ULN2003 的输出端是集电极开路结构，每对达林顿管的额定集电极电流是 500 mA，达林顿对管还可并联使用，以达到更高的输出电流能力。输出级晶体管的饱和压降 $V_{CE}$ 约为 1 V，耐压 $B_{VCEO}$ 约为 36 V，在关断状态可承受 50 V 的电压。

ULN2003 在每一个输出端内部集成了一个消线圈感生电动势的续流二极管，可用来驱动继电器及其他开关型感性负载。

通常单片机驱动 ULN2003 时，上拉 2 kΩ 的电阻较为合适，同时，COM 引脚应该悬空或接电源。

## 任务实施

### 一、硬件设计

本任务主要实现单片机控制步进电动机正反转，同时显示系统运行状态，故整个系统硬件电路由单片机最小系统、功能按键、电动机驱动电路和状态指示电路组成。

在本任务中选择 AT89S51 单片机芯片作为系统控制芯片，系统晶振频率为 12 MHz。

步进电动机选择功率较小的四相电动机，驱动电路采用 ULN2003 作为驱动电路。由于 ULN2003 内部有输入限流电阻，在电路中将其输入端直接连接到单片机的输出端口，这里选择 AT89S51 的 P2.0～P2.3 分别作为步进电动机的相序信号的输出，通过 ULN2003 后分别驱动步进电动机的 ABCD 四相。为了消除步进电动机绕组产生的感生电动势，将步进电动机的电源端和 ULN2003 的 COM 端连接在一起接入 12 V 电源。在实践中，为了减小干扰，步进电动机电源电路走线要粗短，ULN2003 的电源和地线之间要就近接入滤波电容。

由于仅需控制步进电动机工作于正转和反转这两个状态，故采用外部中断检测按键。根据硬件电路和元器件的选择，步进电动机正反转控制系统电路原理图如图 8—1—7 所示。

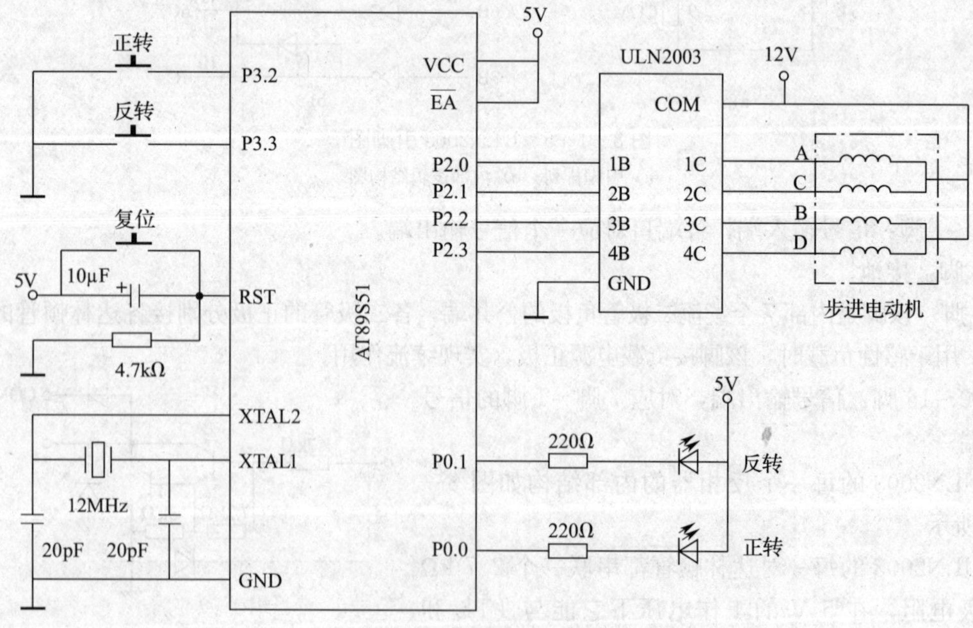

图 8—1—7　步进电动机正反转控制系统电路原理图

## 二、软件设计

本任务中单片机仅控制步进电动机实现正转或反转。步进电动机的正转和反转是由步进电动机中各相电流的驱动顺序决定的。如图 8—1—7 所示，步进电动机的正转或反转是由单片机端口的输出电平的顺序决定的。

在程序中，往往采用数组将相序数据保存起来，通过对数组按顺序或按逆序读取并输出，实现步进电动机的正转或反转控制。因此，采用数组将步进电动机的四相八拍数据存储在数组中，并设置一个变量作为正转和反转的系统标志，在主函数中根据标志的值确定数组元素的读取顺序。

在图 8—1—7 中，按键接在外部中断 0 和外部中断 1 的引脚上，故可以使用中断方式检测按键。由于每个按键按下时仅需要在中断服务程序中修改系统运行状态标志，在主函数内部根据系统运行标志来确定电动机的相序，实现正反转控制。

步进电动机正反转控制系统的源程序如下：

```
＃include "reg51. h"
＃define uchar unsigned char
//定义指示灯
sbit Positive＝P0＾0;                          //正转指示灯
sbit Inverted＝P0＾1;                          //反转指示灯
uchar   positive＝0;                           //正反转标志,0:停止,1:正转,
                                               //2:反转
void delay()                                   //延时函数,12 MHz 时约 10 ms
{
  int i;
  for(i＝0;i＜2000;i＋＋);
}
void main(void)                                //主函数
{
  uchar code motor[]＝{1,5,4,6,2,10,8,9};
                                               //四相八拍相序数据
  char i;
  EX0＝1;IT0＝1;                               //允许外部中断 0 中断,下降沿中断
  EX1＝1;IT1＝1;                               //允许外部中断 1 中断,下降沿中断
  EA＝1;                                       //允许中断
  while(1)
  {
    P2＝motor[i];                              //通过端口输出相序
    delay();                                   //延时一段时间,用于输出相序间隔
    if(positive ＝＝1){i＋＋;if(i＞7)i＝0;}    //正转,则指向下一相序
```

```
    else if(positive ==2){i--;if(i<0)i=7;}      //反转,则指向上一相序
  }
}
voidint0()interrupt 0
{
  positive=1;                                  //正转
  Positive=0;Inverted=1;                       //正转指示灯亮,反转指示灯灭
}
voidint1()interrupt 2
{
  positive=2;                                  //正转
  Positive=1;Inverted=0;                       //正转指示灯灭,反转指示灯亮
}
```

## 三、Proteus 仿真

1. 打开 Proteus ISIS 软件，按照硬件原理图绘制 Proteus 仿真电路，并仔细检查电路，保证线路连接无误。

**注意**：在 Proteus 中，Motor-Stepper 元件是一个四相步进电动机模型，其参数设置参见表 8—1—1。

**表 8—1—1　　Motor-Stepper 的参数设置**

| 设置项 | 设定参数 | 说明 |
|---|---|---|
| Nominal Voltage | 12 V | 电动机绕组工作电压 |
| Step Angle | 3 | 单步运转角度，默认为 90 |
| Maximum RPM | 360 | 最大电动机转速 |
| Coil Resistance | 120 Ω | 电动机绕组电阻值 |
| Coil Inductance | 100 mH | 电动机绕组电感值 |

在仿真电路中，电动机供给电压为 12 V，要求接入步进电动机的中心接头，同时接到 ULN2003 的 COM 端。

2. 在 Keil 软件开发环境下，创建项目，编辑源程序，编译生成 HEX 文件，并装载到 Proteus 虚拟仿真硬件电路的 AT89C51 芯片中。

3. 运行 Proteus ISIS 软件，仔细观察运行结果，如果有不符合设计要求的情况，调整源程序并重复步骤 1、2 直至完全符合本项目提出的各项设计要求。

在仿真时，随着电动机的运转，在 Motor-Stepper 电动机下方的数字代表步进电动机的转动角度。不管是在点动还是在连续运行时，都可以观察到电动机转动角度数据的改变，表示了电动机被控制运行的情况。当然，还可以通过角度数据变化的快慢，体会到转动速度的控制效果。如图 8—1—8 所示是步进电动机正转运行的仿真效果图。

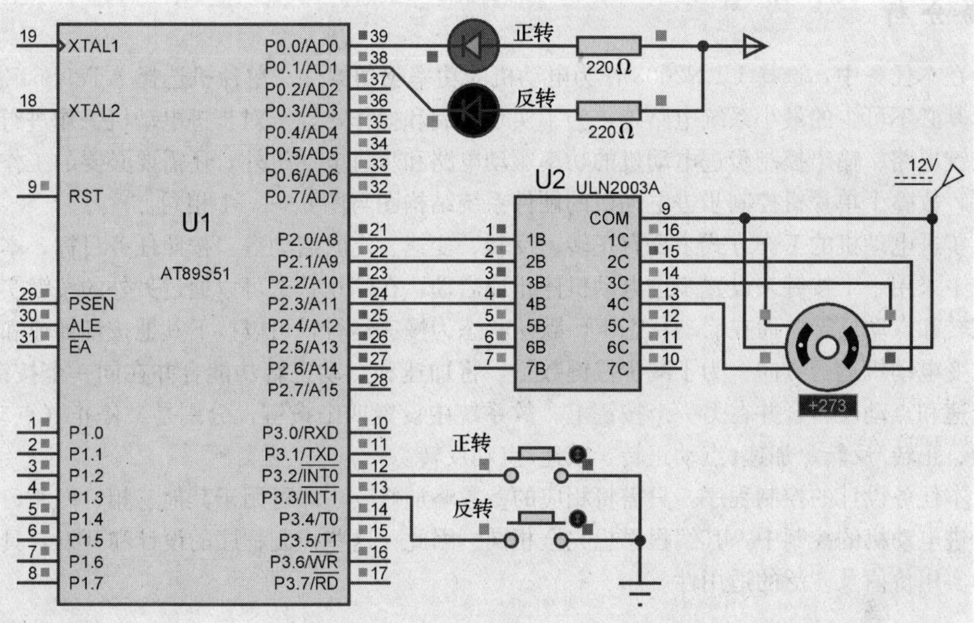


图 8—1—8　步进电动机正转运行的仿真效果图

# 任务 2　步进电动机的调速

**知识点**

◎ 步进电动机的调速原理；

◎ 步进电动机的控制方法。

**技能点**

◎ 能利用单片机控制步进电动机的正反转；

◎ 能利用单片机实现步进电动机的加速、减速控制。

## 任务提出

本任务以四相步进电动机为例，设计一个基于单片机的简易步进电动机控制器，在其控制和管理下实现以下功能：

1. 步进电动机的正反转控制；
2. 步进电动机的单步、连续运行；
3. 运行速度可调；
4. 加减速时电动机运行稳定。

## 任务分析

在本任务中，选择 ULN2003 作为电动机的功率驱动器件。单片机选择 AT89S51 芯片，除了其必不可少的最小系统电路外，为了实现控制和操作，除了对步进电动机工作进行控制的按键电路、输出控制步进电动机的功率驱动电路和步进电动机外，还需要必要的工作指示电路，故整个单片机控制步进电动机的硬件系统结构图与图 8—1—1 相同。

步进电动机的工作方式主要有正转、反转、变速、定时启动等。按照任务目标，本控制系统中采用一个按键来设置步进电动机停止或启动。在停止状态可以通过另外的按键实现点动正转和点动反转。而在启动状态下，默认状态为慢速运行，可以按下其他按键加速和减速及改变电动机运行方向。为了减少按键数量，将加速和点动正转功能合并在同一个按键上，将减速和点动反转合并在另一个按键上。故系统中设置四个按键，分别是：停止（点动）/启动、正转/反转、加速/点动正转、减速/点动反转。

本任务设计的控制程序，只需将相应的参数略加修改，即可用于其他三相、四相、五相等步进电动机的控制中，其编程思想完全相同。因此，这些控制程序的设计和开发，具有较高的实用价值及广泛的适用性。

## 相关知识

### 一、步进电动机的调速原理

步进电动机由于其内部磁极的控制，当绕组中流过的电流为某一状态时，电动机就能够转动到对应的位置并保持该位置，所以根据这种情况，把绕组中电流的状态与电动机旋转方向和转角联系起来，就构成了其相序运行关系。如果电动机按照相序顺序通电，电动机就会正转，否则电动机反转。当然，如果一次只改变一个相序，就是所谓的单步运行。

如果给步进电动机绕组通电一个相序，它就转一步，再改变一个绕组通电相序，它会再转一步。两个相序的间隔时间越短，步进电动机就转动得越快。因此，相序改变的频率决定了步进电动机的转速。调整步进电动机绕组通电相序的频率，就可以对步进电动机进行调速。

在实际的控制中，由于电动机转子和被步进电动机控制机构的惯性，电动机启动时，需要提供较大的转矩，如果步进电动机运行频率超过极限启动频率，步进电动机将出现失步现象。同样，在步进电动机的控制机构高速运行到终点突然停下来时，由于惯性作用，可能有过冲现象，即电动机的控制相序脉冲没有改变，动作机构和电动机继续运行。

步进电动机的启动需要有一个逐步加速的过程，或者说电动机的相序改变时间要逐步减小，直到最快转速为止。同样，在减速过程中，也要求电动机的转速逐步降低，以保证电动机和所驱动设备运行平稳。当然，在加速和减速之间，电动机将按照其正常驱动转速运行。

对步进电动机的速度调整，就是保证在不失步和不过冲的前提下，用最短的时间移动到指定的位置。为了满足加减速要求，步进电动机运行通常按照加/减速曲线进行。

最简单的是匀加速和匀减速曲线，其加减速曲线都是直线，因此容易编程实现。按直线加速时，加速度是不变的，因此要求转矩也是不变的。

步进电动机的运行还可以根据距离的长短分如下三种情况进行处理。

1. 短距离

由于距离较短，来不及升到最高速，步进电动机以接近启动频率运行，运行过程没有加减速。

2. 较长距离

在这样的距离里，步进电动机只有加减速过程，而没有恒速过程。

3. 长距离

在这样的距离里，步进电动机不仅有加减速过程，还有恒速过程。由于距离较长，要尽量缩短用时，以保证快速反应性。因此在启动时尽量用接近启动频率启动，加速时采用匀加速，直到电动机工作在最高速时进入恒速状态。在恒速时电动机尽量工作在电动机的最高速度。在行程的末端，电动机进入减速状态，为了防止过冲，要留下足够的行程，以保证电动机从最高速匀减速至启动速度以下才停止电动机运行。

## 二、单片机步进电动机的调速方法

单片机在用定时器法调速时，用改变定时常数的方法来改变输出的步进脉冲频率，达到改变转速的目的。对于 MCS-51 系列单片机，其定时器属于加 1 定时器。因此在步进电动机加速时，定时常数应增加；在步进电动机减速时，定时常数应减小。

如果采用非线性加减速曲线，要用离散法将加减速曲线离散化。将离散所得的转速序列所对应的定时常数序列做成表格，存储在程序存储器中，在程序运行中使用查表的方式重装定时常数。这样做比用计算法节省时间，提高了系统的响应速度。

# 任务实施

## 一、硬件设计

本任务主要实现单片机控制步进电动机正反转、调节电动机速度，同时要显示系统运行状态，故整个系统硬件电路由单片机最小系统、功能按键电路、电动机驱动电路和状态指示电路组成。选择 AT89S51 单片机芯片为系统控制芯片，系统晶振频率为 12 MHz。

系统控制按键按照任务目标，共设置四个按键，连接到单片机的 P3 口的 4 个引脚。其中，P3.0 所接按键为控制步进电动机连续正转和连续反转功能切换开关；P3.1 所接按键为“停止（单步）/启动（连续）”功能切换开关；P3.2 所接按键为“加速/点动正转”功能开关；P3.3 所接按键为“减速/点动反转”功能开关。由于单片机的 P3 口内部有上拉电阻，控制按键直接接到单片机端口即可。

根据任务要求，系统中要显示“正转”“反转”“单步/停止”“连续”状态。另外，还要求对电动机连续运行速度进行调节，本系统中仅设置“慢速”“中速”和“快速”三个不同的电动机运行速度。因此，本系统共使用 7 只 LED 分别指示各个运行状态，使用 P0 口控制这 7 只 LED。系统按键和指示灯的连接及功能说明见表 8—2—1。

表 8—2—1　　　　系统按键和状态指示说明

| 控制引脚 | 名称 | 功 能 说 明 |
|---|---|---|
| P3.0 | 正/反转按键 | 在连续运行状态下，可以更改步进电动机的运行方向 |
| P3.1 | 停止/运行按键 | 改变连续运行和停止状态 |
| P3.2 | 加速按键 | 连续运行时，加快速度；在停止时，点动正转一步 |
| P3.3 | 减速按键 | 连续运行时，降低速度；在停止时，点动反转一步 |
| P0.0 | 正转指示灯 | 电动机连续正转时亮 |
| P0.1 | 反转指示灯 | 电动机连续反转时亮 |
| P0.2 | 停止指示灯 | 在停止状态时亮。该灯亮时可点动控制电动机运行 |
| P0.3 | 运行指示灯 | 在电动机连续运行时亮。该灯亮时可调节电动机速度 |
| P0.4 | 慢速指示灯 | 电动机以较慢速度连续运行时亮 |
| P0.5 | 中速指示灯 | 电动机以中等速度连续运行时亮 |
| P0.6 | 快速指示灯 | 电动机以最快速度连续运行时亮 |

根据硬件电路和元器件的选择，本任务中单片机应用系统的硬件电路如图 8—2—1 所示。

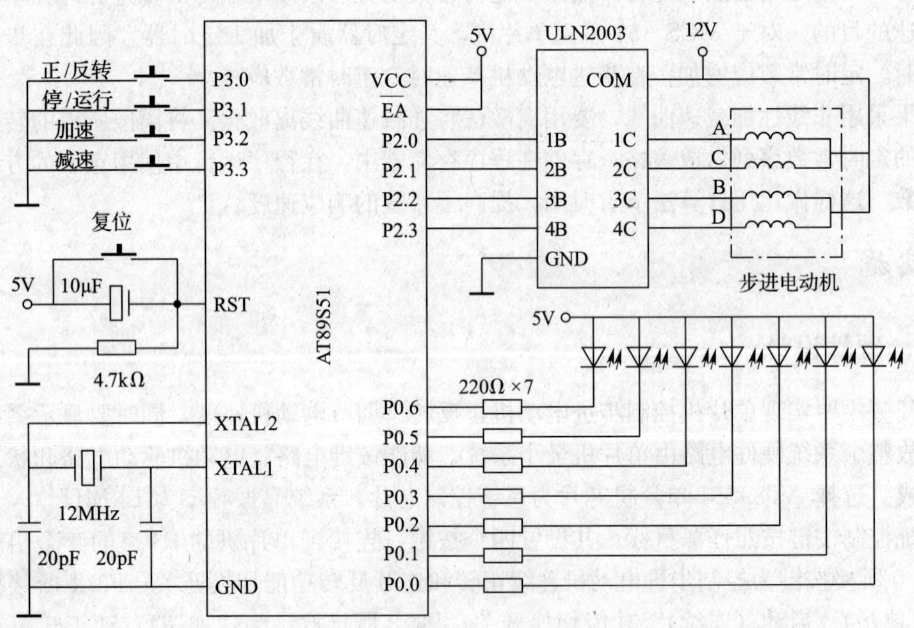


图 8—2—1　步进电动机控制系统电路原理图

## 二、软件设计

根据任务分析，单片机应用系统是一个典型的键控系统，所有被控对象都是电平驱动，且都有一个专用端口锁存。整个软件系统的编写比较简单，具体来说，在主程序中检测按键，在每次按下键时对系统功能进行修改，同时修改系统状态显示。另外，作为步进电动机的驱动，采用定时提供相序脉冲，在中断服务中，判断相关的标志变量的值，决定相序的输出。整个软件的流程图，如图 8—2—2a 所示。

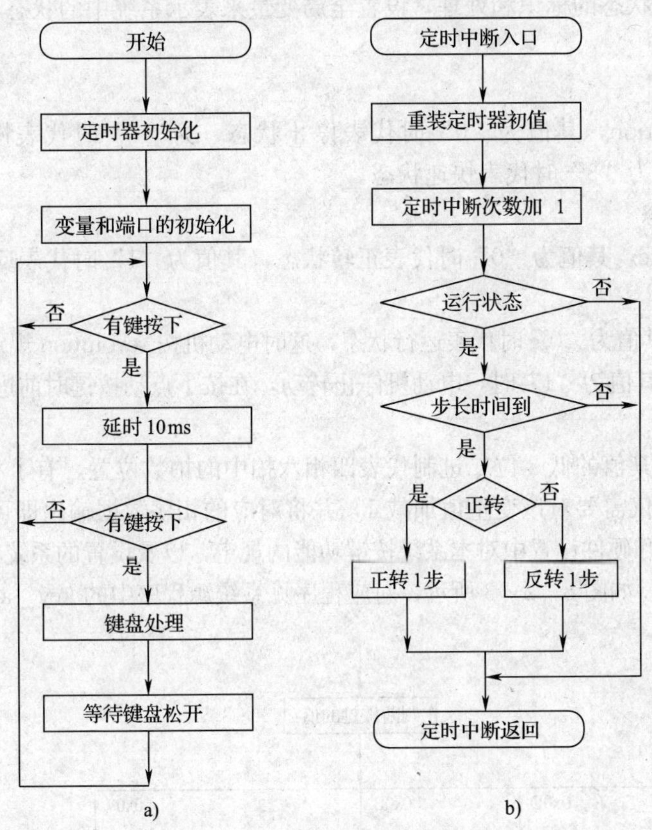


图 8—2—2　步进电动机控制系统程序框图

a）主程序流程图　b）定时器 0 中断服务程序流程图

所有步进电动机都有一个最短响应时间，也就是步进电动机的相序变化一次的时间，这个时间除了与步进电动机本身有关，还与步进电动机的负载情况有关，一般步进电动机标定的时间都是在额定负载下的响应时间。在本任务中，设定 10 ms 为一个基准时间，步进电动机的快慢是通过不同次数的 10 ms 时间使其相序变化一次。或者说，让单片机的定时器定时 10 ms，在定时中断服务程序中，统计并判断中断次数，决定相序变化一次的间隔时间，实现步进电动机的调速。

单片机采用 12 MHz 晶振，选择定时器 0 实现定时 10 ms，则定时器 0 必须工作在方式 1，且在定时中断服务程序中要使用语句重装定时器 0 的初值。

在定时中断服务程序中，要判断是否为运行状态。如果不是运行状态，则不对电动机做操作，电动机将流过固定相序电流，其内部磁场将使步进电动机位置锁定，电动机将停止运行。

如果运行标志处于运行状态，则要继续判断相序改变时间是否到了，不同的电动机运行速度，其间隔的时间是不一致的，在演示程序中，采用 10 ms、40 ms、160 ms 分别作为快速、中速和低速时间。

此外，还要判断转动方向，根据方向将电动机相序改变并输出。定时中断服务程序框图如图 8—2—2b 所示。

为了实现各种状态的标识和处理，设置全局变量来表示系统中的状态，并对变量的值对应的状态进行约定。

1. 转速

变量名 revolution，其值为“0”时代表停止状态，为“1”时代表慢速状态，为“2”时代表中速状态，为“3”时代表快速状态。

2. 正反转状态

变量名 positive，其值为“0”时代表正转状态，其值为“1”时代表反转状态。

3. 运行状态

变量名 run，其值为“0”时代表运行状态，这时电动机按 revolution 规定的转速和 positive 规定的方向运行；其值为“1”时，电动机停止转动，在按下点动按键时前进或后退一拍。

4. 相序状态

变量名 step，其值的低 3 位二进制代表四相八拍中的拍数位置。有了相序状态变量，控制电动机正反转时仅需要对该变量值加减 1，并将对应的相序数据输出即可实现。

根据任务分析和硬件设置中对本系统按键功能的规定，以及设置的系统状态变量，得到系统的按键处理流程，如图 8—2—3 所示，对应程序见系统源程序中的 key _ action () 函数。

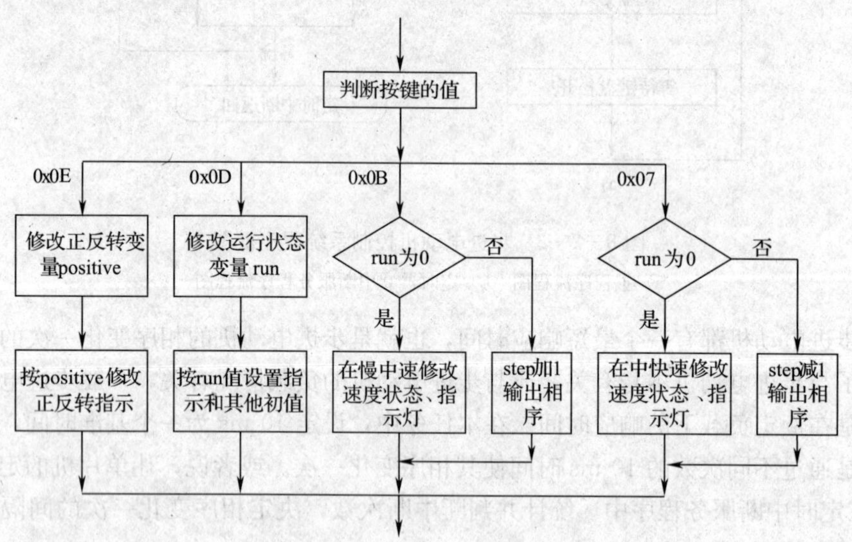


图 8—2—3　键盘处理程序框图

步进电动机控制系统的源程序如下所示：

```
/ * 步进电动机控制程序，四相八拍，作者：成友才 * /
#include "reg51. h"
#define uchar unsigned char
                                        //定义指示灯
```

```
sbit Positive=P0^0;               //正转指示灯
sbit Inverted=P0^1;               //反转指示灯
sbit Step=P0^2;                   //停止(单步)指示灯
sbit Run=P0^3;                    //运行(连续)指示灯
sbit Slow=P0^4;                   //慢速指示灯
sbit Middle  =P0^5;               //中速指示灯
sbit Fast    =P0^6;               //快速指示灯
                                  //全局变量声明
uchar revolution;                 //旋转速度,0:单步,1:慢,2:中,3:快
bit  positive;                    //正反转标志,0:正转,1:反转
bit  run;                         //单步/连续标志,0:连续(启动),1:单步(连续运
                                  //行时停)
uchar step;                       //相序位置,四相八拍,有效位置为低四位,加1正转,
                                  //减1反转
//函数声明
void delay();                     //循环延时函数
void key_action(uchar key);       //按键功能执行函数
void out();                       //电动机输出时序控制

void main(void)                   //主函数
{
  uchar key;                      //定义保存按键状态局部变量

  TMOD=0X01;                      //定时器0工作在方式1
  TR0=1;                          //定时器0工作
  ET0=1;                          //允许定时器0中断
  EA=1;                           //允许中断

  run=1;Step=0;                   //初始化为停止状态,单步指示灯亮
  revolution=0;                   //速度为0
  positive=0;Positive=0;          //正转,正转指示灯亮
  while(1)
  {
    key=P3&0x0F;                  //得到端口低四位
    if(key!=0x0F)                 //判断是否有键按下
    {
    delay();                      //延时一段时间,用于键盘消抖
    if(key==(P3&0x0F))            //确认有键按下
```

```
      {
        key_action(key);                  //如果有键按下,则调用键盘处理函数
        while(key==(P3&0x0F));            //等待按键松开
      }
    }
  }
}

void time0()interrupt 1
{
  staticuchar t=0;                        //静态变量,退出中断函数时其值会保留
  uchar code speed[]={0,16,4,1};
                                          //连续运行时每步所需要的时间,单位为 10 ms
  TH0=(65536-10000)/256;                  //定时为 10 ms
  TL0=(65536-10000)%256;
  t++;
  if(run==0)                              //判断是否为连续运行
  {
    if(t>=speed[revolution])              //速度快慢
    {
      t=0;
      if(positive){step--;out();}
                                          //反转一步
      else        {step++;out();}
                                          //正转一步
    }
  }
}
void delay()                              //延时函数,12 MHz 时约 10 ms

{
  int i;
  for(i=0;i<2000;i++);
}
//相序输出函数 out()
//定义相序数据
#define A 0x01
#define B 0x04
```

```
#define C 0x02
#define D 0x08
void out()
{
  uchar code motor[]={A,A+B,B,B+C,C,C+D,D,D+A};
                                    //四相八拍相序数据
  P2=motor[step&0x07];              //通过端口输出相序
}
                                    //按键功能函数
void key_action(uchar key)
{
  switch(key)
  {
      case 0x0E:                    //正转/反转
          positive=! positive;      //切换正反转标志
          if(positive){Positive=1;Inverted=0;}
                                    //反转指示灯亮
          else        {Positive=0;Inverted=1;}
                                    //正转指示灯亮
          break;
      case 0x0D:                    //停止(单步)/启动(连续)
        run=! run;                  //切换停止(单步)/运行(连续)标志
        if(run)
          {                         //停止状态
            Step=0;Run=1;           //单步指示灯亮,运行指示灯熄灭
            revolution=0;Slow=1;Middle=1;Fast=1;
                                    //速度为0,速度指示灯灭
          }
        else
          {                         //启动状态,初始为慢速
            Step=1;Run=0;           //单步指示灯灭,运行指示灯亮
            revolution=1;Slow=0;Middle=1;Fast=1;
                                    //慢速状态,亮慢速指示灯
          }
          break;;
      case 0x0B:                    //加速/点动正转
          if(run)
        {                           //如果在停止状态,则为点动正转
```

```
        step++;                 //相序加1,正转一步
        out();                  //相序输出
    }
    else
    {                           //在连续运行状态
      switch(revolution)        //修改速度状态
      {
        case 1:revolution=2;Slow=1;Middle=0;Fast=1;break;
                                //慢速调至中速
        case 2:revolution=3;Slow=1;Middle=1;Fast=0;break;
                                //中速调至快速
      }
    }
    break;
  case 0x07:                    //减速/点动反转
    if(run)
    {                           //如果在停止状态,则为点动反转
        step--;                 //相序减1,反转一步
        out();                  //相序输出
    }
    else
    {                           //在连续运行状态
        switch(revolution)      //修改速度状态
        {
          case 2:revolution=1;Slow=0;Middle=1;Fast=1;break;
                                //中速调至慢速
          case 3:revolution=2;Slow=1;Middle=0;Fast=1;break;
                                //快速调至中速
        }
    }
        break;
  }
}
```

## 三、Proteus 仿真

参照本模块任务 1 介绍的方法和步骤进行 Proteus 仿真。在本任务中，步进电动机的参数与任务 1 仿真参数设置相同。图 8—2—4 所示是步进电动机连续运行的仿真效果图，图 8—2—5 所示是步进电动机单步点动运行的仿真效果图。

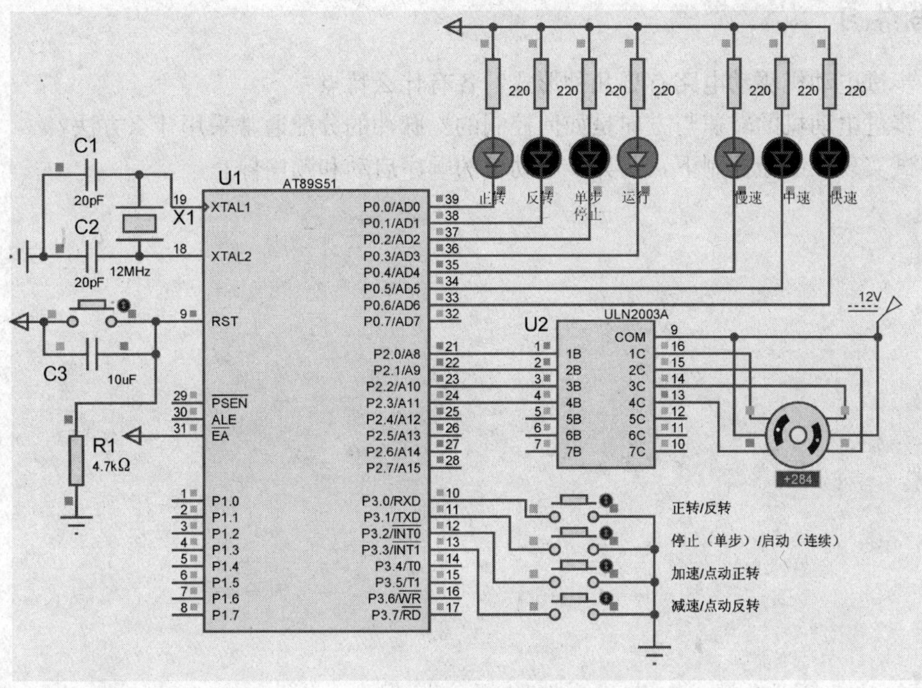


图 8—2—4　步进电动机连续运行的仿真效果图

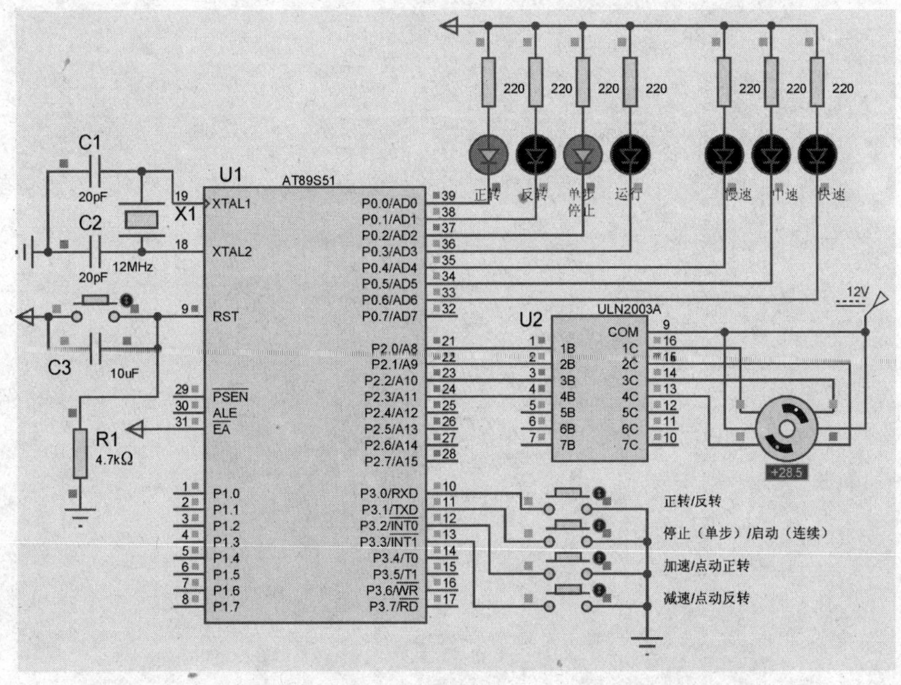


图 8—2—5　步进电动机单步点动运行的仿真效果图

## 思考与练习

1. 步进电动机驱动电路有哪几种形式？各有什么特点？
2. 步进电动机的转速与方向是如何控制的？脉冲的分配通常采用什么方法？
3. 试实现在键盘控制下，两异步电动机的顺序启动和顺序停止。

# 附　　录

## 附录 1　Proteus 元器件库列表

| 元件名称 | 仿真图形 | 所属类 | 所属子类 | 说明 |
| --- | --- | --- | --- | --- |
| AT89C51 | 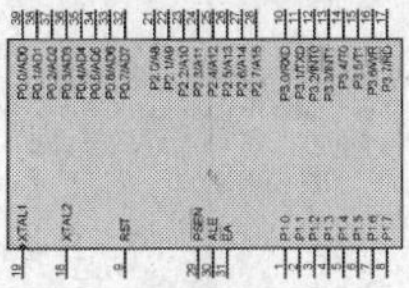 | MicroprocessorIcs | 8051 Family | 单片机 |
| CRYSTAL |  | Miscellaneous | — | 晶振 |
| CAP | 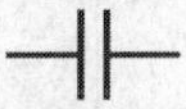 | Capacitor | Generic | 瓷片电容 |
| CAP - ELEC |  | | | 电解电容 |
| RES |  | Resistors | Generic | 碳膜电阻 |
| | | | Metal Film | 金属膜电阻 |
| | | | Wirewound | 绕线式电阻 |
| | | | Chip Resistor | 贴片电阻 |
| RESPACK | 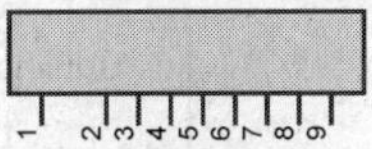 | | Resistor Packs | 排阻 |
| POT - HG |  | | Variable | 可变电阻 |
| BUTTON |  | Switches&Relays | Switches | 按钮 |
| DIPSW _ 8 | 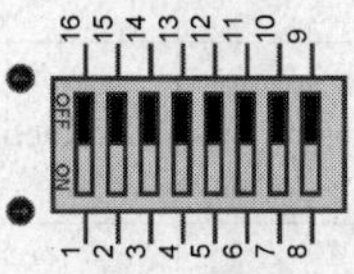 | | | 8 位拨码开关 |
| SW - SPST | 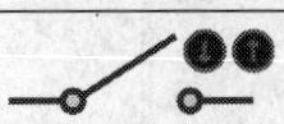 | | | 单刀单掷开关 |
| SW - SPDT | 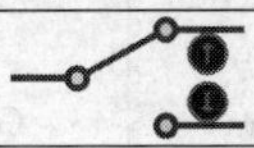 | | | 单刀双掷开关 |
| G2RL - 1AB - DC5 | 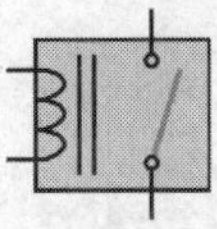 | | Relays (Specific) | 固态继电器（直流 5 V） |

续表

<table>
<tr><th>元件名称</th><th>仿真图形</th><th>所属类</th><th>所属子类</th><th>说明</th></tr>
<tr><td>LED - BLUE</td><td rowspan="4"></td><td rowspan="4">Optoelectronics</td><td rowspan="4">LEDS</td><td>蓝色发光二极管</td></tr>
<tr><td>LED - GREEN</td><td>绿色发光二极管</td></tr>
<tr><td>LED - RED</td><td>红色发光二极管</td></tr>
<tr><td>LED - YELLOW</td><td>黄色发光二极管</td></tr>
<tr><td>7SEG - BCD</td><td></td><td rowspan="7">Optoelectronics</td><td rowspan="5">7 - Segment Displays</td><td>BCD 数码管</td></tr>
<tr><td>7SEG - COM - AN</td><td></td><td>1 位共阳数码管</td></tr>
<tr><td>7SEG - COM - CAT</td><td></td><td>1 位共阴数码管</td></tr>
<tr><td>7SEG - MPX2 - CA<br>⋮<br>7SEG - MPX8 - CA</td><td></td><td>2 位一体共阳数码管<br>⋮<br>8 位一体共阳数码管</td></tr>
<tr><td>7SEG - MPX2 - CC<br>⋮<br>7SEG - MPX8 - CC</td><td></td><td>2 位一体共阴数码管<br>⋮<br>8 位一体共阴数码管</td></tr>
<tr><td>LM016L</td><td></td><td>Alphanumeric LCDs</td><td>LCD1602<br>字符液晶显示器</td></tr>
<tr><td>AMPIRE128X64</td><td></td><td>Graphical LCDs</td><td>SMG12864A<br>液晶显示器</td></tr>
<tr><td>1N4001</td><td></td><td>Diodes</td><td>Rectifiers</td><td>二极管</td></tr>
<tr><td>PNP</td><td></td><td rowspan="2">Transistors</td><td rowspan="2">Generic</td><td>PNP 型三极管</td></tr>
<tr><td>NPN</td><td></td><td>NPN 型三极管</td></tr>
</table>

续表

| 元件名称 | 仿真图形 | 所属类 | 所属子类 | 说明 |
|---|---|---|---|---|
| DS18B20 | 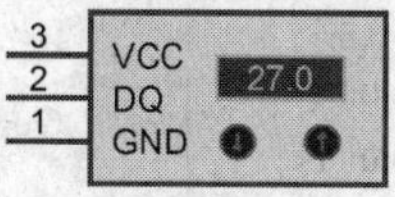 | Data Converters | Temperature Sensors | DS18B20（温度传感器） |
| 74HC04 | 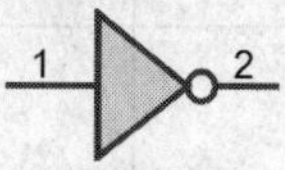 | | Gates& Inverters | 74HC04（反向驱动器） |
| 74HC07 | 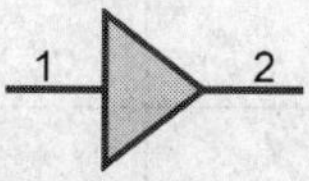 | | Buffers& Drivers | 74HC07（同向驱动器） |
| 74HC595 | 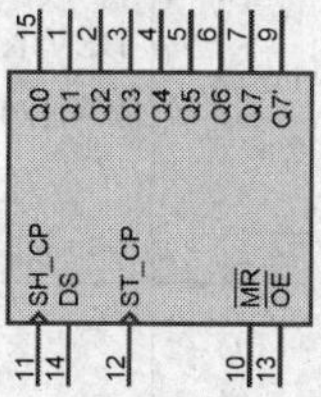 | TTL74HC series | Registers | 74HC595（移位寄存器） |
| 74HC164 | 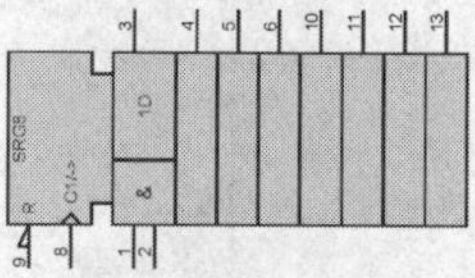 | | | 74HC164（移位寄存器） |
| MATRIX-8X8 | 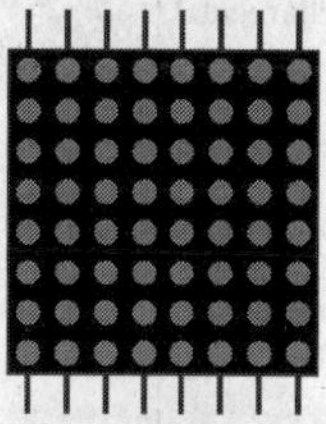 | Optoelectronics | Dot Matrix Displays | 8×8汉字点阵 |
| ADC0809 | 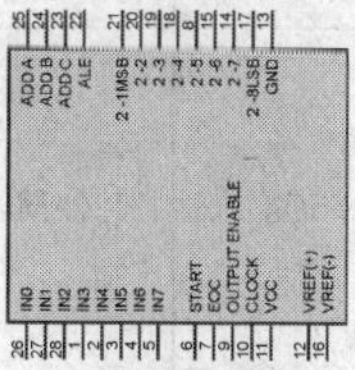 | Data Converters | A/DConverters | ADC0809（模数转换器） |
| DAC0832 | 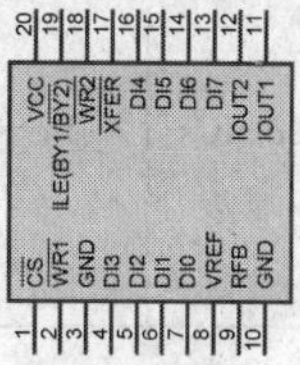 | | | DAC0832（数模转换器） |

续表

| 元件名称 | 仿真图形 | 所属类 | 所属子类 | 说明 |
|---|---|---|---|---|
| LM324 | | Operational Amplifiers | Quad | LM324（电压比较器） |
| CLOCK | | Clocks | | 时钟脉冲（频率可变） |
| KEYPAD－4X4ABCD | | KEYPADS | DEV KEYPADS BOARD | 4×4 矩阵键盘 |
| MOTOR | | Electromechanical | All Sub-categories | 直流电动机 |
| MOTOR－PWMSERVO | | | | 三相电动机 |
| MOTOR－STEPPER | | | | 步进电动机 |
| 24C04A | | Memory ICs | I2C Memories | 24C04（串口 $E^2$ PROM 存储器） |
| DS1302 | | Microprocessor ICs | Peripherals | DS1302（时钟芯片） |

# 附录 2　C51 运算符的优先级和结合性

| 级别 | 类别 | 名称 | 运算符 | 结合性 |
|---|---|---|---|---|
| 1 | 强制转换、数组、结构、联合 | 强制类型转换 | () | 右结合 |
| | | 下标 | [] | |
| | | 存取结构或联合成员 | ->或. | |
| 2 | 逻辑 | 逻辑非 | ! | 左结合 |
| | 字位 | 按位取反 | ～ | |
| | 增量 | 加 1 | ++ | |
| | 减量 | 减 1 | -- | |
| | 指针 | 取地址 | & | |
| | | 取内容 | * | |
| | 算术 | 取负值 | - | |
| | 长度计算 | 长度计算 | sizeof | |
| 3 | 算术 | 乘 | * | 右结合 |
| | | 除 | / | |
| | | 取模（余） | % | |
| | | 加 | + | |
| 4 | 字位 | 减 | - | |
| | | 左移 | << | |
| | | 右移 | >> | |
| 5 | 关系 | 大于等于 | >= | |
| | | 大于 | > | |
| | | 小于等于 | <= | |
| | | 小于 | < | |
| | | 恒等于 | == | |
| | | 不等于 | ! = | |
| 6 | 字位 | 按位与 | & | |
| | | 按位异或 | ^ | |
| | | 按位或 | \| | |

续表

<table>
<tr><th>级别</th><th>类别</th><th>名称</th><th>运算符</th><th>结合性</th></tr>
<tr><td rowspan="2">7</td><td rowspan="2">逻辑</td><td>逻辑与</td><td>&&</td><td rowspan="5">左结合</td></tr>
<tr><td>逻辑或</td><td>||</td></tr>
<tr><td>8</td><td>条件</td><td>条件运算</td><td>?:</td></tr>
<tr><td rowspan="2">9</td><td rowspan="2">赋值</td><td>赋值</td><td>=</td></tr>
<tr><td>复合赋值</td><td>(运算符)=</td></tr>
<tr><td>10</td><td>逗号</td><td>逗号运算</td><td>,</td><td>右结合</td></tr>
</table>

# 参 考 文 献

1. 朱永金，成友才. 单片应用技术（C 语言）. 北京：中国劳动社会保障出版社，2007

2. 何立民主编. 单片机高级教程. 北京：北京航空航天大学出版社，2001

3. 肖洪兵等主编. 跟我学用单片机. 北京：北京航空航天大学出版社，2002

4. 李军等主编 .51 系列单片机高级实例开发指南. 北京：北京航空航天大学出版社，2004

5. 张培仁主编. 基于 C 语言编程 MCS－51 单片机原理与应用. 北京：清华大学出版社，2003

6. CEAC 信息化培训认证管理办公室组主编. 单片机应用. 北京：高等教育出版社，2006

7. 倪志莲主编. 单片机应用技术. 北京：北京理工大学出版社，2010